实用化学

学习指导与训练

《实用化学》编写组 编

修订版

苏州大学出版社

图书在版编目(CIP)数据

实用化学学习指导与训练/郭英敏主编;《实用化学》编写组编. —修订本. —苏州:苏州大学出版社, 2019.6(2023.7重印)

教育部职业教育与成人教育司推荐教材　五年制高等职业教育文化基础课教学用书

ISBN 978-7-5672-2806-1

Ⅰ.①实… Ⅱ.①郭… ②实… Ⅲ.①化学－高等职业教育－教学参考资料　Ⅳ.①O6

中国版本图书馆 CIP 数据核字(2019)第 094623 号

实用化学学习指导与训练·修订版

《实用化学》编写组　编

责任编辑　徐　来

苏州大学出版社出版发行
(地址:苏州市十梓街1号　邮编:215006)
常州市武进第三印刷有限公司印装
(地址:常州市武进区湟里镇村前街　邮编:213154)

开本 787 mm×1 092 mm　1/16　印张 13　字数 317 千
2019年6月第1版　2023年7月第6次印刷
ISBN 978-7-5672-2806-1　定价:33.00元

苏州大学版图书若有印装错误,本社负责调换
苏州大学出版社营销部　电话:0512-67481020
苏州大学出版社网址　http://www.sudapress.com
苏州大学出版社邮箱　sdcbs@suda.edu.cn

编写说明

提高学习成绩和效果,关键在于平时打好基础,而教与练相结合是打好基础的重要一环。学生通过解题,可以巩固课堂所学知识,增强思维能力,从而促进综合素质的提高。为此,我们编写了与江苏省五年制高职《实用化学》教材相匹配的学习指导与训练一书。

为了满足教学需要,提高学生的知识运用能力,2019 年我们又对本书进行了修订。该书沿用原书的编写模式,在编排上与教材章节同步,题目紧扣教材内容。为了扩大学生的知识视野,在深度和广度上略有展开。本书的三大功能是:① 配合课堂教学,供选示范例题和学生随堂练习用题。② 巩固课堂教学效果,布置课外作业用题。③ 阶段总结与测试,安排了各章的综合练习题与自测试卷。

由于各校、各专业对化学这门基础学科的需求差异较大,在编写和修订时既要考虑农、医、化工等专业对化学的特殊要求,又要考虑学生自身素质提高之必需;既要考虑基础差的学生的接受能力,又要考虑基础好的学生自学之渴望;既要遵循由浅入深、循序渐进的原则,又要注意知识覆盖面广、难易程度恰当。知识的应用性和前瞻性是教育的永恒主题,因此,我们也注意遴选了一些接近社会、贴近生活的应用题,意在丰富学生的化学知识面,使其进一步理解学习化学的重要性;另外还注意选编个别化学发展动向的新科技题目,以启迪学生的志趣,提高学生对科学技术重要地位的认识。为弥补教材中相关知识的不足,我们也尽量在所选题目中渗透这方面内容,以供学生继续教育之用。

鉴于《实用化学》教材每章最后均有本章小结内容,为避免重复,本书不再安排知识梳理和学习指导等内容。同时由于不同专业对化学知识需求的差异,本书也不统一安排课堂典型示范例题,教师可根据专业需要,自选讲解(其中有"△"的题目为参考用题)。本书习题内容丰富,层次分明,题型多样,力求新颖,强化基础,突出应用。本书除了选用同步基础知识的题目以外,还安排了少数较难的题目(用"＊"号标出),并在书后附有详细答案,可供教学参考。

本书原主编为周大农、王淑芳,原副主编为刘凤云,参加历次编写、修订的人员有张金兴、张龙、唐智宁、陈香、黄志良、高春、李清秀、许颂安、顾卫兵、蒋云霞、丁敏娟、李亚、何雪雁、黄允芳、周浩。

近年来,我们在广泛征求使用本书一线教师意见的基础上,根据当前生源的实际情况与市场需求,再次对该书进行了修订。本书修订版由郭英敏任主编,戴伟民审定,参加本次编写、修订工作的有杨芳、何雪雁、丁文文、江俊芳、周凯。

由于编者水平有限,书中难免有不当之处,恳切希望读者批评指正,我们对此表示诚挚的谢意。

编 者
2019年5月

目 录

基 础 篇

第一章　物质结构　元素周期律
第一节　原子结构 …………………………………………… (1)
第二节　碱金属　卤素 ……………………………………… (4)
第三节　元素周期律　元素周期表 ………………………… (6)
第四节　化学键 …………………………………………… (10)
本章综合练习题 …………………………………………… (12)
本章自测试卷 ……………………………………………… (16)

第二章　物质的量　溶液
第一节　物质的量 ………………………………………… (22)
第二节　溶液组成的表示 ………………………………… (28)
*第三节　胶体溶液 ………………………………………… (32)

第三章　化学反应速率　化学平衡
第一节　化学反应速率 …………………………………… (35)
第二节　化学平衡 ………………………………………… (37)
第二、三章综合练习题 …………………………………… (40)
第二、三章自测试卷 ……………………………………… (44)

第四章　电解质溶液
第一节　电解质的电离 …………………………………… (51)
第二节　溶液中的离子反应 ……………………………… (54)
第三节　盐类水解 ………………………………………… (55)
*第四节　配位化合物 ……………………………………… (56)
第五节　氧化还原反应 …………………………………… (58)
*第六节　原电池 …………………………………………… (58)

本章综合练习题 ································· (59)
　　本章自测试卷 ··································· (65)

第五章　烃

　　第一节　有机化合物概述 ························· (68)
　　第二节　烷烃 ··································· (69)
　　第三节　烯烃和炔烃 ····························· (71)
　　第四节　脂环烃和芳香烃 ························· (72)

第六章　烃的衍生物

　　第一节　卤代烃 ································· (75)
　　第二节　醇　酚　醚 ····························· (77)
　　第三节　醛　酮 ································· (82)
　　第四节　羧酸　酯 ······························· (85)
　　第五节　胺类化合物 ····························· (88)
　　第五、六章综合练习题 ··························· (89)
　　第五、六章自测试卷 ····························· (97)
　　第一～六章综合测试卷 ·························· (104)

选　学　篇

第七章　化学与营养

　　第一节　水和矿物质 ···························· (110)
　　第二节　糖类 ·································· (111)
　　第三节　氨基酸　蛋白质 ························ (113)
　　第四节　油脂和维生素 ·························· (115)
　　第五节　合理营养和食品安全 ···················· (118)
　　第六节　食品添加剂 ···························· (119)
　　本章综合练习题 ································ (119)
　　本章自测试卷 ·································· (122)

第八章　化学与材料

　　第一节　常见的金属材料 ························ (127)
　　第二节　无机非金属材料 ························ (129)
　　第三节　有机高分子材料 ························ (131)
　　第四节　复合材料　特殊材料 ···················· (133)
　　本章综合练习题 ································ (134)

本章自测试卷⋯⋯⋯⋯⋯⋯⋯⋯⋯⋯⋯⋯⋯⋯⋯⋯⋯⋯⋯⋯⋯⋯⋯(138)

第九章　化学与能源

　　第一节　认识能源⋯⋯⋯⋯⋯⋯⋯⋯⋯⋯⋯⋯⋯⋯⋯⋯⋯⋯⋯⋯⋯(144)
　　第二节　化石燃料和能源危机⋯⋯⋯⋯⋯⋯⋯⋯⋯⋯⋯⋯⋯⋯⋯⋯(144)
　　第三节　化学电源⋯⋯⋯⋯⋯⋯⋯⋯⋯⋯⋯⋯⋯⋯⋯⋯⋯⋯⋯⋯⋯(146)
　　第四节　其他能源⋯⋯⋯⋯⋯⋯⋯⋯⋯⋯⋯⋯⋯⋯⋯⋯⋯⋯⋯⋯⋯(147)
　　本章综合练习题⋯⋯⋯⋯⋯⋯⋯⋯⋯⋯⋯⋯⋯⋯⋯⋯⋯⋯⋯⋯⋯⋯(148)
　　本章自测试卷⋯⋯⋯⋯⋯⋯⋯⋯⋯⋯⋯⋯⋯⋯⋯⋯⋯⋯⋯⋯⋯⋯⋯(149)

第十章　化学与环境

　　第一节　环境与环境问题⋯⋯⋯⋯⋯⋯⋯⋯⋯⋯⋯⋯⋯⋯⋯⋯⋯⋯(153)
　　第二节　大气污染及其防治⋯⋯⋯⋯⋯⋯⋯⋯⋯⋯⋯⋯⋯⋯⋯⋯⋯(153)
　　第三节　水污染及其防治⋯⋯⋯⋯⋯⋯⋯⋯⋯⋯⋯⋯⋯⋯⋯⋯⋯⋯(156)
　　第四节　固体废弃物的处理与利用⋯⋯⋯⋯⋯⋯⋯⋯⋯⋯⋯⋯⋯⋯(158)
　　本章综合练习题⋯⋯⋯⋯⋯⋯⋯⋯⋯⋯⋯⋯⋯⋯⋯⋯⋯⋯⋯⋯⋯⋯(158)
　　本章自测试卷⋯⋯⋯⋯⋯⋯⋯⋯⋯⋯⋯⋯⋯⋯⋯⋯⋯⋯⋯⋯⋯⋯⋯(160)

参考答案⋯⋯⋯⋯⋯⋯⋯⋯⋯⋯⋯⋯⋯⋯⋯⋯⋯⋯⋯⋯⋯⋯⋯⋯⋯⋯⋯(165)

提　示

1. 书中有"△"的题目为参考用题。
2. 书中用"＊"标出的题目是少数较难的练习题。

基础篇

第一章 物质结构 元素周期律

第一节 原子结构

一 填空题

1. 原子由_____和_____组成；而原子核则由_____和_____组成。
2. 填表：

微粒名称	相对质量	电荷
质子		
中子		
核外电子		

3. 在同一原子内,从质量关系看：质子数(Z)＋中子数(N)等于_____。
4. 在同一原子内,从电性关系看：核电荷数等于_____,等于_____。
5. 具有相同的_____和不同的_____的_____元素的不同_____互称为同位素,常用_____元素符号来表示,在周期表中占_____个位置。
6. 元素是_____总称。H_2O、D_2O、T_2O 三种分子中,共有____种元素,____种核素。
△7. 元素符号左上角的数字表示同位素的_____；左下角的数字表示_____；右下角的数字表示_____；正上方带正、负号的数字表示_____；右上角的数字及其后面的正、负号表示_____。
8. 带有2个单位正电荷的微粒 $_Z^A X^{2+}$,它的质量数 A 为24,质子数 Z 为12,它的中子数是____,核外电子数是____。
9. 氢的三种同位素分别是____、____、____。

10. 根据表内列项,完成下表:

核　　素	$^{27}_{13}Al$	$^{16}_{8}O^{2-}$		
核电荷数(Z)				
核外电子数			18	18
质量数(A)				
中子数(N)			20	20
质子数(Z)			19	17

11. 电子层数用_____表示,它可以用_____数字,也可以用_____字母表示。n 值愈大,表示电子离核_____,能量_____。

12. 经科学研究证明,原子核外电子排布规律是:① 各电子层最多容纳_____个电子;② 最外层不超过_____个电子;③ 次外层不超过_____个电子。

△**13.** 填写下表:

微粒名称	微粒符号	微粒核电荷数	核外电子排布			微粒结构示意图
			K	L	M	
氯离子	Cl⁻					
镁离子		12	2	8		
氖原子	Ne					
硫原子			2	8	6	

14. 写出原子序数为 19 的元素的原子结构示意图_____。

二 选择题 (每题有 1～2 个正确答案)

15. 某微粒用 $^A_ZX^{n-}$ 表示,下列关于该微粒的叙述正确的是 [　　]
　　A. 所含质子数 $=A-n$　　　B. 所含中子数 $=A-Z$
　　C. 所含电子数 $=Z-n$　　　D. 质量数 $=A+Z$

16. 据最近报道,某元素的放射性原子钬($^{166}_{67}Ho$)可有效治疗肝癌,该同位素原子核内中子数与核外电子数之差为 [　　]
　　A. 32　　　B. 67　　　C. 99　　　D. 166

17. 美国科学家将两种元素铅($_{82}Pb$)和氪($_{36}Kr$)的原子核对撞,获得了一种质子数为 118、中子数为 175 的超重元素,则该元素原子的质量数是 [　　]
　　A. 118　　　B. 175　　　C. 293　　　D. 57

18. 下列比核电荷数为 11 的元素原子少 1 个电子,而又多一个质子的微粒是 [　　]
　　A. Ne　　　B. Na^+　　　C. Mg^{2+}　　　D. Al^{3+}

第一章 物质结构 元素周期律

*19. 1911年,英国物理学家卢瑟福用一束高速运动的α粒子(无核外电子,质量数为4的带2个正电荷的粒子)去射击$4×10^{-7}$m厚的金箔,他惊奇地发现,大多数α粒子能够畅通无阻地通过金箔,但也有极少量的α粒子发生偏转或被笔直地弹回。根据以上实验现象卢瑟福得出了一些结论:① 原子中心有一个很小的核;② 原子的全部正电荷和几乎全部质量都集中在原子核内。α粒子的中子数是 [ ]
  A. 4   B. 6   C. 2   D. 以上都不是

*20. 道尔顿的原子学说曾经起了很大的作用。他的学说中,包含三个论点:① 原子是不能再分的微粒;② 同种元素的原子的各种性质和质量都相同;③ 原子是很小的实心球体。从现代观点看,你认为这三种观点中,不确切的是 [ ]
  A. ③   B. ①③   C. ②③   D. ①②③

21. 据新华社报道,我国科学家首次合成了一种新核素镅-235($^{235}_{95}Am$),这种新核素同铀-235($^{235}_{92}U$)比较,下列叙述正确的是 [ ]
  A. 互为同位素 B. 原子核中具有相同的中子数
  C. 具有相同的质量数 D. 原子核外电子总数相同

22. 氢原子的电子云图中,小黑点的含义是 [ ]
  A. 每个小黑点表示一个电子
  B. 小黑点多的地方说明电子数也多
  C. 小黑点多的地方表示单位体积空间内电子出现的机会多
  D. 一个小黑点表示电子在这里出现过一次

23. 在有多个电子的原子里,能量高的电子 [ ]
  A. 通常在离核较近的区域运动 B. 通常在离核较远的区域运动
  C. 在化学变化中较易失去 D. 在化学变化中较难失去

24. 原子核外每个电子层上均含有$2n^2$个电子的元素是 [ ]
  A. Be   B. C   C. Ar   D. Ne

△25. 具有下列结构示意图的微粒,既可以是原子,又可以是阴离子和阳离子的是 [ ]
  A. 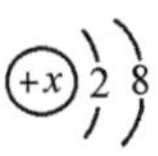 (+x) 2 8   B. 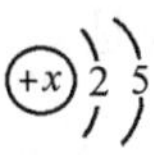 (+x) 2 5
  C. 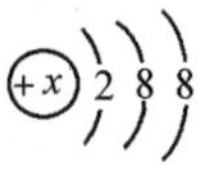 (+x) 2 8 8   D. 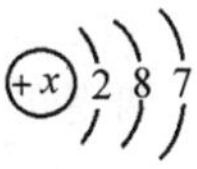 (+x) 2 8 7

26. 下列微粒结构示意图中,代表阴离子的是 [ ]
  A.  (+3) 2   B. 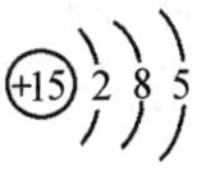 (+15) 2 8 5
  C. 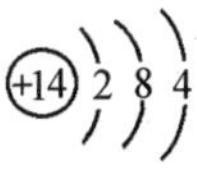 (+14) 2 8 4   D. 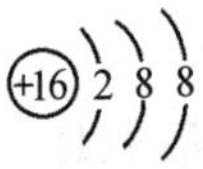 (+16) 2 8 8

第二节　碱金属　卤素

一　填空题

1. 碱金属包括_____、_____、_____、铷、铯和钫。它们是所在周期中金属性_____的元素,其化合价是_____价,最高价氧化物对应的水化物的化学通式为_____。它们都是_____(填写"强"或"弱")碱。

2. 金属中,钾和钠在实验室较为常见,它们的化学性质_____,因此金属钾和钠必须保存在_____中。钾和钠的质地较_____(填写"硬"或"软"),取用时可以用_____。钾、钠和水的反应方程式分别为_____,_____。在多数情况下,它们和水的反应常发生燃烧甚至爆炸,_____和水的反应更加剧烈,因此进行实验时要注意安全。

3. 氯气通入水中能消毒、杀菌、漂白,原因是氯水中有_____存在,反应方程式是_____。

4. 工业制备漂白粉的反应方程式为_____,漂白粉的有效成分是_____。

5. 卤化银不但难溶于水,而且具有各自的颜色,如 $AgCl$ 为_____色,$AgBr$ 为_____色,AgI 为_____色。

6. 卤族元素包括_____、_____、_____、_____和砹五种元素,它们的最外电子层都有_____个电子,在化学反应中,性质_____,都易_____电子而成为_____价的离子。

二　选择题　(每题只有1个正确答案)

7. 临床上用于中和胃酸的药是　　　　　　　　　　　　　　　　　　　　　　[　　]
   A. Na_2CO_3　　　　　　　　　　　B. $NaHCO_3$
   C. $NaOH$　　　　　　　　　　　　D. KOH

8. 对 Na_2CO_3 和 $NaHCO_3$ 两者的描述错误的是　　　　　　　　　　　　[　　]
   A. 水溶液都呈碱性　　　　　　　　B. 都能溶于水
   C. 两者混合,可以组成缓冲溶液　　D. 热稳定性差,加热即可发生分解

9. K 和 Na 相比较不正确的是　　　　　　　　　　　　　　　　　　　　　　[　　]
   A. K 的原子半径大　　　　　　　　B. K 的还原性强
   C. K 的熔点高　　　　　　　　　　D. KOH 的碱性强

10. 不能用磨口瓶盛放的溶液是　　　　　　　　　　　　　　　　　　　　　[　　]
    A. H_2SO_4 溶液　　　　　　　　　B. $NaCl$ 溶液
    C. $NaOH$ 溶液　　　　　　　　　　D. Na_2SO_4 溶液

第一章　物质结构　元素周期律

11. NaOH 的俗名不正确的是　　　　　　　　　　　　　　　　　　　　　　　　　[　]
    A. 苛性碱　　　B. 烧碱　　　C. 纯碱　　　D. 火碱

12. 长期使用的 NaOH 溶液中,肯定存在的杂质是　　　　　　　　　　　　　　　　[　]
    A. Na_2SO_3
    B. $NaCl$
    C. Na_2CO_3
    D. $NaHCO_3$

13. 按 Li、Na、K、Rb、Cs、Fr 的顺序,下列对碱金属的描述错误的是　　　　　　　[　]
    A. 原子半径逐渐增大　　　　　　　B. 失电子能力逐渐增强
    C. 单质熔点逐渐升高　　　　　　　D. 化合价都是 +1 价

14. 下列对金属钠的描述错误的是　　　　　　　　　　　　　　　　　　　　　　[　]
    A. 在足量空气中燃烧生成氧化钠　　B. 应保存在中性煤油中
    C. 溶于汞生成汞合金　　　　　　　D. 和水剧烈反应生成氢气

*15. 下列有关过氧化钠的描述错误的是　　　　　　　　　　　　　　　　　　　　[　]
    A. 电子式为 $Na^+[:\ddot{O}:\ddot{O}:]^{2-}Na^+$　　　B. 可用于潜艇或防毒面具中
    C. 氧的化合价为 -2　　　　　　　　D. 是含有非极性共价键的离子化合物

*16. 在足量空气中燃烧得到正常氧化物的是　　　　　　　　　　　　　　　　　　[　]
    A. Li　　　B. Na　　　C. K　　　D. Rb

17. 下列能使干燥的有色布条褪色的是　　　　　　　　　　　　　　　　　　　　[　]
    A. 氯气　　　B. 次氯酸　　　C. 氧气　　　D. 盐酸

18. 淀粉碘化钾溶液中加入下列物质变蓝色的是　　　　　　　　　　　　　　　　[　]
    ① 盐酸　② 碘化钠　③ 氯水　④ 溴化钠　⑤ 溴水　⑥ 碘水
    A. ③④⑤　　　　　　　　　　　　B. ③
    C. ③⑤⑥　　　　　　　　　　　　D. ③⑤

19. 下列溶液不发生化学反应的是　　　　　　　　　　　　　　　　　　　　　　[　]
    A. 氯水 + 溴化钠　　　　　　　　　B. 溴水 + 氯化钠
    C. 氯水 + 碘化钠　　　　　　　　　D. 溴水 + 碘化钠

20. 能鉴别 NaCl、NaBr、NaI 溶液的试剂是　　　　　　　　　　　　　　　　　　[　]
    ① 溴水　② 淀粉溶液　③ 氯水 + 四氯化碳　④ 碘水　⑤ 硝酸银溶液
    A. ①②③④⑤　　　　　　　　　　B. ①③⑤
    C. ③⑤　　　　　　　　　　　　　D. ⑤

21. 市售碘盐是在食用氯化钠中加入了　　　　　　　　　　　　　　　　　　　　[　]
    ① KI　② I_2　③ KI_3　④ KIO_3
    A. ①②③④均可　　　　　　　　　　B. ①
    C. ①或③　　　　　　　　　　　　D. ④

22. 下列物质中,不是纯净物的是　　　　　　　　　　　　　　　　　　　　　　[　]
    A. 漂白粉　　　　　　　　　　　　B. 氯化氢
    C. 液氯　　　　　　　　　　　　　D. 次氯酸钙

23. 按照氟、氯、溴、碘的顺序,卤素单质的性质递变规律是　　　　　　　　　　　[　]
    A. 原子半径逐渐减小　　　　　　　B. 颜色逐渐变深

C. 化学活动性逐渐增强　　　　　　D. 与氢气反应的剧烈程度逐渐增大

24. 将 I_2 和 NaCl 混合固体中的 I_2 分离出来的最简单有效的办法是　　[　　]

　　A. 利用 I_2 的水溶性差进行分离

　　B. 利用 I_2 在四氯化碳中的溶解性好进行分离

　　C. 利用 I_2 能升华的性质进行分离

　　D. 利用 NaCl 和 $AgNO_3$ 生成沉淀进行分离

*25. 碘在下列物质中溶解性最差的是　　[　　]

　　A. $CHCl_3$　　　　　　　　　　B. 汽油

　　C. KI 溶液　　　　　　　　　　D. NaCl 溶液

26. 下列叙述不正确的是　　[　　]

　　A. 液溴是纯净物，溴水是混合物

　　B. 氯气能使干燥有色布条漂白

　　C. 加酸可使漂白粉的漂白杀菌能力加强

　　D. 漂白粉的有效成分是次氯酸钙

27. 应放在棕色瓶里保存的试剂是　　[　　]

　　A. 氯气　　　B. 氢氟酸　　　C. 氯水　　　D. 氯化钠

28. 在碘化钾溶液中加入氯水，再加入四氯化碳，则四氯化碳层的颜色为　　[　　]

　　A. 橘黄色　　　B. 红棕色　　　C. 无色　　　D. 紫红色

三　综合题

29. 填表：

卤素单质	氯	溴	碘
室温下聚集态形式和颜色			
水溶液的颜色			
在四氯化碳中的颜色			

第三节　元素周期律　元素周期表

一　填空题

1. 原子序数为 3～10、11～18 的元素随着核电荷数的递增，最外层电子数都是从 ____ 递增到 ____，原子半径由 ____ 到 ____。（稀有气体除外）

2. 通过原子核外电子排布发现，随着原子序数的递增，原子最外层电子数的递增呈 _____ 变化，而元素性质同样随着原子序数的递增呈 _____ 变化，这一规律叫作

第一章 物质结构 元素周期律

_____。

3. 元素周期表中共有____个横行,即____个周期。1、2、3行属_____,4、5、6、7行属_____。

4. 元素周期表中除第一和第七周期外,每一周期的元素都是从_____元素开始,以_____元素结束。元素原子的电子层数恰好等于_____。

5. 元素周期表中共有____个纵行,____个族。____个主族,主族序数用_____表示;____个副族,副族序数用_____表示;主族元素的序数等于_____。

6. 在化学上,元素的金属性是指原子____电子形成____离子的倾向性。原子失电子能力愈强,则金属性就_____。

7. 在元素周期表中,在硼、硅、砷、碲与铝、锗、锑、钋之间画一条折线,则折线的左下方是_____元素区,而右上方是_____元素区。

△8. 根据元素原子结构与元素周期表中的位置关系填写下表:

原子序数	元素符号	周期数	族数	原子结构示意图
		3	ⅠA	
17				
	Ca			

9. 在元素周期表中,镁及其周围的元素位置是

	Be	
Na	Mg	Al
	Ca	

。Na→Mg→Al 的金属性依次_____,Be→Mg→Ca 的金属性依次_____。

10. 根据实验事实可知 NaOH、Mg(OH)$_2$、Al(OH)$_3$ 的碱性依次_____;Al(OH)$_3$ 显_____,它既能与____反应,又能与____反应,生成盐和水。

11. 元素周期表第ⅦA族又称_____族,它包含的氟、氯、溴、碘、砹,自上而下非金属性依次_____。因此,Br$_2$ 水能从 NaI 溶液中置换出单质____,而不能与 NaCl 反应。____单质遇淀粉变蓝色。通过卤族元素性质的讨论,从原子结构观点看,决定元素化学性质的主要因素是_____,但是与_____也有很重要的关系。

12. 就一般而言,判断元素最高价氧化物对应的水化物的碱性与元素的_____性一致,酸性则与元素的_____性一致,而氢化物的稳定性也与非金属性相一致。

13. 同一周期的主族元素,从左到右,失电子能力逐渐_____,金属性逐渐_____;得电子能力逐渐_____,非金属性逐渐_____。

14. 同一主族元素,从上到下原子失电子能力逐渐_____,金属性逐渐_____;得电子能力逐渐_____,非金属性逐渐_____。(注:金属元素主要比较金属性,非金属元素主要比较非金属性)

15. 主族元素的最高正化合价等于_____序数,非金属元素的负化合价等于_____。

△16. 根据结构、位置、性质三者关系填写下表:

原子结构示意图	+13 2 8 3		+17 2 8 7
周期数	3		3
主族序数	ⅡA		ⅦA
元素名称、符号			
最高正化合价			
负化合价			
最高价氧化物的化学式			
对应的水化物的化学式及酸碱性			

二、选择题 （每题有 1~2 个正确答案）

17. 元素性质随着原子序数的递增呈周期性变化的根本原因是 [ ]
A. 核电荷数逐渐增大　　　　B. 元素的相对原子质量逐渐增大
C. 核外电子排布呈周期性变化　D. 元素原子半径呈周期性变化

18. 已知原子序数，可能推断出：① 质子数；② 中子数；③ 质量数；④ 核电荷数；⑤ 核外电子数；⑥ 元素在周期表的位置。其中正确的是 [ ]
A. ①②③　　B. ③④⑤⑥　　C. ②⑥　　D. ①④⑤⑥

19. 由短周期元素和长周期元素共同组成的族可能是 [ ]
A. 零族　　B. 主族　　C. 副族　　D. Ⅷ族

*20. 某元素的原子序数为 x，该元素位于ⅡA族，那么原子序数为 $x+1$ 的元素位于周期表中的 [ ]
A. ⅠA族　　B. ⅢB族　　C. ⅢA族　　D. ⅠB族

21. 元素周期表中已列出 118 种元素，在 7 个周期中包含元素种类最少的是 [ ]
A. 第四周期　B. 第五周期　C. 第一周期　D. 第七周期

22. 元素 R 的气态氢化物的化学式为 RH_3，它的最高价氧化物对应的水化物的化学式可能是 [ ]
A. HRO_3　　B. HRO_4　　C. H_2RO_4　　D. H_3RO_4

*23. 在一定条件下，短周期元素 X 和 Y 能形成化合物 XY_2，那么 X 和 Y 所在族的序数可能是 [ ]
A. ⅡA与ⅦA　　　　B. ⅢA与ⅥA
C. ⅡA与ⅥA　　　　D. ⅠA与ⅥA

24. 下列各组元素按元素非金属性逐渐增强的顺序排列的是 [ ]
A. P、Si、C　　　　B. N、P、S
C. P、S、Cl　　　　D. P、S、O

第一章 物质结构 元素周期律

25. 有 A、B、C 三种金属，将 A 放入 B 的硝酸盐溶液中，A 的表面有 B 析出，而将 A、B、C 分别放入稀硫酸中，只有 C 可溶于硫酸并放出 H_2，则 A、B、C 三种金属的活动性顺序为 [　　]

A. A>B>C　　　　　　　　B. C>A>B
C. C>B>A　　　　　　　　D. B>A>C

26. 主族元素 A 的最高价氧化物为 A_2O_5，B 元素比 A 元素的核电荷数多 2，则 B 元素的最高价氧化物对应的水化物的水溶液能使石蕊试液 [　　]

A. 变红色　　　　　　　　B. 变蓝色
C. 不变色　　　　　　　　D. 无法判断

*27. 短周期元素 X、Y、Z，已知其最高价氧化物对应的水化物的酸性强弱是 $H_2XO_3 <H_3YO_4<HZO_3$，则 X、Y、Z 的原子序数大小顺序是 [　　]

A. X>Y>Z　　　　　　　　B. X>Z>Y
C. Y>X>Z　　　　　　　　D. Y>Z>X

*28. 元素 X 的最高正价与负价的绝对值之差为 6，元素 X、Y 原子次外层均为 8 个电子，X、Y 形成的离子具有相同的电子排布，则 X、Y 形成的化合物是 [　　]

A. MgF_2　　B. $MgCl_2$　　C. $CaCl_2$　　D. $CaBr_2$

29. 碱性强弱介于 KOH 和 $Mg(OH)_2$ 之间的氢氧化物是 [　　]

A. NaOH　　　　　　　　B. $Al(OH)_3$
C. LiOH　　　　　　　　D. $Ca(OH)_2$

30. 在元素周期表中金属与非金属的分界线附近能找到 [　　]

A. 制农药的元素　　　　　B. 制催化剂的元素
C. 制半导体的元素　　　　D. 制耐高温合金材料的元素

*31. 在原子核内有 20 个中子的某二价金属 M，0.1g M 与足量盐酸反应能生成 0.005g 氢气，该金属 M 在元素周期表中的位置是（提示：$M+2HCl \longrightarrow MCl_2+H_2$） [　　]

A. 第三周期、ⅠA族　　　　B. 第三周期、ⅡA族
C. 第四周期、ⅠA族　　　　D. 第四周期、ⅡA族

*32. 据报道，1995 年我国科研人员在兰州首次合成了镁元素的一种同位素（镁-239），并测知其原子核内有 148 个中子。现有 A 元素的一种同位素，比镁-239 的原子核内少 54 个质子和 100 个中子，则 A 元素在周期表中的位置是 [　　]

A. 第三周期、ⅠA族　　　　B. 第四周期、ⅠA族
C. 第五周期、ⅠA族　　　　D. 第三周期、ⅡA族

*33. 运用元素周期律分析，下面的推断错误的是 [　　]

A. 铍的氧化物的水化物可能具有两性
B. At 为有色固体；HAt 不稳定；AgAt 的感光性很强，但不溶于水也不溶于酸
C. 硫酸锶是难溶于水的白色固体
D. 硒化氢是无色、有毒、比 H_2S 稳定的气体

第四节　化学键

一　填空题

1. 化学键是_____。常见的化学键有_____、_____、_____等。

2. _____之间通过_____而形成的化学键叫离子键。_____之间通过_____而形成的化学键叫共价键。

3. 共用电子对有偏移的共价键叫_____，共用电子对不偏移的共价键叫_____。 极性键和非极性键的共用电子对由原子双方提供，而配位键的共用电子对则由____方提供，与另一个原子共用，另一个原子仅提供_____。

4. 离子键的形成可以由主族元素中的活泼_____和活泼_____，双方相互化合时分别_____电子，形成与稀有气体电子结构相同的_____离子。凡由离子键形成的化合物称为_____化合物。

5. (1) 写出下列物质的电子式：
① 氟化钙(萤石)_____。② 硫化钠_____。
(2) 用电子式表示下列离子化合物的形成过程：
① 氯化镁_____。
② 硫化钡_____。

6. 化学上常用一条短线来代表一对共用电子对，用元素符号和短线来表示物质结构的式子叫作结构式，如 Cl_2 的结构式用 Cl—Cl 表示，H_2O 的结构式用 H—O—H 表示。
(1) 写出下列物质的结构式：
① N_2_____。② HCl_____。③ CO_2_____。④ CH_4_____。
*(2) 根据下列物质的结构式写出相应的电子式：
① H—O—Cl_____。② H—O—H_____。
③ H—O—O—H_____。④ H—C≡C—H_____。

7. 判断下列物质中化学键的类型：
(1) KBr_____。(2) CCl_4_____。(3) N_2_____。
(4) CaO_____。(5) H_2S_____。

*8. 在 K_2S、NaOH、CO_2、H_2O 和 N_2 中，只含有离子键的是_____；只含有极性键的是_____；只含有非极性键的是____；既含有离子键又含有共价键的是_____；以极性键结合的非极性分子是____；以极性键结合的极性分子是_____。

9. 具有与氩(Ar)原子电子排布相同的阴、阳离子所形成的四种重要化合物是(写出化学式)_____。

10. 由第三周期的元素形成的 AB 型离子化合物的电子式为_____。

第一章 物质结构 元素周期律

*11. 极性分子中电荷分布_____（即分子中正、负电荷重心不重叠），而非极性分子中电荷分布_____（即分子中正、负电荷重心重叠）。

*12. 下列分子 NH_3、PH_3、H_2O、HF 中，键的极性由强到弱的顺序是_____。

*13. 判断下列分子的极性：
(1) CS_2（直线形）_____。 (2) H_2S（V形）_____。
(3) SO_3（键角120°）_____。 (4) CCl_4（正四面体）_____。

*14. 物质微粒在结晶过程中能形成具有规则几何外形的固体叫_____。晶体分为_____、_____、_____三类。离子晶体存在较强的_____键，因此熔、沸点高；原子晶体存在强的_____键，因而熔、沸点高，硬度大；分子晶体仅存在极弱的_____，这类晶体常温下总以气态（如卤素单质、O_2、CO、CO_2、NH_3、HCl 等）存在，少数以液、固态（如 Br_2、H_2O、I_2 等）存在。

*15. 在 KCl、CO_2 和 SiO_2 三种物质中，熔点最高的是_____，熔点最低的是_____；固态时形成原子晶体的是_____，形成离子晶体的是_____，形成分子晶体的是_____。当干冰熔化时，CO_2 分子内的 $C=O$ 键____变化，仅是克服_____力。

二 选择题 （每题有1～2个正确答案）

16. 下列物质中，不存在化学键的是 [ ]
 A. 水 B. 食盐 C. 氯气 D. 氦气

*17. 共价键产生极性的根本原因是 [ ]
 A. 原子间共用电子对发生偏离
 B. 成键的原子得失电子能力不同
 C. 成键两原子两端相对地显正电性、负电性
 D. 成键两原子吸引电子的能力不同

18. 下列关于离子键的叙述正确的是 [ ]
 A. 使阳离子和阴离子结合成化合物的静电吸引力
 B. 活泼金属与活泼非金属在形成化合物时形成的化学键一般是离子键
 C. 离子键是相邻的阴、阳离子之间强烈的吸引作用
 D. 离子键是相邻的阴、阳离子之间强烈的相互排斥力

19. 下列物质的结构中，含有离子键的是 [ ]
 A. H_2O B. HCl C. MgO D. CS_2

20. 下列各组用原子序数所表示的两种元素，能形成 AB_2 型离子化合物的是 [ ]
 A. 6和8 B. 11和13 C. 11和16 D. 12和17

21. 下列离子化合物的离子组成与 Ne 和 Ar 的电子层结构分别相同的是 [ ]
 A. LiBr B. NaCl C. KF D. MgO

22. 下列4组用原子序数所代表的元素，彼此间能形成共价键的是 [ ]
 A. 6和16 B. 8和13 C. 15和17 D. 12和35

23. A、B两种主族元素属于同一周期,并能形成 AB$_2$ 型共价化合物,A、B两元素可能分别位于元素周期表中的 [ ]

  A. ⅠA 和 ⅤA 族   B. ⅠA 和 ⅥA 族
  C. ⅡA 和 ⅦA 族   D. ⅣA 和 ⅥA 族

24. 下列化合物中,既含有离子键,又含有共价键的是 [ ]

  A. MgO   B. NaOH   C. SO$_2$ D. CaCl$_2$

*__25.__ 下列电子式书写正确的是 [ ]

  A. HClO H :$\overset{..}{\underset{..}{Cl}}$:$\overset{..}{\underset{..}{O}}$:   B. NaOH Na$^+$[H :$\overset{..}{\underset{..}{O}}$:]$^-$

  C. IBr :$\overset{..}{\underset{..}{I}}$:$\overset{..}{\underset{..}{Br}}$:   D. H$_2O_2$ H$^+$[:$\overset{..}{\underset{..}{O}}$:]$^{2-}_2H^+$

*__26.__ 下列元素间所形成的共价键,极性最强的是 [ ]

  A. H—F   B. F—F   C. H—Cl   D. H—O

*__27.__ 下列物质中,既含有非极性键,又含有离子键的是 [ ]

  A. K$_2$SO$_4$ B. CO$_2$ C. Na$_2$O$_2$ D. CH$_4$

*__28.__ 下列分子中,属于含有极性键的非极性分子的是 [ ]

  A. Cl$_2$ B. NH$_3$ C. H$_2$O   D. CH$_4$

*__29.__ 下列元素的原子既能与其他元素的原子形成离子键或极性键,又能彼此结合成非极性共价键的是 [ ]

  A. Ne   B. Cl   C. Na   D. C

*__30.__ 下列各组分子中,所有原子都在一条直线上且属非极性分子的是 [ ]

  A. H$_2$O、NH$_3$ B. CS$_2$、CO$_2$ C. H$_2$O、H$_2$S   D. CCl$_4$、CH$_4$

*__31.__ 下列叙述正确的是 [ ]

  A. 含非极性键的化合物中不可能含有离子键
  B. 共价化合物中不含离子键
  C. 含极性键的分子一定是极性分子
  D. 完全由非金属元素形成的化合物一定不含离子键

*__32.__ 下列说法错误的是 [ ]

  A. 氯化氢易溶于水,而不易溶于汽油
  B. 极性键构成的分子就一定是极性分子
  C. 碘易溶于 CCl$_4$、酒精,不易溶于水
  D. 固体氯化铝熔点较低,氯化铝是共价化合物,不是离子化合物

本章综合练习题

一、填空题

1. 在 $^{37}_{17}$Cl 中含有____个质子,____个中子,质量数是____,原子结构示意图为_____。氯在周期表中位于____周期____族。它的最高价氧化物的化学式为_____,相对应的水化物的化学式为_____,气态氢化物的电子式为_____。

第一章 物质结构 元素周期律

2. 下表列出了 A~I 九种元素在周期表中的位置：

主族 周期	ⅠA	ⅡA	ⅢA	ⅣA	ⅤA	ⅥA	ⅦA	0
2					E	F		
3	A	C	D				G	I
4	B					H		

(1) 这九种元素分别为(写出名称、符号)：
A. _____、B. _____、C. _____、D. _____、E. _____、
F. _____、G. _____、H. _____、I. _____。
其中化学性质最不活泼的是_____，金属性最强的是_____。

(2) A、C、D 三种元素的氧化物对应的水化物，其中碱性最强的是_____，具有两性的是_____。

(3) A、B、C 三种元素按原子半径由大到小的顺序排列为_____。

(4) F 元素氢化物的化学式为_____，该氢化物在常温下跟 B 的单质发生反应的化学方程式是_____。

(5) H 元素跟 A 元素形成化合物，用电子式表示形成过程：_____。

(6) G 元素与 H 元素两者核电荷数之差是____。

3. 在探索生命奥秘的过程中，科学家日益认识到生命细胞的组成和元素周期表有着密切的关系。约占人体总质量 99.97% 的 11 种常量元素(含量超 0.01%)全部位于周期表前 20 号元素之内，其余 0.03% 是由人体必需的 14 种微量元素组成的。在微量元素中，只有 F 和 Si 位于短周期，其余均属第四长周期。试问常量元素(11 种)中：

(1) 原子最外层电子数是次外层电子数 2 倍的是____，原子序数为 1 的元素是____。

(2) 最高正价和最低负价代数和为 6 的元素是____，跟它处于同一周期的另两种非金属元素是_____，能形成显碱性的气态氢化物的元素是____。

(3) 原子半径最大的是____，和它相邻的元素是____和____。

(4) 剩余两种元素，它们的离子电子层结构相同，且离子电荷相同，符号相反，这两种元素是____和____，它们可形成离子化合物，电子式为_____。

4. X、Y、Z、W 均为短周期元素，它们的最高正化合价依次为 +1、+4、+5、+7，核电荷数按照 Y、Z、X、W 的顺序增大。已知 Y、Z 的原子次外层的电子数均为 2，W 和 X 的原子次外层的电子数均为 8。

(1) 画出它们的原子结构示意图：X:_____、Y:_____、Z:_____、W:_____。

(2) X 在空气中燃烧生成 X_2O_2(过氧化物)，Y 在空气中燃烧生成 YO_2，两者发生反应生成 X_2YO_3 和 O_2，因此，X_2O_2 可在航天飞行和潜水艇中兼作 YO_2 的吸收剂和供氧剂。X_2O_2 属_____化合物，还包含_____键。写出两种氧化物反应的化学方程式：_____。

(3) 按碱性减弱、酸性增强的顺序排出各元素最高价氧化物对应的水化物的化学式：

_____。

5. 在火山口附近常有硫黄出现,其原因是喷出的含有可燃性 H_2S 的气体与空气中的 O_2 发生反应 $2H_2S+O_2 \xrightarrow{\text{不完全燃烧}} 2H_2O+2S\downarrow$(硫黄),该地质现象足以证实同主族(ⅥA)的 O 与 S 的非金属性是氧____硫。当把 Cl_2 气通入 Na_2S 溶液后,溶液立即出现淡黄色浑浊现象,反应原理是:$Na_2S+Cl_2==2NaCl+S\downarrow$(淡黄色)。这是因为氯与硫同属第三周期元素,非金属性是氯____硫。(填">"、"<"或"=")

6. 自来水常用氯气来杀菌消毒,漂白粉是 $Ca(ClO)_2$ 和 $Ca(OH)_2$ 的混合物,也具有漂白消毒的功能。其原因是在氯水和漂白粉中都含有 ClO^-(次氯酸根)。ClO^- 中氯的化合价是____,ClO^- 的电子式是_____。

7. 3.2g 某元素 A 的单质与氢气化合生成 3.4g 气态氢化物 H_2A。已知 A 原子核中质子数与中子数相等,则 A 的相对原子质量为____,原子序数是____,元素符号为____,元素 A 位于第____周期____族,它能形成两种主要氧化物,分别是_____,气态氢化物的化学式是_____,*属____分子。

8. 现有硫酸钠、硫酸镁、硫酸铝三种无色溶液,选用一种试剂就能鉴别这三种溶液,这种试剂是_____,写出发生反应的化学方程式:_____,
_____,_____。

二、选择题(每题有 1~2 个正确答案)

9. H、D、T、H^+ 可以用来表示 [   ]
A. 化学性质不同的氢原子 B. 四种不同的元素
C. 氢元素的四种不同微粒 D. 四种不同的氢元素

10. 19 世纪末,原子内部的秘密开始被揭开,最早发现电子的科学家是 [   ]
A. 意大利物理学家阿伏加德罗 B. 法国化学家拉瓦锡
C. 英国科学家汤姆孙 D. 英国科学家道尔顿

11. 下列比较关系式正确的是 [   ]
A. 原子半径:Na>Mg>Al B. 热稳定性:$H_2S<H_2Se<HCl$
C. 酸性:$H_3PO_4<H_2SO_4<HClO_4$ D. 共价键极性:H—F<H—Cl

12. S、Cl 两元素同处于第三短周期,下列判断正确的是 [   ]
A. 还原性(失电子能力):$Cl^-<S^{2-}$ B. 酸性:$H_2SO_4<HClO_4$
C. 氧化性(得电子能力):Cl<S D. 稳定性:$H_2S>HCl$

13. 下列说法错误的是 [   ]
A. 由非金属元素组成的化合物不可能是离子化合物
B. 金属原子与非金属原子间也可以形成共价键
C. 离子化合物中也可能含有共价键
D. 共价化合物中不可能含有离子键

*** 14.** 金属与非金属绝大多数情况下形成离子化合物,但实验证实 $BeCl_2$(氯化铍)为共价化合物,两个 Be—Cl 键间的夹角为 180°,由此可判断 $BeCl_2$ 属于 [   ]
A. 由极性键形成的极性分子 B. 由极性键形成的非极性分子

第一章 物质结构 元素周期律

C. 由非极性键形成的极性分子　　D. 由非极性键形成的非极性分子

15. Si、P、S、Cl 同属第三周期，C 与 Si 及 N 与 P 分别处于ⅣA、ⅤA 族，根据元素性质递变规律判断下列物质从左到右酸性逐渐增强的是 [　　]

A. $HClO_4$、H_2SO_4、H_3PO_4　　B. H_2CO_3、H_2SiO_3、H_3PO_4

C. H_3PO_4、H_2SO_4、$HClO_4$　　D. H_2CO_3、H_3PO_4、HNO_3

16. 下列元素中，它的气态氢化物溶于水显酸性的是[　　]，显碱性的是 [　　]

A. 碳　　　　B. 氧　　　　C. 硫　　　　D. 氮

* 17. 在医药上常用 $30g·L^{-1}$ 的 H_2O_2（过氧化氢）作消毒杀菌剂，用来洗涤化脓性伤口、洗耳和漱口，下列关于 H_2O_2 的叙述正确的是 [　　]

A. 结构式为 H—O—O—H　　B. H_2O_2 中氧的化合价为 -2

C. H_2O_2 中只含极性键　　D. 电子式为 $H^+[\overset{..}{\underset{..}{\overset{×}{O}}}\overset{..}{\underset{..}{\overset{×}{O}}}]^{2-}$

18. 某元素的气态氢化物 RH_4 中氢的质量分数为 25%，则 R 的最高价氧化物的化学式为 [　　]

A. CO　　　B. CO_2　　　C. SiO_2　　　D. GeO_2

19. C_{60} 具有类似足球的空心结构，可应用于光计算、光记忆、光电开关，充当良好的耐磨材料、超导材料等，应用于火箭、导弹、炸药等军事和航空航天领域。下列有关 C_{60} 的说法不正确的是 [　　]

A. C_{60} 是一种新型碳单质　　B. C_{60} 分子中碳碳之间存在共价键

C. C_{60} 分子中存在离子键　　D. C_{60} 的相对分子质量为 720

20. 下列变化过程中，有新的化学键形成的是 [　　]

A. Na 与 H_2O 反应　　B. 水和酒精以任意比例混合

C. 碘单质的受热升华　　D. I_2 溶于 CCl_4 中

* 21. 溴化碘(IBr)的结构和性质与 Br_2、I_2 相似，下列关于 IBr 的叙述不正确的是 [　　]

A. IBr 是共价化合物　　B. IBr 是含极性键的极性分子

C. IBr 是单质　　D. IBr 的电子式为 $I^+[\overset{..}{\underset{..}{Br}}]^-$

* 22. 下列分子中，为极性分子的是 [　　]

① H—Cl　② H—S—H　③ H—N(H)—H（三角锥）　④ BF_3（平面三角形）　⑤ Cl—C(Cl)(Cl)—Cl

A. ①　　　B. ①②　　　C. ①②③　　　D. ④⑤

23. 从下列 A、B、C、D 选项中，找出正确的答案填入(1)～(4)的各题中：

(1) 干冰(CO_2)挥发必须克服 [　　]

(2) 冰融化必须克服 [　　]

(3) HI(碘化氢)分解成 H_2、I_2 必须克服 [　　]

(4) 食盐(NaCl)熔融必须克服 [　　]
A. 共价键　　　　　　　　　B. 离子键
C. 分子间力(又称范德华力)　D. 配位键

24. Na 与 Na$^+$ 两微粒中,不相同的是 [　　]
① 核内质子数　② 核外电子数　③ 最外层电子数　④ 核外电子层数　⑤ 化合价
A. ①②　　　　　　　　　　B. ①②③
C. ②③⑤　　　　　　　　　D. ②③④⑤

25. 下列说法不符合ⅦA族元素性质特征的是 [　　]
A. 从上到下电子层数增加,原子半径递增
B. 最外层电子数为7,易得电子形成 −1 价离子
C. 除氟外都能形成最高价氧化物的水化物,均显酸性
D. 从上而下氢化物的稳定性依次增强

*26. 下列 A～G 的物质中,只含离子键的是[　　],只含离子键和极性键的是[　　],含极性键和非极性键的是[　　],含配位键、离子键、极性键的是[　　],由极性键形成的极性分子是[　　],由极性键形成的非极性分子是[　　],由非极性键形成的非极性分子是 [　　]
A. CH_4　　　B. NH_3　　　C. NH_4Cl　　　D. H_2O_2
E. Br_2　　　F. KF　　　　G. NaOH

本章自测试卷

A 卷

一、填空题

1. 有下列分子：$^1H_2^{16}O$、$^2H_2^{17}O$、$^3H_2^{18}O$、$^1H^{37}Cl$、$^1H^{35}Cl$。其中互为同位素的原子分别是_____,_____,_____;共有____种元素。

2. R^{2-} 阴离子含有 18 个电子,其原子核内的质子数和中子数相等,则 R 的相对原子质量(A)是____。

3. 在 NH_3、H_2、K_2S、Na_2O_2 中,只有离子键的是_____;*只有极性共价键的是_____;*只有非极性共价键的是____;既有离子键又有共价键(非极性键)的是_____。

4. 在同周期中,各元素原子的电子层数_____,从左至右,金属性_____,原子半径_____(稀有气体除外),最高价氧化物对应的水化物的酸性_____,氢化物的稳定性_____。

5. 某元素气态氢化物的分子式为 H_3R,最高氧化物的分子式为_____,最高正化合价为____,最高价氧化物对应的水化物呈____性;在周期表中位于第____族。

6. 卤素是活泼的非金属元素,随着核电荷数的增加,它们的活泼性逐渐_____。在卤化氢中,____最稳定。(卤素包括 F、Cl、Br、I 等元素)

*7. 分子内的正、负电荷重心重叠,此分子称为_____分子;分子内的正、负电荷重心不重叠,此分子称为_____分子。

第一章 物质结构 元素周期律

二、判断题（正确的在括号内打"√"，错误的打"×"）

8. Cl、Cl⁰、Cl⁻、$^{37}_{17}$Cl 这四种微粒是氯元素的四种不同的同位素。（　）

9. 含有共价键的物质，一定属共价化合物。（　）

10. 核外电子数及核外电子排布均相同的两个微粒，一定属同种元素的原子。（　）

11. 离子化合物一定含有离子键，凡含有离子键的化合物一定是离子化合物。（　）

12. 不同元素的原子，核内任何微粒数一定不相等。（　）

13. A 和 B 的原子序数分别是 6、16，它们能形成含极性共价键的非极性分子。（　）

14. M 层有 1 个价电子的元素 A 和 L 层有 7 个价电子的元素 B 组成的化合物是 AB 型的。（　）

15. 离子化合物的阴、阳离子之间，除有一定的吸引力外，也有一定的排斥力。当两种力相等时处于平衡状态。（　）

三、选择题（除 18 题外，每题只有 1 个正确答案）

*16. 下列物质的分子内含极性键，但是属非极性分子的是　[　]
A. NH_4Cl B. CO_2 C. Na_2O_2 D. H_2O

17. 下列各组中，原子半径按依次减小顺序排列的是　[　]
A. Li、Na、K   B. K、P、N
C. C、Si、S   D. Cl、Br、I

18. 下列元素中，金属性最强的是[　]，非金属性最强的是　[　]
A. 钾   B. 氮   C. 氧   D. 锌

19. 下列各组物质，从左到右酸性逐渐增强的是　[　]
A. $HClO_4$、H_2SO_4、H_3PO_4 B. H_2CO_3、H_2SiO_3、H_3PO_4
C. H_3PO_4、H_2SO_4、$HClO_4$ D. H_3PO_4、HNO_3、H_2SiO_3

20. A 和 B 均为主族元素，A 原子最外层有 1 个电子，B 原子最外层有 6 个电子时，下列有关由 A、B 形成的化合物的叙述正确的是　[　]
A. 一定是离子化合物   B. 不一定是离子化合物
C. 化合物中 B 的化合价一定是 −2   D. 其分子式或化学式肯定是 A_2B

21. 下列关于元素周期表中同一主族元素的叙述正确的是　[　]
A. 具有完全相同的各种化合价   B. 原子序数从上到下增加相同
C. 原子的最外层电子数相同   D. 化学性质相同

22. 下列元素中的气态氢化物溶于水并显碱性的是　[　]
A. 碳   B. 氧   C. 硫   D. 氮

23. 元素 X 的原子序数为 26，元素 Y 的原子内有 17 个质子，X 与 Y 形成的化合物可能是　[　]
A. XY   B. XY_2
C. XY_3 D. XY_2 或 XY_3

24. A、B 和 C 三种元素在同一个周期内,已知 A 是酸性氧化物,B 是碱性氧化物,C 则是两性氧化物,它们的原子序数递增的正确顺序是 [　　]

A. A、B、C B. C、A、B
C. B、A、C D. B、C、A

四、综合题

25. 把 Cl_2 通入 NaBr 溶液后,溶液立即出现淡黄色,反应的原理是:

$$2NaBr + Cl_2 = 2NaCl + Br_2(淡黄色)$$

这是因为氯和溴同属于ⅦA族,非金属性是氯____溴。(填写">"、"<"或"=")

26. 过氧化钠(Na_2O_2)能与 CO_2 作用,反应原理是:

$$2Na_2O_2 + 2CO_2 = 2Na_2CO_3 + O_2$$

过氧化钠可在航天飞行和潜水艇中兼作供氧剂和 CO_2 的吸收剂。Na_2O_2 属____化合物,它含_____和_____键。

27. 自来水常用氯气来杀菌消毒,漂白粉是 $Ca(ClO)_2$(次氯酸钙)和 $Ca(OH)_2$ 的混合物,也具有漂白消毒的功能。在氯水和漂白粉[有效成分是 $Ca(ClO)_2$]中,都含有 ClO^-(次氯酸根)。氯气与水反应的化学方程式是_____。

28. A、B 两种元素在一定条件下能形成稳定的化合物,A 和 B 的电子层数相同,A 原子的 M 层比 B 原子的 M 层上少 6 个电子,则 A 是____元素,B 是____元素,A 与 B 以____键形成化合物。A 属于____元素,B 属于____元素。

29. 原子序数为 20 和 16 的两种元素,可形成离子化合物,试写出该化合物的电子式:_____。这两种元素分别在_____、_____周期,_____、_____族。

30. 某元素 R 的最高价氧化物为 R_2O_5,其气态氢化物中 R 的质量分数为 82.35%,R 的原子核内有 7 个中子。

(1) 写出元素 R 的名称和符号:_____。

(2) 推断 R 元素在周期表中____周期____族。

(3) 写出 R 单质的电子式(R_2):_____。

(4) 推断 R 的最高价氧化物的水化物的化学式:_____。

B 卷

一、选择题(每题只有1个正确答案)

1. 同种元素的各种离子,一定相同的是 [　　]

A. 电子数 B. 中子数 C. 质子数 D. 质量数

2. 阳离子 M^{n+} 的核外具有 x 个电子,核内有 a 个中子,则 M 的质量数是 [　　]

A. $a+x+n$ B. $a-x+n$
C. $a+x-n$ D. $a-x-n$

3. 质量数为 37 的原子,可能有 [　　]

A. 18 个中子、19 个质子、18 个电子 B. 17 个中子、20 个质子、18 个电子
C. 18 个质子、19 个中子、18 个电子 D. 19 个质子、18 个中子、20 个电子

4. 在第 n 电子层中,当它作为原子的最外电子层时,能容纳的最多电子数与 $n-1$ 层

第一章 物质结构 元素周期律

相同,当它作为原子的次外层时,能容纳的最多电子数为18,则此电子层是 [ ]
  A. K层　　　　B. L层　　　　C. M层　　　　D. N层

5. 元素X、Y可组成化学式为XY_2的化合物,则X、Y的原子序数可能是 [ ]
  A. 3和9　　　　B. 6和8　　　　C. 10和4　　　　D. 13和17

6. 在元素周期表中,金属元素与非金属元素的分界线附近能找到 [ ]
  A. 制新农药的元素　　　　B. 制催化剂的元素
  C. 制耐高温合金的元素　　D. 半导体元素

7. 下列化合物中,所有化学键都是共价键的是 [ ]
  A. NH_4Cl　　　B. $NaOH$　　　C. $MgCl_2$　　　D. CH_4

二、综合题

8. 当把Cl_2通入Na_2S溶液后,溶液立即出现淡黄色浑浊现象,反应的原理是:
$$Na_2S + Cl_2 =\!=\!= 2NaCl + S\downarrow（淡黄色）$$
这是因为氯和硫同属于第三周期元素,根据位置判断非金属性是氯____硫。(填写">"、"<"或"＝")

9. 在$^{35}_{17}Cl$中含有_____个质子,_____个中子,_____个电子。它的质量数等于_____。它的原子结构示意图为_____。氯在元素周期表中位于_____周期_____族。氯的最高价氧化物的化学式为_____,最高价氧化物对应的水化物的化学式为_____,气态氢化物的化学式为_____。

10. 有4种微粒的原子结构示意图分别为:

  X (+11) 2 8 1　　Y (+17) 2 8 7　　Z (+13) 2 8 3　　W (+12) 2 8 2

其中,半径由大到小的顺序是_____,金属性由强到弱的顺序是_____,最高正价由低到高的顺序是_____。它们形成的化合物WY_2的电子式为_____。

C 卷

一、判断题(正确的在括号内打"√",错误的打"×")

1. 离子化合物中的化学键都是离子键。　　　　　　　　　　　　　　(　)

*2. 由极性键形成的分子都是极性分子。　　　　　　　　　　　　　(　)

3. 某元素原子的L层比M层多1个电子,则该元素的单质一定是双原子分子。
　　　　　　　　　　　　　　　　　　　　　　　　　　　　　　(　)

*4. CO_2和SiO_2都含极性共价键,化学性质相似,都是酸性氧化物,因此都属分子晶体。　　　　　　　　　　　　　　　　　　　　　　　　　　　(　)

5. 分子中键长越短,键能越大,则分子越稳定。　　　　　　　　　　(　)

*6. M层有2个价电子的元素A原子和L层有7个电子的元素B原子组成的化合物是AB_2。　　　　　　　　　　　　　　　　　　　　　　　　　(　)

7. 金属元素在化合物中总显正价,而非金属元素在化合物中总显负价。　(　)

*8. 最高正化合价相等的两种元素一定是同一族元素。（提示：MnO_4^- 与 ClO_4^-）
（   ）

9. 火山口处常看到有黄色的硫生成，这是因为氧的非金属性强于硫，火山喷发的可燃气 H_2S 在空气不充足情况下燃烧，反应原理是：

$$2H_2S+O_2 \xrightarrow{\text{点燃}} 2H_2O+2S \quad (O_2 \text{供应不充足})$$ （   ）

10. 外层是 8 个电子的微粒一定都是稀有气体的原子。（   ）

*11. 在 CCl_4 分子中，4 个 C—Cl 键都是极性键，所以 CCl_4 是极性分子。（   ）

二、选择题（除 12、13、17 题外，每题只有 1 个正确答案）

12. 下列微粒中，最易失去电子形成阳离子的是 [   ]，最易得到电子形成阴离子的是 [   ]
    A. Be   B. B   C. Cs   D. F

13. 元素性质主要由原子结构中的 [   ] 决定，元素种类则决定于 [   ]
    A. 质量数   B. 中子数   C. 质子数   D. 最外层电子数

14. 在医药上，常用 $30g \cdot L^{-1}$ 的 H_2O_2（过氧化氢）作消毒杀菌剂，用来洗涤化脓性伤口、洗耳或漱口。下列各式中，H_2O_2 的电子式是 [   ]
    A. H—O—O—H   B. 只含极性键
    C. H:Ö:Ö:H   D. $H^+[:\ddot{O}:\ddot{O}:]^{2-}H^+$

*15. 某元素 A^{2+} 的核外电子数为 24，该元素是 [   ]
    A. Cr   B. Ti   C. Mg   D. Fe

16. 质子数和中子数相同的原子 A，其阴离子 A^{n-} 核外共有 x 个电子，则 A 的质量数为 [   ]
    A. $2(x+n)$ B. $2(x-n)$ C. $2x+n$ D. $2x-n$

*17. 下列固体中，[   ] 属分子晶体，[   ] 属原子晶体，[   ] 属离子晶体
    A. KCl 晶体   B. 干冰
    C. 单晶硅   D. 电解铜（纯度达 99.99%）

18. 已知铱的一种同位素是 $^{191}_{77}Ir$，则其核内的中子数是 [   ]
    A. 77   B. 114   C. 191   D. 268

19. 下列化学式中，既含离子键又含共价键的是 [   ]
    A. CH_4 B. NH_3 C. CO_2 D. NH_4Cl E. H_2S

三、综合题

20. 某元素的原子最外层有 5 个电子，它的最高价氧化物对应的水化物是强酸，它的气态氢化物是易溶于水且具有刺激性气味的气体。该元素是_____。

21. A 元素处于第三周期ⅦA族，B 元素处于第四周期ⅥA族。根据 A、B 元素在周期表中的位置，找出对比因素，比较 A、B 两元素：

(1) 非金属性强弱：_____。

(2) 含氧酸（最高价）强弱：_____。

(3) 氢化物稳定性强弱：_____。

第一章 物质结构 元素周期律

22. (1) 填表：

元素名称及符号	周　期	族	离子化合价
硫(S)			
氯(Cl)			
氩(Ar)			
钾(K)			
钙(Ca)			

(2) 用电子式表示上述元素所生成的几种盐：_____。

*(3) 这些盐分别属于何种晶体？_____。

23. 有 A、B、C、D 四种元素，它们是原子序数在 11～18 之间的主族元素，它们的价电子分别为 1、3、6、7，回答以下问题：

(1) 常温下哪一种元素易形成双原子分子？_____。

(2) 哪一种元素组成的氧化物既能与酸反应，也能与碱反应，即具有两性性质？_____。

(3) 这四种元素构成的单质两两结合，可能形成哪几种盐？_____。

第二章 物质的量 溶液

第一节 物质的量

（一）物质的量和摩尔质量

一 填空题

1. 科学上为把肉眼看不见的微观粒子跟宏观可称量的物质联系起来，引进一种新的物理量_____，它的单位用_____表示。

2. 1mol 的任何物质含_____微粒，其符号用____表示。12kg ^{12}C 含碳原子约为_____个，其物质的量(n_B)为_____。

3. 通常把单位物质的量(n_B)的物质所具有的质量(m_B)叫作该物质的_____，其符号用____表示，单位用_____表示。摩尔质量与相对原子质量或相对分子质量的联系是_____，区别是_____。

4. NH_4Cl 的相对分子质量为_____，它的摩尔质量为_____，2mol NH_4Cl 的质量为_____。1mol $Al_2(SO_4)_3$ 含有_____ mol Al^{3+}，含有_____ mol SO_4^{2-}。

* 5. 把_____ g NaOH 固体溶解在 90g 水中，才能使每 10 个水分子中含有 1 个 Na^+，所得溶液中 NaOH 的质量分数约是_____。

6. 填写下表：

物 质	摩尔质量/(g·mol^{-1})	质量/g	物质的量/mol	微粒数/个
Na		23		
H_2SO_4			1	
OH^-		1.7		
H_2				1.204×10^{24}

7. 0.3mol 氨气和 0.4mol 二氧化碳的质量_____，所含分子数_____，所含原子数____。（填写"相等"或"不相等"）

第二章 物质的量 溶液

8. ＿＿g CO_2 气体与 9g H_2O 所含分子数相等。含有相同氧原子数的 CO 和 CO_2，其质量比是＿＿＿＿，物质的量之比是＿＿＿＿，分子数之比是＿＿＿＿。

*****9.** 某金属氯化物 MCl_2 40.5g，含有 0.6mol Cl^-，则该氯化物的摩尔质量是＿＿＿＿，金属 M 的相对原子质量为＿＿＿＿。如金属 M 原子内含 35 个中子，则该元素的名称、符号分别是＿＿＿＿。

*****10.** 某金属 0.1mol 与足量的盐酸反应，得到 0.15mol 氢气，则该金属在生成物中的化合价为＿＿＿＿价。

11. 已知 A 的相对分子质量为 M，阿伏加德罗常数为 N_A，则：
（1）A 的摩尔质量为＿＿＿＿＿＿。
（2）1 个 A 分子的真实质量为＿＿＿＿＿＿。
（3）1g A 所含的分子数为＿＿＿＿＿＿。

12. 含 $a$mol Na_2CO_3 的溶液和含 $b$mol $NaHCO_3$ 的溶液可分别与等量的盐酸恰好反应生成 NaCl、CO_2 和 H_2O，则 $a:b=$＿＿＿＿。

*****13.** 农作物需 K、N 元素，试问 0.1mol NH_4NO_3 与＿＿＿＿g KCl 混合后，与＿＿＿＿g KNO_3 所含钾元素和氮元素的物质的量相等。（提示：从 NH_4NO_3 中的 N 的物质的量求出 KNO_3，然后再求 KCl）

*****14.** 12.4g Na_2X 含 Na^+ 0.4mol，则 Na_2X 的摩尔质量为＿＿＿＿，X 的相对原子质量为＿＿＿＿。该元素在元素周期表中位于＿＿＿＿族，名称是＿＿＿＿，符号是＿＿＿＿。

*****15.** 某金属钠样品的钠原子核外共有电子 0.55mol，则此金属质量为＿＿＿＿g，它在与 Cl_2 反应时可转移＿＿＿＿个电子，可生成 NaCl ＿＿＿＿mol。（提示：Na 的核外电子数为 11）

二 选择题 （每题只有 1 个正确答案）

16. 下列说法错误的是　　　　　　　　　　　　　　　　　　　　　　　[　　]
A. 1mol 任何物质都含有约 $6.02×10^{23}$ 个原子
B. 0.012kg 碳-12 含有约 $6.02×10^{23}$ 个碳原子
C. 阿伏加德罗常数的集体就是 1mol
D. 使用摩尔时必须注明微粒的种类

17. 每摩尔物质含有　　　　　　　　　　　　　　　　　　　　　　　　[　　]
A. $6.02×10^{23}$ 个分子　　　　　　B. $6.02×10^{23}$ 个原子
C. 阿伏加德罗常数个原子　　　　　D. 阿伏加德罗常数个该物质的微粒

18. 1mol 水蒸气，1mol 水和 1mol 冰中所含的分子数为　　　　　　　　[　　]
A. 一样多　　　　　　　　　　　　B. 冰中所含水分子多
C. 水中所含水分子多　　　　　　　D. 水蒸气中所含水分子多

19. 下列物质与 0.5mol Na_2CO_3 中含有的氧原子数相等的是　　　　　[　　]
A. 0.5mol CO_2　　B. 0.5mol SO_2　　C. 1.5mol H_2O　　D. $3.01×10^{23}$ 个 SO_4^{2-}

20. 一定量的氢气中含有 1mol 电子，这些氢气的物质的量是　　　　　　[　　]

A. 1mol B. 0.5mol C. 3mol D. 2mol

21. 下列说法正确的是 [ ]
A. 氮原子的质量就是氮的相对原子质量
B. 一个碳-12 原子的质量大约是 $1.993×10^{23}$ g
C. 氧气的摩尔质量等于它的相对分子质量
D. 氢氧化钠的摩尔质量是 40g

22. 1个氧原子的质量约为 [ ]
A. 16g B. 16 C. $\dfrac{16}{6.02×10^{23}}$ g D. $\dfrac{16}{6.02×10^{23}}$

23. 等物质的量的 Na^+、OH^- 和 F^- 具有相同的 [ ]
A. 质量 B. 质子数 C. 电子数 D. 中子数

24. $0.2mol\ Na_2CO_3$ 与 $0.4mol\ NaHCO_3$ 中,所含微粒数相等的是 [ ]
A. 钠离子 B. 氢原子 C. 氧原子 D. 碳原子

25. 下列叙述正确的是 [ ]
A. 氯化钠的摩尔质量是 58.5g
B. 1mol 氯化钠的质量是 $58.5g·mol^{-1}$
C. 58.5g 氯化钠中含 1mol 氯化钠分子
D. 1mol 氯化钠中约含有 $6.02×10^{23}$ 个 Cl^-

26. 下列各组物质中,分子数相同的一组是 [ ]
A. $1g\ H_2$ 和 $1g\ N_2$ B. $2mol\ SO_2$ 和 $3mol\ O_2$
C. 18g 水和 $1mol\ HCl$ D. $1g\ H_2$ 和 $8g\ O_2$

27. 等物质的量的下列物质,跟 $AgNO_3$ 完全反应时,消耗 $AgNO_3$ 物质的量最多的是 [ ]
A. NaCl B. $CaCl_2$ C. $AlCl_3$ D. $CuCl_2$

28. 下列物质与足量的盐酸反应,生成气体的物质的量相等的是 [ ]
A. 等质量的苏打和小苏打 B. $1mol\ CaCO_3$ 和 $2mol\ NaHCO_3$
C. 物质的量相等的苏打和小苏打 D. $1mol\ FeS$ 和 $2mol\ Fe$

29. 用氢气还原某二价金属的氧化物使其成为单质。若每 80g 氧化物需要 2g 氢气,则该金属的摩尔质量是 [ ]
A. $24g·mol^{-1}$ B. $32g·mol^{-1}$ C. $40g·mol^{-1}$ D. $64g·mol^{-1}$

30. 在无土栽培中,需配制一定量含 $50mol\ NH_4Cl$、$16mol\ KCl$ 和 $24mol\ K_2SO_4$ 的营养液。若用 KCl、NH_4Cl 和 $(NH_4)_2SO_4$ 三种固体为原料配制,三者的物质的量依次是(单位为 mol) [ ]
A. 2、64、24 B. 64、2、24 C. 32、50、12 D. 16、50、24

31. 某氮的氧化物和灼热的铁的反应为 $4N_xO_y+3yFe=\!=\!=2Fe_3O_4+2xN_2$。已知在某实验中,$2mol$ 该氧化物与足量的铁反应后生成了 $1mol\ N_2$ 和 $1mol\ Fe_3O_4$,则该氧化物的化学式是 [ ]
A. N_2O B. NO C. NO_2 D. N_2O_4

三 计算题

32. 氯化钠与氯化镁的混合物中,钠离子与镁离子的物质的量之比为3∶2。

(1) 求混合物中两种物质的质量比。

(2) 如果混合物中共有 28mol Cl^-,则混合物中氯化钠和氯化镁的质量各是多少?

33. 已知1个氧原子的质量是 2.657×10^{-26} kg,则多少克氧气的物质的量为 1mol?

* 34. 已知 A 液是 1L 含有 0.5mol $MgSO_4$、0.35mol $MgCl_2$ 和 0.4mol Na_2SO_4 的混合溶液,而 B 液是 1L 含有 0.85mol $MgSO_4$、0.7mol NaCl 和 0.05mol Na_2SO_4 的混合溶液,通过计算说明 A 与 B 是否为同样的溶液。

35. 5.6g 铁粉跟足量的稀硫酸反应,产生的氢气的物质的量为多少摩尔?反应中消耗 H_2SO_4 为多少克?

36. 32g 某化合物在氧气中完全燃烧后,生成 1mol CO_2 和 36g H_2O,则该化合物中各元素质量分别为多少克?

* 37. 248.5g NaCl 和 $MgCl_2$ 的混合物溶于水后加入足量的 $AgNO_3$ 溶液,共生成白色沉淀 717.5g,则原混合物中 NaCl 和 $MgCl_2$ 各为多少克?

(二) 气体摩尔体积

一 填空题

1. 在标准状况下,1mol 任何气体所占体积大体相同,约为_____ L。
2. 在标准状况(273K,101.325kPa)下几种气体的比较:

物质	分子微粒数/个	物质的量/mol	气体的质量/g	气体体积/L	气体密度/(g·L^{-1})
H$_2$				5.6	
O$_2$	3.01×10^{23}				
Cl$_2$			71.0		

3. 在同温同压下,相同体积的任何气体都含有_____分子,这就是_____定律。

4. 在标准状况下,22.4L 气体中所含分子数都约是_____个。若同温同压下,两种气体的体积比为 2∶1,则它们的分子个数比为_____,物质的量之比为_____。_____L(标准状况下)氧气与49g 硫酸中所含的分子数目相等。

5. 相同温度和压强下,3mol SO$_3$ 和 4mol SO$_2$ 中,分子个数比是_____,原子个数比是_____,物质的质量比是_____,体积比是(SO$_3$ 与 SO$_2$ 均为气态)_____。

6. 标准状况下,11.2L SO$_x$ 气体的质量为 32g,则 x 的值是_____;标准状况下,448mL SO$_x$ 气体的质量是_____;3.2kg SO$_x$ 气体在标准状况下的体积是_____L。

*7. 在标准状况下,空气中 N$_2$ 和 O$_2$ 的体积比约为 4∶1,则 N$_2$ 和 O$_2$ 物质的量之比为_____,空气的密度约为_____(提示:设 $V_总$=5L)。

8. 在标准状况下,将 1.40g 氮气、1.60g 氧气和 4.00g 氩气混合,该混合气体的体积为_____L。

*9. 在标准状况下,A 气体的密度为 0.09g·L^{-1},B 气体的密度为 1.43g·L^{-1},则 A 的相对分子质量为_____,B 的相对分子质量为_____。由此可知,相同条件下气体的密度之比与气体的相对分子质量之比_____。(提示:$M=\rho \cdot V_A$)

二 选择题 (每题只有1个正确答案)

10. 1mol 不同固态物质或液态物质的体积是不同的,其主要原因是　　[　　]
    A. 微粒体积不同　　　　　　　B. 微粒质量不同
    C. 微粒间平均距离不同　　　　D. 微粒间的引力不同

11. 气体所占的体积通常不取决于　　[　　]
    A. 气体分子的数目　　　　　　B. 气体分子的大小
    C. 气体的压强　　　　　　　　D. 气体的温度

12. 下列说法正确的是　　[　　]
    A. 标准状况下,1mol 任何物质的体积约是 22.4L
    B. 1mol 气体的体积为 22.4L
    C. 1mol 氮气和 1mol 氧气体积相同
    D. 标准状况下,1mol 氧气和氮气的混合气(任意比)的体积约为 22.4L

第二章 物质的量 溶液

13. 下列说法正确的是 [ ]
A. 1mol 任何气体的体积都约是 22.4L
B. 在标准状况下，1mol H_2O 的体积约为 22.4L
C. 在标准状况下，2g H_2 的体积约为 22.4L
D. 20℃、101kPa 时，1mol O_2 的体积约为 22.4L

14. 下列物质中，标准状况下所占体积最大的是 [ ]
A. 540g H_2O B. 6.02×10^{23} 个 Cl_2 分子
C. 2mol HBr   D. 5g H_2

15. 在标准状况下，500L 某气体的质量是 625g，则该气体可能是 [ ]
A. NO   B. N_2 C. O_2 D. CO

16. 将 10L 空气通过臭氧发生器，有部分氧气发生反应 $3O_2 \longrightarrow 2O_3$，得到混合气体 9.7L，则得到臭氧的体积（相同条件下）是 [ ]
（提示：相同条件下物质的量比等于气体体积比，根据反应得知，每得到 2L O_3，$V_总$ 减少 1L）
A. 0.6L   B. 1L   C. 0.5L   D. 0.3L

17. 在标准状况下，某气体的密度是 $0.759 g·L^{-1}$，这种气体的相对分子质量是 [ ]
A. 17   B. 32   C. 36   D. 44

18. 在同温同压下，1mol 氩气和 1mol 氟气具有相同的 [ ]
① 质子数　② 质量　③ 原子数　④ 体积
A. ①和②   B. ②和④   C. ①和④   D. ②和③

19. 空气可近似看作是 N_2 和 O_2 按体积比 4：1 组成的混合气体，则空气的平均相对分子质量约为（提示：N_2 占 $\frac{4}{5}$，O_2 占 $\frac{1}{5}$） [ ]
A. 28   B. 29   C. 34   D. 60

三 计算题

20. (1) 在标准状况下，1.12L O_2 的质量为多少克？其中含多少个氧原子？

*(2) 在标准状况下，由 H_2 和 O_2 组成的混合气体中，H_2 所占的体积分数为 25%，试计算 1L 该混合气体的质量。

21. 在标准状况下，1L 水（液态）能吸收 448L NH_3，求所得溶液中 NH_3 的质量分数。

*22. (1) 等物质的量的钠、镁、铝三种金属分别与足量酸反应放出氢气,在标准状况下的体积比是多少?

(2) 若等质量的钠、镁、铝三种金属分别与足量酸反应放出氢气,在标准状况下的体积比是多少?

*23. 标准状况下,25g CO 和 CO_2 的混合气体的体积为 16.8L。求混合前在标准状况下 CO 和 CO_2 各自的体积及质量。

第二节 溶液组成的表示

一 填空题

1. 质量浓度是_____溶液中所含溶质的_____,用符号_____表示,常用单位是_____或_____,$\rho_B=$_____。

2. 物质的量浓度是_____溶液中所含溶质 B 的_____,用符号_____表示,常用单位是_____,$c_B=$_____,n_B 的单位用_____,V 的单位用_____。

3. 将 80g NaOH 溶于水,配成 2L 溶液,该溶液中 NaOH 的质量浓度为_____,物质的量浓度为_____。

4. 质量浓度为 $98g \cdot L^{-1}$ 的 H_2SO_4 溶液 500mL 内含溶质 H_2SO_4 的质量为_____;物质的量浓度为 $1mol \cdot L^{-1}$ 的 H_2SO_4 溶液 500mL 内含溶质 H_2SO_4 的物质的量为_____,其质量为_____。

5. 医学临床上常用的生理盐水是浓度为 $9g \cdot L^{-1}$ 的 NaCl 溶液,其质量浓度为_____,物质的量浓度为_____。500mL 生理盐水中含 NaCl 的质量为_____。

6. 已知在 1L $MgCl_2$ 溶液中含有 0.02mol Cl^-,此溶液中 $MgCl_2$ 的物质的量浓度为_____。取出 100mL 此溶液,其中含有 $MgCl_2$ _____g。

7. 配制 360mL $1.0mol \cdot L^{-1}$ H_2SO_4 溶液,需要 $18mol \cdot L^{-1}$ H_2SO_4 溶液的体积是_____。

8. 在一定温度下,将质量为 m、摩尔质量为 M 的物质溶解于水,得到体积为 V 的饱和溶液。此饱和溶液中溶质的物质的量浓度为_____。

9. 在 50g 质量分数为 30% 的盐酸中加入 250g 水后,得到的稀盐酸中溶质的质量分数为_____;若稀释后盐酸的密度为 $1.02g \cdot cm^{-3}$,则稀释后溶液中 HCl 的质量浓度

第二章　物质的量　溶液

为_____,物质的量浓度为_____。

10. 在28.5g RCl_2（R为某金属）固体中,含有0.6mol Cl^-,则 RCl_2 的摩尔质量为_____;R的相对原子质量为_____;如溶于水配成500mL溶液,则溶质的物质的量浓度为_____。

11. 质量分数为37％（密度为 1.19g·cm^{-3}）的盐酸,其物质的量浓度为_____;取出10mL该溶液,它的物质的量浓度为_____;将取出的10mL该溶液加水稀释至100mL时,其物质的量浓度为_____,中和这100mL稀盐酸溶液需 6mol·L^{-1} 的NaOH溶液_____mL。

* 12. 在 KCl、$FeCl_3$ 和 $Fe_2(SO_4)_3$ 三种盐配成的混合溶液中,测得 $c(K^+)$ = 0.3mol·L^{-1},$c(Fe^{3+})$ = 0.5mol·L^{-1},$c(Cl^-)$ = 0.4mol·L^{-1},则 $c(SO_4^{2-})$ = _____mol·L^{-1}。

13. 配制 0.25mol·L^{-1} 的NaOH溶液100mL,某学生操作如下：

（1）用托盘天平称取1.00g氢氧化钠：将天平调好零点,再在两盘上各放一张相同质量的纸,把游码调到1.00g的位置上,于左盘放氢氧化钠固体至天平平衡,取下称好的氢氧化钠,并撤掉两盘上的纸。

（2）把称好的氢氧化钠放入一只100mL的烧杯中,加入约10mL水,搅拌使之溶解,溶解后立即用玻璃棒引流,将溶液移至一只100mL的容量瓶内,加水至离刻度线约2cm处,用胶头滴管加水至刻度线。

（3）写出一个标有配制日期的"0.25mol·L^{-1} NaOH溶液"的标签,贴在容量瓶上,密闭保存。

指出上述操作中的7处错误：
① _____。
② _____。
③ _____。
④ _____。
⑤ _____。
⑥ _____。
⑦ _____。

△14. 下列是用98％的浓硫酸（密度为1.84g·cm^{-3}）配成500mL 0.5mol·L^{-1} 的稀硫酸的操作,请按要求填空：

（1）所需浓硫酸的体积为_____。

（2）如果实验室有15mL、20mL、50mL的量筒,应用_____mL量筒量取最好,量取时发现量筒不干净,用水洗净后直接量取,所配溶液浓度将_____。

（3）将量取的浓硫酸沿烧杯内壁慢慢注入盛有约100mL水的_____里,并用玻璃棒不断搅拌,目的是_____。

（4）将_____的上述溶液沿_____注入_____中,并用50mL蒸馏水洗涤烧杯、玻璃棒2~3次,洗涤液要_____中并振荡。

二 选择题 （每题有1~2个正确答案）

15. 对 $1mol \cdot L^{-1}$ Na_2SO_4 溶液的叙述正确的是　　　　　　　　　　[　　]

A. 溶液中含有 $1mol$ Na_2SO_4

B. $1L$ 溶液中含有 $142g$ Na_2SO_4

C. $1mol$ Na_2SO_4 溶于 $1L$ 水的浓度为 $1mol \cdot L^{-1}$

D. 从 $1L$ 该溶液中取出 $500mL$ 以后,剩余溶液的浓度为 $0.5mol \cdot L^{-1}$

16. 下列判断正确的是　　　　　　　　　　　　　　　　　　　　　　[　　]

A. $1L$ H_2SO_4 溶液中含 $98g$ H_2SO_4,则该溶液的物质的量浓度为 $98g \cdot L^{-1}$

B. $1L$ 水溶解了 $0.5mol$ $NaCl$,则该溶液的物质的量浓度为 $0.5mol \cdot L^{-1}$

C. $1000mL$ 食盐溶液里含 $1mol$ $NaCl$,则溶液的物质的量浓度为 $0.001mol \cdot L^{-1}$

D. $10mL$ $1mol \cdot L^{-1}$ 的 H_2SO_4 溶液与 $100mL$ $1mol \cdot L^{-1}$ 的 H_2SO_4 溶液的浓度相同

17. $1mol \cdot L^{-1}$ $NaCl$ 溶液表示　　　　　　　　　　　　　　　　　　[　　]

A. 溶液中含 $1mol$ $NaCl$　　　　　　B. $1mol$ $NaCl$ 溶于 $1L$ 水中

C. $58.5g$ $NaCl$ 溶于 $941.5g$ 水中　　D. $1L$ 水溶液里含 $NaCl$ $58.5g$

18. 下列溶液中物质的量浓度为 $1mol \cdot L^{-1}$ 的是　　　　　　　　　　　[　　]

A. 将 $40g$ $NaOH$ 溶解在 $1L$ 水中

B. 将 $22.4L$ HCl 气体溶于水配成 $1L$ 溶液

C. 将 $1L$ $10mol \cdot L^{-1}$ 浓盐酸加入 $9L$ 水中

D. 将 $10g$ $NaOH$ 溶解在少量水中,再加蒸馏水至溶液体积为 $250mL$

19. 下列溶液中,浓度为 $0.1mol \cdot L^{-1}$ 的是　　　　　　　　　　　　　[　　]

A. 含 $4g$ $NaOH$ 的溶液 $4L$　　　　　B. 含 $0.1g$ $NaOH$ 的溶液 $1L$

C. 含 $0.2mol$ H_2SO_4 的溶液 $0.5L$　　D. 含 $19.6g$ H_2SO_4 的溶液 $2L$

20. 在 $100mL$ $0.1mol \cdot L^{-1}$ $NaOH$ 溶液中,所含 $NaOH$ 的质量是　　　[　　]

A. $40g$　　　　B. $4g$　　　　C. $0.4g$　　　　D. $0.04g$

21. 设 N_A 代表阿伏加德罗常数,下列关于 $0.2mol \cdot L^{-1}$ $Ba(NO_3)_2$ 溶液的说法不正确的是　　　　　　　　　　　　　　　　　　　　　　　　　　　　　[　　]

A. $1L$ 该溶液中含 $0.2N_A$ 个 NO_3^-

B. $1L$ 该溶液中所含阴、阳离子总数为 $0.6N_A$ 个

C. Ba^{2+} 的浓度是 $0.2mol \cdot L^{-1}$

D. $500mL$ 该溶液中,含有 NO_3^- 的物质的量为 $0.2mol$

22. 等物质的量浓度的 $NaCl$、$MgCl_2$ 两种溶液的体积之比为 $3:2$,则两种溶液中 Cl^- 的物质的量浓度之比是　　　　　　　　　　　　　　　　　　　　　[　　]

A. $1:2$　　　　B. $3:2$　　　　C. $1:1$　　　　D. $3:4$

23. 下列溶液中,Cl^- 的物质的量浓度最大的是　　　　　　　　　　　　[　　]

A. $200mL$ $2.5mol \cdot L^{-1}$ $NaCl$ 溶液　　　B. $500mL$ $1.5mol \cdot L^{-1}$ $AlCl_3$ 溶液

C. $250mL$ $2mol \cdot L^{-1}$ $CuCl_2$ 溶液　　　D. $400mL$ $5mol \cdot L^{-1}$ $KClO_3$ 溶液

第二章 物质的量 溶液

24. 将4g NaOH溶解在10mL水中,再稀释成1L,从中取出10mL,则这10mL溶液的物质的量浓度为 [ ]
   A. $10mol \cdot L^{-1}$ B. $1mol \cdot L^{-1}$ C. $0.1mol \cdot L^{-1}$ D. $0.01mol \cdot L^{-1}$

25. 以下关于容量瓶的叙述正确的是 [ ]
① 是配制精确浓度溶液的仪器 ② 不宜贮藏溶液 ③ 不能用来加热 ④ 使用之前要检查是否漏水
   A. ①②③④   B. ②③   C. ①②④   D. ②③④

*26. 从$2mol \cdot L^{-1}$的氯化铜溶液中取出含Cl^- 3.55g的溶液,所取溶液的体积为 [ ]
   A. 25mL   B. 50mL   C. 12.5mL   D. 0.025mL

27. 与100mL $0.1mol \cdot L^{-1}$的Na_2SO_4溶液中Na^+浓度相同的溶液是 [ ]
   A. $0.2mol \cdot L^{-1}$ NaOH溶液200mL   B. $0.2mol \cdot L^{-1}$ NaCl溶液50mL
   C. $0.1mol \cdot L^{-1}$ Na_3PO_4溶液100mL   D. $0.05mol \cdot L^{-1}$ Na_2SO_4溶液200mL

28. 500mL $0.2mol \cdot L^{-1}$硫酸铝溶液中,铝元素的质量是 [ ]
   A. 2.7g   B. 5.4g   C. 8.1g   D. 13.5g

29. 用5.85g NaCl能配成$0.5mol \cdot L^{-1}$ NaCl溶液的体积是 [ ]
   A. 50mL   B. 100mL   C. 200mL   D. 300mL

30. 欲配制$1mol \cdot L^{-1}$的H_2SO_4溶液250mL,需质量分数为98%、密度为$1.84g \cdot mL^{-1}$的浓H_2SO_4的体积约为 [ ]
   A. 13.6mL   B. 1.36mL   C. 13.9mL   D. 1.39mL

31. 0.53g碳酸钠正好与20mL盐酸完全反应,这种盐酸的物质的量浓度为 [ ]
   A. $0.1mol \cdot L^{-1}$ B. $0.2mol \cdot L^{-1}$ C. $1mol \cdot L^{-1}$ D. $0.5mol \cdot L^{-1}$

32. 与1mol铁完全反应,需要$5mol \cdot L^{-1}$盐酸的体积是 [ ]
   A. 2L   B. 1.5L   C. 600mL   D. 400mL

*33. 等体积的$AlCl_3$、$CaCl_2$、NaCl三种溶液中Cl^-完全转化为AgCl沉淀时,所用$0.1mol \cdot L^{-1}$ $AgNO_3$溶液的体积相同,那么这三种溶液的物质的量浓度之比为 [ ]
   A. 1∶2∶3   B. 6∶3∶2   C. 3∶2∶1   D. 2∶3∶6

*34. 某实验室用下列溶质配制一种混合溶液,已知溶液中$c(K^+)=c(Cl^-)=\frac{1}{2}c(Na^+)=c(SO_4^{2-})$,则其溶质可能是 [ ]
   A. KCl、K_2SO_4、NaCl   B. KCl、Na_2SO_4、NaCl
   C. NaCl、Na_2SO_4、K_2SO_4 D. KCl、K_2SO_4、Na_2SO_4

三 计算题

35. 将54.35mL质量分数为98%的H_2SO_4(密度为$1.84g \cdot cm^{-3}$)倒入400mL水中,可配制$1mol \cdot L^{-1}$的H_2SO_4多少毫升?

△36. 将100mL 98%的浓硫酸(密度为1.84g·cm^{-3})加入400mL水中,所得稀硫酸的密度是1.225g·mL^{-1}。求它的质量分数(w)、质量浓度(ρ_B)和物质的量浓度c_B。

37. 某温度下,将150mL溶质质量分数为22%的NaNO$_3$溶液加100g水稀释,溶液中溶质的质量分数变成了14%,求原溶液的物质的量浓度。

*第三节 胶体溶液

一 填空题

1. 根据分散质粒子的大小,分散系可分为＿＿＿＿分散系、＿＿＿分散系、＿＿＿分散系三类,胶体粒子的直径为＿＿＿＿＿＿m。

2. 胶体粒子比较稳定的主要原因是＿＿＿＿和＿＿＿＿＿＿＿。

3. 胶体粒子在电流作用下向阴极或阳极移动的现象叫作＿＿＿＿。

4. 促进Fe(OH)$_3$胶粒凝聚的措施有：A＿＿＿＿、B＿＿＿＿＿、C＿＿＿＿、D＿＿＿＿。其中促进Fe^{3+}水解平衡的是＿＿＿(选填上述字母序号),能证明Fe(OH)$_3$胶粒带正电荷的是＿＿＿＿(选填上述字母序号)。

*5. 能用于渗析的半透膜是下列材料中的＿＿＿＿＿＿＿(选填字母序号)。
A. 蛋膜   B. 肠衣   C. 动物膀胱   D. 保鲜塑料膜   E. 滤纸   F. 擦镜纸   G. 植物细胞膜

*6. 向30mL质量分数为25%的水玻璃中滴加10mL 0.1mol·L^{-1}盐酸并搅拌,但未得到硅酸凝胶。分析其原因：＿＿＿＿＿＿＿＿＿＿＿＿＿＿＿＿＿＿＿＿＿＿＿＿＿＿＿＿＿＿。

*7. 将可溶性淀粉溶于热水制成淀粉溶胶,则该溶胶可能具有的性质是＿＿＿＿＿＿、＿＿＿＿＿＿和＿＿＿＿＿,不具有的性质是＿＿＿＿＿。

8. 在氢氧化铁胶体里加入硫酸镁饱和溶液,由于＿＿＿＿离子的作用,胶体发生了＿＿＿＿＿＿现象,这也说明了氢氧化铁的胶粒带有＿＿＿＿电荷。

*9. 早在19世纪60年代初,英国科学家＿＿＿＿＿＿＿首次提出＿＿＿＿＿的概念。他用半透膜将无机盐、糖、甘油、蛋白质、淀粉混合在一起,然后浸入水中,这一操作称为＿＿＿＿＿。其中的盐、甘油等在水中扩散＿＿＿＿＿,而蛋白质、淀粉在水中扩散＿＿＿＿＿,且不能＿＿＿＿＿半透膜。

10. 胶粒带有电荷是由于胶核具有＿＿＿＿＿＿＿＿＿＿＿＿＿＿,能＿＿＿＿＿＿＿＿。一般来说,金属氢氧化物、金属氧化物的胶粒带＿＿＿＿＿＿＿,而＿＿＿＿＿＿＿、＿＿＿＿＿＿＿的胶粒带＿＿＿＿＿＿＿。

*11. 胶体的应用很广,工农业生产和日常生活中的许多重要材料和现象,都在某种程

第二章 物质的量 溶液

度上与胶体有关。有色玻璃就是由某些胶态_____分散于_____中制成的,可以改进玻璃材料的_____。血液本身就是由_____在_____中形成的胶体,与血液有关的疾病的一些治疗、诊断方法就利用了胶体的性质,如_____和_____等。选矿、原油的_____,塑料、橡胶的制造过程都会用到_____知识,食品中的_____、_____、_____和粥等都与胶体有关。

二 选择题 （每题只有1个正确答案）

12. 在20mL沸水中滴加1mL饱和$FeCl_3$溶液,溶液的颜色会　　　　　[　]
  A. 变黄　　　　　B. 变红棕色　　　　C. 变浅　　　　D. 无变化

13. 下列事实中,与胶体性质无直接关系的是　　　　　　　　　　　　[　]
  A. 鸡蛋清水溶液中加入大量的饱和硫酸铵溶液后产生白色沉淀
  B. 浑浊的泥水加入明矾后可变澄清
  C. 澄清的石灰水通入二氧化碳后变浑浊
  D. 牛奶用水稀释后用透镜聚集强光,从侧面照射该牛奶,出现一条清晰可见的光路(丁达尔现象)

14. 下列液体中能发生丁达尔现象的是　　　　　　　　　　　　　　　[　]
  A. 硫酸溶液　　　B. 蔗糖溶液　　　C. $Fe(OH)_3$胶体　　D. 氢氧化钾溶液

15. 用特殊方法把固体物质加工到纳米(nm,$1nm=10^{-9}m$)级(1～100nm)的超细粉末粒子,然后制得纳米材料。下列分散系中分散质的微粒直径和这种粒子具有相同数量级的是　　　　　　　　　　　　　　　　　　　　　　　　　　　　　[　]
  A. 溶液　　　　　B. 悬浊液　　　　C. 胶体　　　　D. 乳浊液

16. $FeCl_3$溶液和$Fe(OH)_3$胶体具有的共同性质是　　　　　　　　　[　]
  A. 滴加盐酸时,先产生沉淀后又溶解
  B. 都能透过半透膜
  C. 加热、蒸干、灼烧,最终都有Fe_2O_3生成
  D. 都有丁达尔现象

17. 纳米技术广泛应用于催化及军事科学中,纳米材料是指粒子直径在几纳米到几十纳米的材料。如将纳米材料分散到液体分散剂中,所得混合物具有的性质是　[　]
  A. 能全部透过半透膜　　　　　　　B. 有丁达尔现象
  C. 所得液体一定能导电　　　　　　D. 所得物质一定为悬浊液或乳浊液

18. 实验中因装配仪器不慎划破手指出血,可立即在出血点涂抹少量的$FeCl_3$溶液,以应急止血。这是因为$FeCl_3$　　　　　　　　　　　　　　　　　　[　]
  A. 是强氧化剂,可使血液中的蛋白质氧化而凝固止血
  B. 与血液发生化学反应而生成沉淀止血
  C. 水解产生$Fe(OH)_3$沉淀而沉积在伤口处止血
  D. 是电解质,可使血液中的蛋白质凝聚而达到止血的目的

19. 下列关于胶体的叙述不正确的是 [　　]

　A. 布朗运动是胶体微粒特有的运动方式,可以据此把胶体和溶液、悬浊液区别开来

　B. 光线透过胶体时,胶体发生丁达尔现象

　C. 用渗析的方法净化胶体时,使用的半透膜只能让较小的分子、离子通过

　D. 胶核具有较大的比表面积,能吸附阳离子或阴离子,故在电场作用下会产生电泳现象

20. 某胶体遇盐卤或石膏水易发生凝聚,而遇食盐水或硫酸钠溶液不易发生凝聚。下列有关说法正确的是 [　　]

　A. 胶体直径为 $10^{-9} \sim 10^{-7}$ cm

　B. 胶体微粒带有正电荷

　C. 胶体遇 $BaCl_2$ 溶液或 $Fe(OH)_3$ 可发生凝聚

　D. Na^+ 使此胶体凝聚的效果不如 Ca^{2+}、Mg^{2+}

*21. 已知土壤胶粒带负电荷,因此,在水稻田中施用含氮量相同的下列化肥时肥效较差的是 [　　]

　A. 硫酸铵(硫铵)　　B. 碳酸氢铵(碳铵)　　C. 硝酸铵(硝铵)　　D. 氯化铵

*22. 下列事实：① 用盐卤点豆腐；② 水泥的硬化；③ 用明矾净水；④ 河海交接处易沉积成沙洲；⑤ 制肥皂时在高级脂肪酸钠、甘油和水形成的混合物中加入食盐,析出肥皂。其中与胶体知识有关的是 [　　]

　A. ①②③　　　　B. ②③④　　　　C. ①③⑤　　　　D. 全部都是

*23. 某学生在做 $Fe(OH)_3$ 胶体凝聚实验时,采用了五种方法：① 加硅酸胶体、② 加 $Al(OH)_3$ 胶体、③ 加 $Al_2(SO_4)_3$ 溶液、④ 加硫化砷胶体、⑤ 加酒精溶液,其中能观察到凝聚现象的是 [　　]

　A. ①②③　　　　B. ①③④　　　　C. ②④⑤　　　　D. ③④⑤

*24. 已知由 $AgNO_3$ 溶液和稍过量的 KI 溶液制得的 AgI 溶胶与 $Fe(OH)_3$ 溶胶相混合时,会析出 AgI 和 $Fe(OH)_3$ 的混合沉淀。由此可知 [　　]

　A. AgI 胶粒带正电荷　　　　　　　　B. AgI 胶粒带负电荷

　C. AgI 胶粒电泳时向阴极移动　　　　D. $Fe(OH)_3$ 胶粒电泳时向阳极移动

第三章 化学反应速率 化学平衡

第一节 化学反应速率

一 填空题

1. 对于反应 $2SO_2(g)+O_2(g) \rightleftharpoons 2SO_3(g)$，当其他条件不变时，压缩容器体积，则生成 SO_3 的速率将_____；增大 O_2 的浓度时，生成 SO_3 的反应速率将_____；使用催化剂时，生成 SO_3 的反应速率将_____；降低温度时，生成 SO_3 的反应速率将_____。

2. 把镁条投入盛有盐酸的敞口容器里，产生氢气。在① 盐酸的浓度、② 镁条的表面积、③ 溶液的温度、④ Cl^- 的浓度四种因素中，影响反应速度的因素是_____（填序号）。

3. 氯化氢和氧气在一密闭容器中于一定条件下反应可得 Cl_2，反应的化学方程式是 $4HCl + O_2 \xrightarrow{\text{在一定条件下}} 2Cl_2 + 2H_2O$。反应开始后经过一段时间，$c(HCl)=0.25\text{mol}\cdot L^{-1}$，$c(O_2)=0.2\text{mol}\cdot L^{-1}$，$c(Cl_2)=0.1\text{mol}\cdot L^{-1}$，则在开始时 $c(HCl)=$ _____ $\text{mol}\cdot L^{-1}$，$c(O_2)=$ _____ $\text{mol}\cdot L^{-1}$。

二 选择题 （每题只有1个正确答案）

4. 工业用的浓 HNO_3 见光、久存往往显黄色，原因是 [ ]
   A. 溶有 NO_2　　B. 溶有 Fe^{3+}　　C. 没有提纯　　D. 溶有 Br_2

5. 下列关于化学反应速率的说法正确的是 [ ]
   A. 化学反应速率是用来衡量化学反应快慢程度的
   B. 用不同的反应物或生成物表示反应速率时，其数值应该相同
   C. 对于任何化学反应来说，反应速率越大，则反应完成的程度就越大
   D. 化学反应速率 $v(A)=0.01\text{mol}\cdot L^{-1}\cdot \text{min}^{-1}$，表示 1min 后，生成 0.01mol A

6. NO 和 CO 都是汽车尾气里的有害物质，它们能缓慢发生反应（$2CO+2NO \rightleftharpoons$

$2CO_2+N_2$)生成 N_2 和 CO_2。为减少空气污染,加速该反应进行,应采取的有效措施是 　　[　　]

  A. 增大 CO、NO 浓度   B. 减小 CO_2、N_2 浓度

  C. 选择合适的催化剂、CO_2 吸收剂   D. 提高温度

△7. 已知合成氨反应的浓度数据如下：

$$3H_2+N_2 \rightleftharpoons 2NH_3$$

  起始浓度/(mol·L^{-1})　　3　　1　　0

  2s 末浓度/(mol·L^{-1})　1.8　0.6　0.8

当用 NH_3 的增加来表示该反应的速率时,正确的是 　　[　　]

  A. 0.2mol·L^{-1}·s^{-1} B. 0.4mol·L^{-1}·s^{-1}

  C. 0.6mol·L^{-1}·s^{-1} D. 0.8mol·L^{-1}·s^{-1}

8. 反应 $A+3B \rightleftharpoons 2C+2D$ 在四种不同情况下的反应速率分别为：① $v(A)=0.20$mol·L^{-1}·s^{-1}；② $v(B)=0.6$mol·L^{-1}·s^{-1}；③ $v(C)=0.4$mol·L^{-1}·s^{-1}；④ $v(D)=0.5$mol·L^{-1}·min^{-1}。该反应进行得最快的是 　　[　　]

  A. ①   B. ②   C. ③   D. ④

9. 已知 $2SO_2+O_2 \rightleftharpoons 2SO_3$,若反应速率分别用 $v(SO_2)$、$v(O_2)$、$v(SO_3)$ 表示,单位为 mol·L^{-1}·s^{-1},则下列关系式正确的是 　　[　　]

  A. $2v(SO_3)=v(O_2)$ B. $v(SO_2)=v(O_2)=v(SO_3)$

  C. $\frac{1}{2}v(SO_2)=v(O_2)$ D. $v(O_2)=2v(SO_2)$

10. 把下列四种浓度或体积不同的 X 溶液,分别加入四个盛有 10mL 2mol·L^{-1} HCl 溶液的烧杯中,均加水稀释到 50mL,此时 X 和盐酸缓慢地进行反应,其中反应速率最大的是 　　[　　]

  A. 20mL 3mol·L^{-1} X 溶液   B. 20mL 2mol·L^{-1} X 溶液

  C. 10mL 4mol·L^{-1} X 溶液   D. 10mL 2mol·L^{-1} X 溶液

11. 氟利昂(如 CCl_2F_2)破坏臭氧层的有关反应(提示：氟利昂在光的作用下产生 Cl 原子,臭氧的化学式为 O_3)：$O_3 \xrightleftharpoons{光} O_2+O$,$Cl+O_3 \longrightarrow ClO+O_2$,$ClO+O \longrightarrow Cl+O_2$,总反应：$2O_3 \xrightarrow{光} 3O_2$。在上述臭氧变成氧气的反应过程中,Cl 是 　　[　　]

  A. 反应物   B. 生成物   C. 中间产物   D. 催化剂

12. 当增大压强时,下列反应速率不会变大的是 　　[　　]

  A. 碘蒸气和氢气化合生成碘化氢   B. 稀硫酸和氢氧化钡溶液反应

  C. 二氧化碳通入澄清石灰水   D. 氨的催化氧化反应

三 计算题

13. 在 SO_2、O_2 转化为 SO_3 的反应中,SO_2 的起始浓度为 2mol·L^{-1},O_2 的起始浓度为 4mol·L^{-1},3min 后 SO_3 的浓度为 1.5mol·L^{-1}。计算 SO_2 的反应速率。3min 时

SO_2 和 O_2 的物质的量浓度各是多少？

第二节　化学平衡

一　填空题

1. 在_____条件下，同时可以向_____方向进行的反应称可逆反应，可逆符号为_____。只能向一个方向进行的反应叫_____反应。

2. 可逆反应达到平衡状态的标志之一是_____。达到平衡时，反应仍在进行，故化学平衡是个_____平衡。

3.（1）在其他条件不变时，增大反应物浓度或_____都可以使化学平衡向_____移动；增大_____或减小_____浓度都可以使平衡向逆反应方向移动。

（2）在其他条件不变时，对于反应前后气体总体积发生变化的化学反应，增大压强会使化学平衡_____移动；减小压强会使化学平衡_____。而对于有些可逆反应，当反应前后气态物质的总体积没有改变时，增大或减小压强都_____移动。

4. 氨水中存在平衡：$NH_3 + H_2O \rightleftharpoons NH_3 \cdot H_2O \rightleftharpoons NH_4^+ + OH^-$。

（1）增大压强，平衡_____移动，溶液的碱性_____。

（2）加入少量 NaOH 固体，平衡_____移动，则溶液中_____离子减少。

（3）加入同浓度的氨水，平衡_____。

5. 密闭容器中的碳和二氧化碳在高温下反应建立平衡：$C(s) + CO_2(g) \rightleftharpoons 2CO(g)$。若保持温度不变，增大压强，平衡混合气体中一氧化碳的体积分数将_____，混合气体的质量将_____。

6. 漂白粉溶于水发生反应：$Ca(ClO)_2 + 2H_2O \rightleftharpoons Ca(OH)_2 + 2HClO$。HClO 具有漂白作用，若在使用漂白粉时加入少许醋酸，可以中和 $Ca(OH)_2$，平衡_____移动，$c(HClO)$_____，漂白效果_____。

二　选择题 （除第13题外，每题只有1个正确答案）

7. 化学平衡研究的对象是　　　　　　　　　　　　　　　　　　　　　[　　]
 A. 不可逆反应　　　　　　　　　　B. 可逆反应
 C. 氧化还原反应　　　　　　　　　D. 所有的化学反应

8. 可逆反应达到平衡的重要特征是　　　　　　　　　　　　　　　　　[　　]
 A. 反应停止了　　　　　　　　　　B. 正、逆反应的速率均为零

C. 正、逆反应都还在继续进行 D. 正、逆反应的速率相等

9. 在一定温度和压强下，反应 $N_2 + 3H_2 \rightleftharpoons 2NH_3$ 达到平衡后，下列说法正确的是 [　]

  A. N_2 和 H_2 不再化合，NH_3 不再分解
  B. H_2、N_2 化合成氨的反应速率等于 NH_3 分解的反应速率
  C. H_2、N_2、NH_3 的体积分数相等
  D. H_2、N_2、NH_3 的物质的量浓度相等

***10.** 当可逆反应 $2SO_2 + O_2 \rightleftharpoons 2SO_3$ 达到平衡后，通入 $^{18}O_2$。一定时间后，在下列物质中，含有 ^{18}O 的是 [　]

  A. SO_3、O_2　　B. SO_2、SO_3　　C. SO_2、SO_3、O_2　　D. SO_2、O_2

***11.** 某温度时，物质的量浓度各为 $1\text{mol} \cdot L^{-1}$ 的两种气体 X_2 和 Y_2，在密闭容器中反应生成气体 Z。达到平衡后，$c(X_2) = 0.4\text{mol} \cdot L^{-1}$，$c(Y_2) = 0.8\text{mol} \cdot L^{-1}$，$c(Z) = 0.4\text{mol} \cdot L^{-1}$，则该反应的化学方程式是 [　]

  A. $X_2 + 2Y_2 \rightleftharpoons 2Z$　　　　B. $2X_2 + Y_2 \rightleftharpoons 2Z$
  C. $3X_2 + Y_2 \rightleftharpoons 2Z$　　　　D. $X_2 + 3Y_2 \rightleftharpoons 2Z$

12. 对于可逆反应 $N_2 + 3H_2 \rightleftharpoons 2NH_3$，下列改变浓度的方法中，不能使平衡向正反应方向移动的是 [　]

  A. 增大 N_2 的浓度　　　　　　B. 减小 NH_3 的浓度
  C. 增大 H_2 的浓度　　　　　　D. 减小 N_2 的浓度

13. 下列已达到平衡状态的反应中，增大压强能使平衡向逆反应方向移动的是 [　]，增大压强而平衡不移动的是 [　]

  A. $N_2O_4(g) \rightleftharpoons 2NO_2(g)$　　　　B. $H_2(g) + I_2(g) \rightleftharpoons 2HI(g)$
  C. $2SO_2(g) + O_2(g) \rightleftharpoons 2SO_3(g)$　　D. $H_2(g) + CO(g) \rightleftharpoons C(s) + H_2O(g)$

14. 在 500℃时，$2SO_2 + O_2 \rightleftharpoons 2SO_3$ 的平衡体系内，增加 O_2 的浓度，达到新平衡后，下列说法不正确的是 [　]

  A. 正反应速率增大　　　　　　B. 逆反应速率减小
  C. SO_2 的转化率增大　　　　D. SO_3 的浓度一定增大

15. 在一密封烧瓶中注入 NO_2，在 25℃建立平衡：$2NO_2 \rightleftharpoons N_2O_4$（正反应为放热反应）。若把烧瓶置于 100℃的沸水中，则下列说法正确的是 [　]

  A. 烧瓶中混合气体的颜色变深　　B. 烧瓶中混合气体的密度变小
  C. 烧瓶中混合气体的颜色变浅　　D. 烧瓶中 N_2O_4 的物质的量增大

16. 下列关于催化剂的说法不正确的是 [　]

  A. 催化剂不仅能改变化学反应速率，而且能使化学平衡发生移动
  B. 加入催化剂不能使化学平衡发生移动
  C. 催化剂不能改变达到平衡状态的反应混合物的组成
  D. 催化剂能够同等程度地改变正反应速率和逆反应速率

17. 对可逆反应 $A(g) + 3B(g) \rightleftharpoons 2C(g) + 2D(s)$（正反应为放热反应），达到平衡时，要使正反应速率加快，同时平衡向正反应方向移动，可采取的措施是 [　]

A. 增大压强　　　B. 升高温度　　　C. 使用催化剂　　　D. 降低温度

18. 某温度、压强下，反应 $2HBr(g) \rightleftharpoons H_2(g)+Br_2(g)$（正反应为吸热反应）达到平衡时，要使混合气体颜色加深，可采用的方法有：① 减小压强、② 缩小体积、③ 升高温度、④ 增大 H_2 的浓度，其中正确的是　　　　　　　　　　　　　　　　[　　]

A. ①③　　　　　B. ②③　　　　　C. ①④　　　　　D. ②④

19. 在一个针孔端封闭的注射器内，存在 $2NO_2 \rightleftharpoons N_2O_4$ 的平衡体系，现往里推压活塞，使体积缩小到一定程度，此时混合气颜色的变化是　　　　　　　　[　　]

A. 变深　　　　　B. 先变深后变浅　　C. 变浅　　　　　D. 先变浅后变深

*20. 对于可逆反应 $2A(g)+B(g) \rightleftharpoons 2C(g)+Q$，下列说法：① 化学平衡的标志是 $v_正=v_逆 \neq 0$；② 升高温度使逆反应速率增大，正反应速率减小，故平衡向右移动；③ 升高温度，正、逆反应速率均增加，但逆反应为吸热反应，$v_逆$ 增加倍数大，$v_正$ 增加倍数小，故平衡逆向移动；④ 达到平衡时，A、B、C 分子个数比为 2：1：2；⑤ 加入催化剂，能以同倍数增加正、逆反应速率，故平衡不移动；⑥ 达到平衡就是 A、B、C 浓度均相等的状态；⑦ 增大压强，平衡向气体分子总数小的方向移动。其中正确的是　　　　　[　　]

A. ①②　　　　　B. ③④　　　　　C. ①③⑤⑦　　　　D. ②④⑥

三　综合题

21. 一般认为，化学平衡具有五大基本特征，可用逆、等、定、动、变五个字来概括，应如何理解？

22. 当温度升高或压强增大时，判断下列反应平衡向哪个方向移动。

(1) $CO_2(g)+C(s) \rightleftharpoons 2CO(g)+171.5kJ$

(2) $2CO(g)+O_2(g) \rightleftharpoons 2CO_2(g)+569kJ$

(3) $6H_2(g)+2Fe_2O_3(s) \rightleftharpoons 4Fe(s)+6H_2O(g)-715.5kJ$

(4) $2SO_2(g)+O_2(g) \rightleftharpoons 2SO_3(g)+195kJ$

23. 当人体吸入较多量的 CO 时，就会引起 CO 中毒，这是由于 CO 跟血液里的血红蛋白结合，使血红蛋白不能再跟 O_2 结合，人因缺氧而窒息，甚至死亡。这个反应可表示如下：血红蛋白-O_2+CO $\rightleftharpoons$ 血红蛋白-CO+O_2。请运用化学平衡理论，简述抢救 CO 中毒患者时应采取哪些措施。

第二、三章综合练习题

一、填空题

1. 国际单位制(SI)的基本单位之一——摩尔,它是_____的单位。

(1) 已知微粒数为 $N_总$,物质的量 $n=$_____。

(2) 已知物质的质量 m,物质的量 $n=$_____。

(3) 已知物质的量浓度 c_B 和溶液的体积 $V(L)$,物质的量 $n=$_____。

(4) 已知气体的体积 $V_总(L)$(标准状况下),物质的量 $n=$_____。

2. 某气体的摩尔质量为 $M(g·mol^{-1})$,分子数目为 X,在标准状况下所占的体积是 $V(L)$,质量是 $m(g)$,阿伏加德罗常数值为 N_A,试说明下列各式表示的意义。

(1) M/N_A _____。 (2) X/N_A _____。

(3) m/V _____。 (4) m/X _____。

*3. 把 $Na_2CO_3·10H_2O$ 和 $NaHCO_3$ 的混合物 13.12g 溶于水制成 200mL 溶液,其中 $c(Na^+)$ 为 $0.5mol·L^{-1}$,若将上述固体混合物加热至恒重,可得固体物质的质量是_____。[提示:$Na_2CO_3·10H_2O \xlongequal{\triangle} Na_2CO_3 + 10H_2O(失去)$,$2NaHCO_3 \xlongequal{\triangle} Na_2CO_3 + CO_2(失去) + H_2O(失去)$,可利用 Na^+ 数守恒的原理解题]

4. 燃烧 1g 液态酒精(C_2H_5OH)生成_____g 水和_____L 二氧化碳气体(标准状况下),同时放出 29.7kJ 热量,则酒精燃烧的热化学方程式为_____。

5. 化学反应进行的快慢用_____来表示,其常用单位为_____,化学反应进行的程度用_____来表示。

6. 已知合成氨反应的浓度数据:

$$N_2 + 3H_2 \rightleftharpoons 2NH_3$$

起始浓度/$(mol·L^{-1})$　　1.2　3.0　　0

3s 末浓度/$(mol·L^{-1})$　　0.6

这段时间的平均反应速率:$\bar{v}_{N_2}=$_____;$\bar{v}_{H_2}=$_____;$\bar{v}_{NH_3}=$_____。3s 末各物质的浓度 $c(H_2)=$_____;$c(NH_3)=$_____。若此时反应已达平衡,则 $K_c=$_____。

7. 在密闭容器中,将 NO_2 加热到某温度时发生反应:$2NO_2 \rightleftharpoons 2NO + O_2$(正反应为吸热反应),达到平衡时的浓度 $c(NO_2)=0.06mol·L^{-1}$、$c(NO)=0.24mol·L^{-1}$、$c(O_2)=0.12mol·L^{-1}$。

(1) 平衡常数的表达式:_____。

(2) NO_2 的起始浓度为_____ $mol·L^{-1}$。

(3) 欲进一步提高 NO_2 转化率,可采用_____。

*8. 根据反应 $N_2 + 3H_2 \rightleftharpoons 2NH_3 + Q$,完成下表:

第三章 化学反应速率 化学平衡

反应条件	反应速率	化学平衡	平衡常数	NH$_3$ 的含量
温度、压强不变，增加 $c(H_2)$				
温度、浓度不变，增加压强				
压强、浓度不变，升高温度				
温度、压强、浓度均不变，加催化剂				

二、判断题（正确的在括号内打"√"，错误的打"×"）

9. 1mol 物质 A 的质量，如果以克作单位，在数值上就等于 A 的相对分子质量。 （　　）

10. 50mL 18mol·L^{-1} 的硫酸溶液加水 50mL，则可得到 100mL 9mol·L^{-1} 的硫酸溶液。 （　　）

11. 两种物质完全反应时，它们的物质的量之比一定和该反应方程式中这两种物质的系数比相等。 （　　）

12. 物质的量浓度在数值上等于 1L 溶剂中所含溶质的物质的量。 （　　）

13. 1mol Na$^+$ 的质量是 23g·mol^{-1}。 （　　）

14. 在任何状况下，1mol CO$_2$ 与 64g SO$_2$ 所含的分子数和原子数都相等。 （　　）

15. 当一个可逆反应达到平衡后，平衡体系中各物质的百分含量保持不变。 （　　）

16. 反应 N$_2$ + O$_2$ ⇌ 2NO − Q，升高温度或增大压强时，平衡都向正方向移动。 （　　）

三、选择题（每题只有 1 个正确答案）

17. 等质量的下列气体，标准状况下所占体积最小的是 [　　]
 A. H$_2$　　　　　B. CO$_2$　　　　　C. NO　　　　　D. Cl$_2$

18. 制备 2L 1.50mol·L^{-1} 的 Na$_2$SO$_4$ 溶液需 Na$_2$SO$_4$ 的质量为 [　　]
 A. 3g　　　　　B. 213g　　　　　C. 426g　　　　　D. 284g

19. 相同物质的量浓度和体积的下列溶液，分别与 2mol·L^{-1} 的 BaCl$_2$ 溶液完全反应，耗用 BaCl$_2$ 溶液体积最多的是 [　　]
 A. K$_2$SO$_4$　　　B. (NH$_4$)$_2$SO$_4$　　　C. FeSO$_4$　　　D. Fe$_2$(SO$_4$)$_3$

20. 一铁片放入 CuSO$_4$ 溶液中，反应后将铁片洗净、干燥、称量，铁片质量增加了 0.8g，那么共析出铜 [　　]
 A. 0.8g　　　　B. 6.4g　　　　C. 3.4g　　　　D. 5.4g

21. 250mL 氯化钡溶液，其中 Ba^{2+} 可被 100mL 2mol·L^{-1} 的硫酸钠溶液完全沉淀，则 BaCl$_2$ 溶液的物质的量浓度是 [　　]
 A. 0.25mol·L^{-1}　　　　　　　B. 0.8mol·L^{-1}
 C. 1.25mol·L^{-1}　　　　　　　D. 2mol·L^{-1}

22. 下列具有丁达尔现象的物质是 [　　]

A. HCl 水溶液　　　B. 豆腐　　　　　C. 淀粉溶胶　　　D. 氯化铁溶液

23. 下列过程：① 改良土壤保持肥效；② 把黄豆加工成豆腐；③ 制有色玻璃；④ 工业制硫酸。其中跟胶体有关的是　　　　　　　　　　　　　　　　　　　　[　　]

A. ①②③　　　　B. ②③④　　　　C. ②④　　　　D. ④

24. 下列四种盐酸溶液中，各加水稀释至 50mL，再分别加入一粒大小形状都相似的锌粒，反应速率最快的是　　　　　　　　　　　　　　　　　　　　　　　　　[　　]

A. 30mL 2mol·L^{-1} 的盐酸溶液　　　B. 20mL 2.5mol·L^{-1} 的盐酸溶液

C. 35mL 1.5mol·L^{-1} 的盐酸溶液　　　D. 15mL 3mol·L^{-1} 的盐酸溶液

***25.** 关于已建立化学平衡的可逆反应 $2SO_2+O_2 \rightleftharpoons 2SO_3(g)$（正反应为放热反应），下列说法错误的是　　　　　　　　　　　　　　　　　　　　　　　　　[　　]

A. 升高温度，$v_正$、$v_逆$ 都增大，$v_正$ 增大的倍数小于 $v_逆$ 增大的倍数

B. 降低温度，$v_正$、$v_逆$ 都减小，$v_正$ 减小的倍数小于 $v_逆$ 减小的倍数

C. 增大压强，$v_正$、$v_逆$ 都增大，$v_正$ 增大的倍数大于 $v_逆$ 增大的倍数

D. 扩大容器的体积，容器内 SO_2、SO_3 的物质的量不变

26. 密闭容器内发生反应 $2A(g)+B(g) \rightleftharpoons 2C(g)$（正反应为放热反应），达到平衡时，下列说法不正确的是　　　　　　　　　　　　　　　　　　　　　　[　　]

A. 升高温度，$c(B)/c(C)$ 的比值变小　　　B. 加压能使 C 的物质的量增加

C. 加入 B，A 的转化率增大　　　　　　　D. 加入 C，A、B 的物质的量增大

27. 工业上生产水煤气(H_2+CO)的反应 $C(s)+H_2O(g) \rightleftharpoons H_2+CO$（正反应为吸热反应）达到平衡时，下列有关说法正确的是　　　　　　　　　　　　　　[　　]

A. 反应前后分子数相等，增加压强平衡不移动

B. 增加碳或水蒸气的量，平衡都能向右移动

C. 增压、升温，反应速率增大，能增加水煤气产量

D. 降低压强，升高温度，都能使化学平衡向正反应方向移动

28. 配制 500mL 0.1mol·L^{-1} 的 NaOH 溶液时，下列实验操作：① 称量 NaOH 固体时，天平指针向左偏转；② 不待溶液冷却至室温就定容；③ 直接用托盘天平称取 NaOH 固体；④ 定容时滴水超过刻度线，后用吸管吸出达标线以上液体。其中可使配制溶液的浓度偏小的是　　　　　　　　　　　　　　　　　　　　　　　　　　　　　　　　[　　]

A. ①②③　　　　B. ②③　　　　C. ③④　　　　D. ②④

29. 实验室需取用盐酸溶液 25.00mL，可选用的仪器是　　　　　　　　　　　[　　]

① 100mL 量筒　② 25mL 移液管　③ 50mL 酸式滴定管　④ 50mL 碱式滴定管

A. ① 或 ②　　　B. ① 或 ③　　　C. ② 或 ③　　　D. ① 或 ④

30. 配制 500mL 0.02mol·L^{-1} 的硫酸溶液时，下列实验操作使配制的溶液的浓度偏大的是　　　　　　　　　　　　　　　　　　　　　　　　　　　　　　　[　　]

A. 加蒸馏水时不慎超过了刻度

B. 没有用蒸馏水洗烧杯和玻璃棒 2～3 次

C. 量筒量取所需浓硫酸倒入烧杯后，再用水洗量筒 2～3 次，洗液倒入烧杯

D. 定容后倒转容量瓶几次，发现液面最低点低于刻线，补滴水至刻度线

第三章 化学反应速率 化学平衡

四、综合题与计算题

* **31.** 如下图所示,处于平衡(虚线左边)的反应 $3H_2 + N_2 \rightleftharpoons 2NH_3$(正反应为放热反应),虚线右边是改变反应条件后达到的新平衡,将所改变的条件用字母序号填入各图下方的括号内。

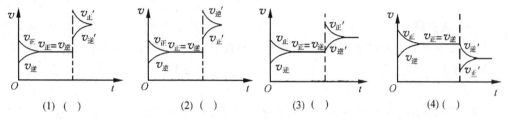

(1) (　)　　　　(2) (　)　　　　(3) (　)　　　　(4) (　)

A. 增大反应物浓度　B. 增大压强　C. 升高温度　D. 减小反应物浓度

* **32.** 在 SO_2 和 O_2 的混合气体中,O_2 占 25%(质量比),求标准状况下混合气体的密度。(提示:由质量比推出物质的量之比,再求平均相对分子质量,即可求出密度)

* **33.** 取碳酸钠晶体 6.44g,加水使其溶解配成 250mL 溶液,取出这种溶液 25mL,要用 22.5mL $0.2 mol \cdot L^{-1}$ 盐酸才能完全与之反应,求这种碳酸钠晶体的化学式。

* **34.** 将棕色混合气体 NO_2 和 N_2O_4 注入一透明密闭容器中,如右图所示。问:

(1) 由图 1 状态变到图 2 状态,其混合物颜色如何变化?为什么?

(2) 再由图 2 状态变到图 1 状态,其混合物颜色如何变化?为什么?

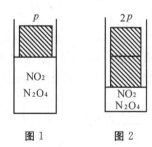

图 1　　图 2

第二、三章自测试卷

A 卷

一、填空题

1. 森林是大自然的清洁器,一亩森林一昼夜可以吸收 62kg CO_2,放出 49kg O_2,即在标准状况下,吸收_____ L CO_2,合约_____个 CO_2 分子,放出_____ mol O_2,合约_____个 O_2 分子。

2. 可逆反应 $N_2+3H_2 \rightleftharpoons 2NH_3+Q$ 在一定条件下达平衡时:

(1) 写出化学平衡常数表达式,$K_c=$_____。

(2) 增大压强,化学平衡向_____移动。

(3) 升高温度,化学平衡向_____移动。

(4) 通入 N_2,化学平衡向_____移动。

(5) 使用催化剂,化学平衡_____移动。

(6) 若 N_2 的浓度 $c_{始}=0.3\,mol \cdot L^{-1}$,2s 后浓度变为 $0.1\,mol \cdot L^{-1}$,$\bar{v}_{N_2}=$_____。

3. 增大反应物浓度,化学反应速率_____;升高温度,化学反应速率_____。

4. 增大反应物浓度,化学平衡向_____移动;升高温度,化学平衡向_____移动;增大压强,化学平衡向_____移动;加入催化剂,化学平衡_____移动。

5. 当反应 $2NO_2$(棕红色)$\rightleftharpoons N_2O_4$(无色)达平衡时,置于热水中的平衡球颜色加深,说明正反应方向为_____热反应;若增大压强,平衡球的颜色将变_____。

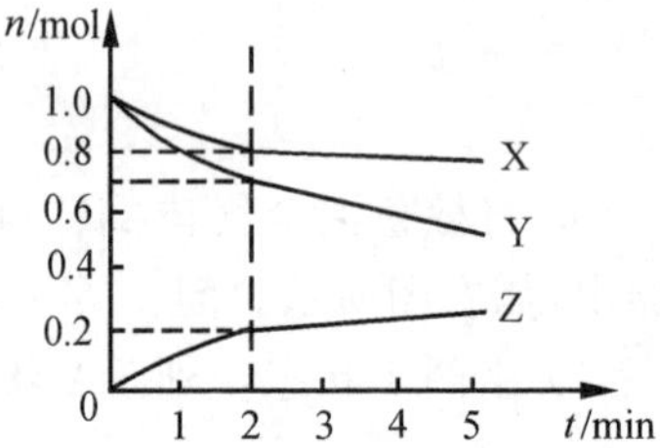

*6. 某温度下,在 2L 容器中,X、Y、Z 三种物质的物质的量 n 随时间 t 的变化曲线如右图所示。由图中数据分析,反应开始至 2min,Z 的平均反应速率为_____。该反应的化学方程式为_____。

二、判断题(正确的在括号内打"√",错误的打"×")

7. 每摩尔物质含有 N_A 个微粒,微粒可以是分子、原子,不包括离子、电子和这些粒子的特定组合。( )

8. 摩尔质量就是 6.02×10^{23} 个结构微粒的质量,单位是 $g \cdot mol^{-1}$。( )

9. 从 1L 1mol $\cdot L^{-1}$ 的 NaCl 溶液中取出 100mL 溶液,则 100mL 溶液的物质的量浓度为 0.1mol $\cdot L^{-1}$。( )

10. 一定条件下,增大反应物的量,会加快反应速率。( )

11. 在其他条件不变时,升高温度可以使化学平衡向吸热反应方向移动。( )

12. 在一定温度和压力下,反应 $3H_2+N_2 \rightleftharpoons 2NH_3$ 达到平衡时,H_2 和 N_2 不再化

第三章 化学反应速率 化学平衡

合，NH₃ 不再分解。( )

13. 在 298K、$1.0133×10^5$Pa 的条件下，1mol 任何气体都占有大约相同的体积。
( )

14. 升高温度，吸热方向的化学反应速率(v)增大，放热方向的化学反应速率(v)将减小。( )

15. 加催化剂，正、逆反应速率以同倍数增加，所以化学平衡不移动。( )

三、选择题（每题只有 1 个正确答案）

16. 0.8g 某物质含有 $3.01×10^{21}$ 个分子，该物质的相对分子质量是 [ ]
    A. 8　　　　B. 16　　　　C. 64　　　　D. 160

17. 下列物质中，分子数量为阿伏加德罗常数的是 [ ]
    A. 2g 氢气　　B. 2L 氢气　　C. 12 个氢原子　　D. 2mol 氢气

18. 胶体微粒发生电泳是因为 [ ]
    A. 胶团带电
    B. 胶体微粒带有同一电性的电荷
    C. 胶体微粒在外电场作用下发生电离
    D. 胶体微粒带有相反电荷

19. 下列过程，其中不能发生凝聚的是 [ ]
    A. 将胶粒带不同电荷的两种墨水相混
    B. 加热鸡蛋清的溶胶
    C. 往豆浆中加蔗糖
    D. 长时间煮沸 Fe(OH)₃ 胶体

20. 在任何条件下，运用电泳现象不能证明 [ ]
    A. 直流电源正、负极　　　　B. 胶体微粒带何种电荷
    C. 胶体微粒带电　　　　　　D. 胶体微粒做布朗运动

21. 硅胶是日常生活中经常接触到的干燥剂，高级照相机、精密仪器、高档鞋、衣服都用它吸水干燥，它是一种 [ ]
    A. 凝胶　　　B. 硅酸胶体　　C. 沉淀　　　D. 纯 SiO_2

22. 下列有关生活或生产的知识，与胶体的生成或破坏无关的是 [ ]
    A. 明矾净水
    B. 制有色玻璃
    C. 制肥皂时向皂化锅内加入食盐细粒
    D. 泡沫灭火器中使用明矾

23. 有化学反应 $2SO_2+O_2 \rightleftharpoons 2SO_3$，假设 SO_2 的起始浓度为 $2mol·L^{-1}$，2s 后 SO_2 的浓度为 $1.8mol·L^{-1}$，用 SO_2 的浓度表示的反应速率为 [ ]
    A. $1mol·L^{-1}·s^{-1}$　　　　　　B. $0.9mol·L^{-1}·s^{-1}$
    C. $0.2mol·L^{-1}·s^{-1}$　　　　　D. $0.1mol·L^{-1}·s^{-1}$

24. NO 和 CO 都是汽车尾气里的有害物质，它们能缓慢地反应生成 N_2 和 CO_2。对此反应，下列叙述正确的是 [ ]

A. 使用催化剂不能改变反应速率　　B. 使用催化剂能加大反应速率
C. 降低压强能加大反应速率　　　　D. 改变压强对反应速率没有影响

25. 下列溶液中，Cl^- 浓度最小的是　　　　　　　　　　　　　　　[　　]
A. $0.08 mol \cdot L^{-1}$ $MgCl_2$ 溶液　　B. $0.1 mol \cdot L^{-1}$ HCl 溶液
C. $0.012 mol \cdot L^{-1}$ KCl 溶液　　　　D. $0.1 mol \cdot L^{-1}$ $CaCl_2$ 溶液

26. 加大反应体系的压强，下列反应中化学平衡不移动的是　　　　[　　]
A. $CO_2 + C \rightleftharpoons 2CO$　　　　B. $2NO + O_2 \rightleftharpoons 2NO_2$
C. $2NO_2 \rightleftharpoons N_2O_4$　　　　　D. $CO + NO_2 \rightleftharpoons CO_2 + NO$

27. 对于可逆反应 $H_2(g) + I_2(g) \rightleftharpoons 2HI(g) + Q$，欲使平衡向右移动，应采用[　　]
A. 升高温度、减小压强　　　　B. 升高温度
C. 降低温度　　　　　　　　　D. 加催化剂

28. 对已达平衡的反应 $mA(g) + nB(g) \rightleftharpoons pC(s) + qD(g)$，若减小压强时平衡向正反应方向移动，则其系数关系是　　　　　　　　　　　　　　　　　　　[　　]
A. $m+n<q$　　B. $m+n>p+q$　　C. $m+n>q$　　D. $m+n<p+q$

29. 决定一个化学反应速率大小的主要因素应是　　　　　　　　　[　　]
A. 反应物浓度　　B. 温度和压强　　C. 催化剂　　D. 反应物的本性

30. 下列物质中，质量最大的是　　　　　　　　　　　　　　　　　[　　]
A. $10 mol$ H_2　　B. $98g$ H_2SO_4　　C. $2mol$ Na　　D. $1mol$ H_2O

31. $0.5mol$ 氢气含有　　　　　　　　　　　　　　　　　　　　　[　　]
A. 0.5 个 H_2　　　　　　　B. 6.02×10^{23} 个 H
C. 0.5 个 H　　　　　　　　D. 6.02×10^{23} 个 H_2

32. 下列物质中，物质的量(n)最大的是　　　　　　　　　　　　　[　　]
A. $4g$ H_2　　　　　　　　B. 标准状况下 $11.2L$ N_2
C. $100mL$ $1mol \cdot L^{-1}$ 的 NaOH　　D. 6.023×10^{23} 个 O_2

33. 下列叙述正确的是　　　　　　　　　　　　　　　　　　　　　[　　]
A. $18g$ H_2O 的体积为 $22.4L$
B. 同温同压下，相同体积的任何气体都含有相同数目的分子，这就是阿伏加德罗定律
C. 摩尔是质量单位
D. 化学反应速率大小只决定于外因

四、计算题（可能用到的相对原子质量：Cl 35.5、Na 23、O 16、H 1）

34. 已知 NaOH 的质量为 $4g$，求 NaOH 的物质的量 n。当把它溶于水配成 $500mL$ 溶液时，求 $c(NaOH)$。

35. 36.5% 的盐酸溶液，其密度为 $1.20g \cdot mL^{-1}$，求该浓盐酸的物质的量浓度 $c(HCl)_浓$。将 $10mL$ 浓盐酸稀释成 $300mL$，求稀盐酸的物质的量浓度 $c(HCl)_稀$。

第三章 化学反应速率 化学平衡

36. 20mL 0.1mol·L^{-1}的NaOH溶液与20mL HCl溶液完全反应,求HCl溶液的浓度c(HCl)。

B卷

一、判断题(正确的在括号内打"√",错误的打"×")

1. 22.4L氧气的物质的量为1mol。　　　　　　　　　　　　　　　　　(　)
2. 98%、$\rho=1.84$g·mL^{-1}的浓H_2SO_4,其物质的量浓度为1mol·L^{-1}。(　)
3. 某物质的摩尔质量就是该物质的相对分子质量。　　　　　　　　　(　)

二、选择题(每题只有1个正确答案)

4. 如果3.2g某金属在氧气中燃烧,生成4g二价金属氧化物,则该金属的相对原子质量是 [　]
　　A. 4　　　　B. 8　　　　C. 32　　　　D. 64

5. 相同体积的下列气体,在标准状况下质量最大的是 [　]
　　A. Cl_2　　　B. CO　　　C. H_2O　　　D. N_2

6. H_2S气体通入亚砷酸中生成As_2S_3溶胶,该溶胶所吸附的离子主要是 [　]
　　A. S^{2-}　　　B. As^{3+}　　　C. HS^-　　　D. H^+

7. 在水泥、冶金等工厂中,常利用高压电对气溶胶的作用来除去大量烟尘,以减少空气污染,这种方法所用的原理是 [　]
　　A. 凝聚　　　B. 丁达尔现象　　　C. 渗析　　　D. 电泳

8. 下列反应达到平衡时,增大体系压强,平衡向正反应方向移动的是 [　]
　　A. $2SO_2+O_2 \rightleftharpoons 2SO_3$　　　B. $N_2+O_2 \rightleftharpoons 2NO$
　　C. $N_2O_4 \rightleftharpoons 2NO_2$　　　D. $H_2+I_2 \rightleftharpoons 2HI$

9. 下列溶液中,Cl^-浓度最大的是 [　]
　　A. 0.08mol·L^{-1} $MgCl_2$溶液　　　B. 0.1mol·L^{-1} HCl溶液
　　C. 0.012mol·L^{-1} KCl溶液　　　D. 0.1mol·L^{-1} $CaCl_2$溶液

10. 下列物质与足量盐酸反应,在相同的情况下放出氢气最多的是 [　]
　　A. 0.1mol Al　　B. 0.5mol Fe　　C. 0.15mol Zn　　D. 0.2mol Mg

11. 下列关于摩尔(mol)的认识正确的是 [　]
　　A. 摩尔是表示物质数量的单位
　　B. 摩尔是表示物质质量的单位
　　C. 摩尔是用巨大数目微粒的集体表示物质的量
　　D. 摩尔是国际单位制(SI)的7个基本单位之一

12. 向平衡体系$2NO+O_2 \rightleftharpoons 2NO_2$中通入由$^{18}O$组成的氧气,重新达到平衡后$^{18}O$一定是 [　]
　　A. 只存在于O_2中　　　B. 只存在于NO_2中
　　C. 只存在于O_2和NO_2中　　　D. 存在于NO、O_2及NO_2中

13. 下列物质中分子数量为阿伏加德罗常数的是 [　]

A. 2g氢气　　　B. 2L氢气　　　C. 12个氢原子　　D. 2mol氢气

三、综合题

14. 0.3mol氧气和0.2mol臭氧的质量_____等；所含分子个数_____等；所含原子数_____等；在标准状况下的体积_____等；其质量比为_____。

15. 为了证明下表中的结论，试将实验方法和现象填入表中：

实验结论	方　法	现　象
①Fe(OH)$_3$胶体微粒带正电		
②淀粉溶液是胶体溶液		
③判断直流电源正、负极		

16. 将490g氯酸钾加热催化使其完全分解，在标准状况下可得氧气多少升？

17. 在某温度下，A+B $\rightleftharpoons$ 2C 类型的反应达到平衡，试求：

(1) 升高温度时，C的浓度减小，则正反应是_____热反应。在升高温度时，正反应速率_____，逆反应速率_____。

(2) 增加或减少B的量时，平衡均不移动，则B的状态为_____态。

(3) 若A为气态物质，增大压强平衡不移动，则B物质为_____态，C为_____态。

(4) 若加入催化剂，则平衡_____移动，达到平衡的时间_____。

C 卷

一、判断题（正确的在括号内打"√"，错误的打"×"）

1. 用不同的反应物和生成物来表示同一反应速率时，其数值与平衡浓度有直接关系。　　　　　　　　　　　　　　　　　　　　　　　　　（　）

2. 可逆反应的特征是正反应速率总是与逆反应速率相等。　　　（　）

3. 在其他条件不变时，使用催化剂只能改变反应速率，而不能改变化学平衡状态。　　　　　　　　　　　　　　　　　　　　　　　　　　（　）

4. 在其他条件不变时，增大压强一定会破坏气体反应的平衡状态。（　）

二、选择题（每题只有1个正确答案）

5. 下列有关渗析的说法：① 该操作必须要有半透膜；② 该操作能分离胶体溶液中的离子和小分子；③ 渗析操作要用较大量的溶剂，反复几次效果更好；④ 渗析是胶体的主要性质之一。其中正确的是　　　　　　　　　　　　　　　　〔　〕

A. ①②　　　　　　　　　　B. ②③
C. ①②③　　　　　　　　　D. ①②③④

6. 下列各组物质可用渗析法分离的是　　　　　　　　　　　　〔　〕

A. CCl$_4$和水　　　　　　　B. NaCl和水
C. Fe(OH)$_3$胶体和水　　　D. NH$_4$Cl和NaCl固体混合物

第三章 化学反应速率 化学平衡

7. 欲使一带负电荷的胶体凝聚,最好加入　　　　　　　　　　　　　　　　[　　]
  A. NH_4Cl 溶液　　　　　　　　　　B. NaCl 溶液
  C. $MgSO_4$ 溶液　　　　　　　　　　D. $AlCl_3$ 溶液

8. 胶体微粒具有布朗运动可能的原因有:①水分子对胶粒的撞击;②胶体微粒有吸附能力;③胶粒带电;④胶体微粒质量较小,所受重力小。其中正确的是[　　]
  A. ①②　　　　B. ②③　　　　C. ①④　　　　D. ②④

9. 对于放热反应,当温度升高时,反应速率将会　　　　　　　　　　　　　[　　]
  A. 变慢　　　　　　　　　　　　　B. 变快
  C. 不影响反应速率　　　　　　　　D. 开始变快,后来变慢

10. 合成氨反应($N_2 + 3H_2 \rightleftharpoons 2NH_3$)的平衡状态通常指的是　　　　[　　]
  A. N_2 和 H_2 作用生成 NH_3 的速率与 NH_3 分解生成 N_2、H_2 的速率相等的状态
  B. N_2、H_2 不反应的状态
  C. N_2、H_2 和 NH_3 分子数之比为 1:3:2 时的状态
  D. 反应方程式左、右两边分子数相等时的状态

11. 加大反应体系的压力,下列反应中平衡不受影响的是　　　　　　　　　[　　]
  A. $CO_2 + C \rightleftharpoons 2CO$　　　　　　B. $2NO + O_2 \rightleftharpoons 2NO_2$
  C. $2NO_2 \rightleftharpoons N_2O_4$　　　　　　　D. $CO + NO_2 \rightleftharpoons CO_2 + NO$

12. 反应 $A(g) + 2B(g) \rightleftharpoons 2C(g) - Q$ 达到平衡后,将反应混合物的温度降低,下列叙述正确的是[　　]
  A. 正反应速率加快,逆反应速率变慢,平衡向正方向移动
  B. 正反应速率变慢,逆反应速率加快,平衡向逆方向移动
  C. 正反应速率和逆反应速率均加快,平衡不移动
  D. 正反应速率和逆反应速率均变慢,平衡向逆方向移动

13. 对于平衡反应 $CaCO_3(s) \rightleftharpoons CaO(s) + CO_2(g) - Q$ 来说,采用下列哪组条件可得到较多的 CO_2 [　　]
  A. 373K、10×101.325kPa　　　　B. 1273K、1×101.325kPa
  C. 773K、10×101.325kPa　　　　D. 373K、1×101.325kPa

14. 下列物质中含原子个数最多的是　　　　　　　　　　　　　　　　　　[　　]
  A. 0.4mol 氧气　　　　　　　　　B. 标准状况下 5.6L 二氧化碳
  C. 277K 时 5.4mL 水　　　　　　　D. 10g 氖

15. 等摩尔的氢气和氦气在同温同压下具有相同的　　　　　　　　　　　　[　　]
  A. 原子数　　　B. 体积　　　C. 质子数　　　D. 质量

16. 0.8g 某物质含有 $3.01×10^{22}$ 个分子,该物质的相对分子质量是　　　　[　　]
  A. 8　　　　B. 16　　　　C. 64　　　　D. 160

17. 将 200mL 0.3mol·L^{-1} 的盐酸和 100mL 0.6mol·L^{-1} 的盐酸混合,所得盐酸的物质的量浓度是[　　]
  A. 0.4mol·L^{-1}　　　　　　　　B. 0.5mol·L^{-1}
  C. 0.6mol·L^{-1}　　　　　　　　D. 0.3mol·L^{-1}

三、综合题与计算题

18. 如何用最简单的方法区分 KNO_3、Na_2CO_3、$AlCl_3$ 三种无色溶液？

19. 在标准状况下，67.2L CO_2 的物质的量是_____ mol，质量为_____ g，含有_____个分子，其中含有_____ mol O。

20. 4.8g O_2 和 0.2mol CO_2，它们的物质的量之比是_____，质量比是_____，在标准状况下，体积比是_____。

21. 配制 500mL 0.1mol·L^{-1} 的 $CuSO_4$ 溶液，需要胆矾（$CuSO_4·5H_2O$）的质量是_____，溶液中有_____个 Cu^{2+}。

22. 在 500℃时，对 $2SO_2(g)+O_2(g) \rightleftharpoons 2SO_3(g)+Q$ 平衡体系采取下列措施，将产生的影响填入下列空白处：

(1) 当增大 $c(O_2)$ 时，正反应速率_____，平衡_____移动。

(2) 增大压强时，正反应速率_____，逆反应速率_____，平衡_____移动。

(3) 升高温度时，正反应速率_____，平衡向_____方向移动，$c(SO_2)$_____。

(4) 当使用 V_2O_5 催化剂时，正、逆反应速率_____，平衡_____移动，$c(SO_3)$_____。

第四章 电解质溶液

第一节 电解质的电离

一 填空题

1. 溶液的酸碱性与 $c(H^+)$ 和 $c(OH^-)$ 的关系为：当溶液为中性时，_____；当溶液为酸性时，_____；当溶液为碱性时，_____。

2. 在氨水里存在如下电离平衡：$NH_3 \cdot H_2O \rightleftharpoons NH_4^+ + OH^-$，当分别加入① 盐酸、② 氯化铵、③ 氢氧化钠时，电离平衡分别向____移动、向____移动、向____移动。

3. 正常人体血液的 pH 总是维持在_____之间，临床上把血液的 pH 小于_____时叫作酸中毒，大于_____时叫作碱中毒，当 pH 偏离正常范围_____个单位时就会危及人的生命。

4. 溶液的 $c(H^+) = 1 \times 10^{-6}$ mol·L^{-1}，则 pH 为_____；溶液的 $c(OH^-) = 1 \times 10^{-3}$ mol·L^{-1}，则 pH 为____。

5. $NH_3 \cdot H_2O$ 溶液中加入酚酞指示剂，溶液显____色，再加入 NH_4Cl 晶体，溶液颜色变____，这是由于_____的结果。

6. 水是一种_____的电解质，能电离出____和____。实验测得，25℃时，1L 纯水中_____和_____相等，都是 1×10^{-7} mol·L^{-1}，两者的乘积是一个常数，用 K_w 表示，称为水的_____。

*7. 0.01 mol·L^{-1} HCl 溶液的 pH 为____，向此溶液中加入几滴甲基橙指示剂，该溶液呈____色；0.01 mol·L^{-1} 的 HAc 溶液遇甲基橙指示剂则呈现橙色，该溶液的 pH 一定在_____之间，此实验足以证明弱酸部分电离而强酸完全电离。

*8. 有某溶液，对酚酞指示剂显无色，而对甲基橙指示剂则显黄色，该溶液 pH 范围为_____。

*9. 有某溶液，对石蕊指示剂显红色，而对甲基橙指示剂则显橙色，该溶液 pH 范围为_____。

10. 写出下列电离方程式：

(1) $NH_3 \cdot H_2O$ _____。

(2) $NaHCO_3$ _____。

(3) $NaHSO_4$ _____。

(4) CH_3COOH _____。

(5) H_2CO_3 _____；_____。

二 选择题 （每题有 1～2 个正确答案）

11. 相同温度下，浓度为 $0.1\ mol \cdot L^{-1}$ 的下列各物质中，导电能力最弱的是 [ ]

   A. 盐酸   B. 醋酸   C. 氢氧化钾   D. 硫酸钠

12. 对于弱电解质溶液，下列说法正确的是 [ ]

   A. 溶液中没有溶质分子，只有离子

   B. 溶液中没有离子，只有溶质分子

   C. 溶液中只有溶质分子和溶剂分子存在

   D. 溶液中既有溶质、溶剂分子存在，又有部分溶质电离出的离子存在

13. 下列物质中，属强电解质的是 [ ]

   A. 氨水   B. 醋酸

   C. 氢硫酸（H_2S 的水溶液）   D. 醋酸铵

14. 下列电离方程式书写错误的是 [ ]

   A. $HAc \rightleftharpoons H^+ + Ac^-$ B. $NH_4Cl \rightleftharpoons NH_4^+ + Cl^-$

   C. $NH_3 \cdot H_2O \rightleftharpoons NH_4^+ + OH^-$ D. $NaCl = Na^+ + Cl^-$

15. 用 $0.1\ mol \cdot L^{-1}$ 的 NaOH 溶液和 $0.1\ mol \cdot L^{-1}$ 的 $NH_3 \cdot H_2O$ 溶液中的 $c(H^+)$ 做比较，其结论正确的是 [ ]

   A. $NH_3 \cdot H_2O$ 溶液大于 NaOH 溶液   B. NaOH 溶液大于 $NH_3 \cdot H_2O$ 溶液

   C. 两者相等   D. 两者无法相比

*16. 某学生做如下实验：取少量未知液，在其中加入酚酞，溶液为无色；另取少量未知液，在其中加入甲基橙，溶液显黄色；再取少量未知液，在其中加入石蕊，溶液则为红色。试判断该未知液为 [ ]

   A. 碱性   B. $3.3<pH<8$ C. 中性   D. $4.4<pH<5$

*17. 某酸雨的分析数据如下：$c(NH_4^+)=2.0\times10^{-5}\ mol \cdot L^{-1}$，$c(Cl^-)=6.0\times10^{-5}\ mol \cdot L^{-1}$，$c(Na^+)=1.9\times10^{-5}\ mol \cdot L^{-1}$，$c(NO_3^-)=2.3\times10^{-5}\ mol \cdot L^{-1}$，$c(SO_4^{2-})=2.8\times10^{-5}\ mol \cdot L^{-1}$，则此酸雨的 pH 大约是 [ ]

   A. 3   B. 4   C. 5   D. 6

18. 在酸性溶液中，下列叙述正确的是 [ ]

   A. 只有 H^+ 存在   B. $pH \leqslant 7$

   C. $c(OH^-)<c(H^+)$ D. $c(OH^-)>10^{-7}\ mol \cdot L^{-1}$

19. 已知成人胃液的 pH=1，婴儿胃液的 pH=5，则成人胃液中 $c(H^+)$ 是婴儿胃液中 $c(H^+)$ 的 [ ]

第四章 电解质溶液

A. 5倍　　　　　B. 1/5倍　　　　　C. 10^{-4}倍　　　　　D. 10^4倍

20. 常温下,在纯水中加入少量酸或碱后,水的离子积　　　　　　　　　　[　　]

A. 增大　　　　　B. 减小　　　　　C. 不变　　　　　D. 无法判断

21. 在含有酚酞的 0.1mol·L^{-1}氨水中加入少量的 NH$_4$Cl 晶体,则溶液颜色[　　]

A. 变深　　　　　B. 不变　　　　　C. 变浅　　　　　D. 变黄色

* **22.** 适量的 CO$_2$ 可维持人体血液正常的 pH 范围,其原理为 H$_2$O+CO$_2$ $\underset{肺}{\rightleftharpoons}$ H$_2$CO$_3$ $\underset{血液}{\rightleftharpoons}$ H$^+$+HCO$_3^-$。又知人体呼出的气体中 CO$_2$ 的体积分数约为 5%。下列说法正确的是　　　　　　　　　　　　　　　　　　　　　　　　　　　　　　　[　　]

A. 太快太深的呼吸可导致碱中毒　　　B. 太快太深的呼吸可导致酸中毒

C. 太浅的呼吸可导致酸中毒　　　　　D. 太浅的呼吸可导致碱中毒

三　判断题 （正确的在括号内打"√",错误的打"×"）

23. 电解质溶液通电后才能发生电离。　　　　　　　　　　　　　　　（　　）

24. 0.01mol·L^{-1} NaOH 溶液中,$c(H^+)$ 是 0.1mol·L^{-1} NaOH 溶液中 $c(H^+)$ 的10倍。　　　　　　　　　　　　　　　　　　　　　　　　　　　　（　　）

25. 0.01mol·L^{-1} HAc 溶液中,$c(H^+)$ 是 0.1mol·L^{-1} HAc 溶液中 $c(H^+)$ 的十分之一。　　　　　　　　　　　　　　　　　　　　　　　　　　　　（　　）

26. 只要溶液中存在着 OH$^-$,遇酚酞就能显红色。　　　　　　　　　（　　）

27. 在 CH$_3$COOH 溶液中加入 CH$_3$COONa,电离平衡向左移动,当建立新的平衡时,溶液中 $c(H^+)$ 降低。　　　　　　　　　　　　　　　　　　　（　　）

28. pH=0 的溶液中,$c(H^+)$=0。　　　　　　　　　　　　　　　　　（　　）

四　计算题

29. 计算 0.01mol·L^{-1} 盐酸溶液的 pH。

30. 计算 0.01mol·L^{-1} 氢氧化钠溶液的 pH。

31. 将 pH=1 的盐酸溶液稀释 100 倍,求稀释以后溶液的 pH。

* **32.** 将 pH=13 的氢氧化钠溶液稀释 100 倍,求稀释以后溶液的 pH。

第二节 溶液中的离子反应

一、填空题

1. 在溶液中进行的大多数反应,实质上是_____反应。从离子反应的角度来看,复分解反应的实质是_____反应,这类反应发生的条件是有_____或_____或_____生成,具备上述条件之一,反应即可发生。

2. 写出下列反应的离子方程式:
（1）锌和稀硫酸：_____。
（2）氯化铵溶液和氢氧化钠溶液共热：_____。
（3）醋酸和氢氧化钠溶液：_____。
（4）硫酸铵溶液和氢氧化钡溶液共热：_____。

二、选择题 （每题只有1个正确答案）

3. 下列各组物质相互反应,既能产生水又能产生难溶物质的是　　[　　]
   A. 醋酸钠溶液＋盐酸 　　B. 氯化钙溶液＋碳酸钠溶液
   C. 碘化钾溶液＋溴水 　　D. 氢氧化钡＋稀硫酸

4. 当溶液中有大量 H^+ 和 Ba^{2+} 时,下列离子有可能大量存在的是　　[　　]
   A. Cl^-　　B. CO_3^{2-}　　C. SO_4^{2-}　　D. OH^-

5. 下列离子中,不能与 HCl(稀)发生反应的微粒是　　[　　]
   A. CH_3COO^-　　B. SO_4^{2-}　　C. PO_4^{3-}　　D. Ag^+

6. 下列物质的水溶液中,加入稀 H_2SO_4 或 $MgCl_2$ 都有白色沉淀生成的是　　[　　]
   A. $BaCl_2$　　B. Na_2CO_3　　C. KOH　　D. $Ba(OH)_2$

7. 下列属于水解离子方程式的是　　[　　]
   A. $HCl = H^+ + Cl^-$
   B. $NH_3 \cdot H_2O \rightleftharpoons NH_4^+ + OH^-$
   C. $CH_3COO^- + H_2O \rightleftharpoons CH_3COOH + OH^-$
   D. $HCO_3^- + H^+ \rightleftharpoons H_2CO_3$

8. 在下列化学方程式中,不能用离子方程式 $Ba^{2+} + SO_4^{2-} = BaSO_4 \downarrow$ 来表示的是　　[　　]
   A. $Ba(NO_3)_2 + H_2SO_4 = BaSO_4 \downarrow + 2HNO_3$
   B. $BaCl_2 + Na_2SO_4 = BaSO_4 \downarrow + 2NaCl$
   C. $BaCO_3 + H_2SO_4 = BaSO_4 \downarrow + H_2O + CO_2 \uparrow$
   D. $BaCl_2 + H_2SO_4 = BaSO_4 \downarrow + 2HCl$

9. 下列反应中,属于离子反应的是　　[　　]

A. $2KClO_3 \xrightarrow{\triangle} 2KCl + 3O_2\uparrow$

B. $H_2 + Cl_2 \xrightarrow{点燃} 2HCl$

C. $Fe(OH)_3 + 3HCl = FeCl_3 + 3H_2O$

D. $2H_2 + O_2 \xrightarrow{点燃} 2H_2O$

第三节 盐类水解

一 填空题

1. 盐的水解反应实质是盐所电离出的_____与水所电离出的_____作用生成_____的反应,该反应是_____的逆反应。

2. 有 $NaCl$、Na_2CO_3、$NaHCO_3$、NH_4Cl、KNO_3、$(NH_4)_2SO_4$ 六种盐溶液,其中 pH 大于 7 的有_____,pH 小于 7 的有_____,pH 等于 7 的有_____。

二 选择题 (每题只有 1 个正确答案)

3. 下列盐的离子在溶液中能水解的是 [ ]
   A. CH_3COO^- B. NO_3^- C. K^+ D. SO_4^{2-}

4. 在水中加入下列物质,可使水的电离平衡向电离方向移动的是 [ ]
   A. H_2SO_4 B. $FeCl_3$ C. KOH D. $Ba(NO_3)_2$

5. 下列判断盐类水解的叙述正确的是 [ ]
   A. 溶液呈中性的盐一定是强酸、强碱生成的盐
   B. 含有弱酸根盐的水溶液一定呈碱性
   C. 盐溶液的酸碱性主要决定于形成盐的酸和碱的相对强弱
   D. 碳酸溶液中氢离子的物质的量浓度是碳酸根离子物质的量浓度的两倍

6. 如果用"肥田粉"[主要成分是$(NH_4)_2SO_4$]给农作物施肥,土壤的 pH 将发生的变化是 [ ]
   A. pH 逐渐增大 B. pH 逐渐减小
   C. 不会发生变化 D. 无规律可循

7. 下列说法正确的是 [ ]
   A. 一元酸和碱若以等物质的量混合,反应后 pH=7
   B. 盐溶解于水后一定产生水解反应
   C. 所有指示剂的变色点均在溶液的 pH=7 处
   D. 正常人的胃液、尿液、唾液均呈微酸性

8. 向下列物质的水溶液中加入酚酞指示剂时,溶液呈现红色的是 [ ]

A. NH_4CN B. KCl C. NH_4I D. NH_4NO_3

9. 下列水解方程式正确的是 [   ]

A. $Ac^- + H_2O \rightleftharpoons HAc + OH^-$

B. $NH_3 + H_2O \rightleftharpoons NH_4^+ + OH^-$

C. $Na^+ + H_2O \rightleftharpoons NaOH + H^+$

D. $CO_3^{2-} + H_2O \rightleftharpoons H_2O + CO_2 + OH^-$

10. 下列各组等浓度、等体积的溶液混合后，pH<7 的是 [   ]

A. 盐酸和氢氧化钠   B. 盐酸和氨水

C. 盐酸和氢氧化钡   D. 醋酸和烧碱

11. 下列物质的水溶液加热后，pH 减小的是 [   ]

A. $NaAc$ B. $NaCl$ C. NH_4Cl D. Na_2CO_3

12. 下列物质的水溶液，其 pH 小于 7 的是 [   ]

A. Na_2CO_3 B. NH_4NO_3 C. Na_2SO_4 D. KNO_3

三 简答题

13. $NaCl$ 和 NH_4Ac 两种盐的水溶液都呈中性，其原因一样吗？

14. 家庭中常用热水溶解食碱（Na_2CO_3）后洗涤有油污的餐具，效果甚好，这是为什么？

15. 将饱和 Na_2CO_3 溶液与饱和 $Al_2(SO_4)_3$ 溶液混合，产生白色沉淀和无色气体。试解释发生的现象。

*第四节 配位化合物

一 填空题

1. 由一个_____和一定数目的_____或_____结合而成的复杂离子称为配离子。配合物是配离子和带相反电荷的_____所组成的化合物。

2. 在配合物中，外界和内界之间以_____结合，中心离子和配位体之间以_____结合。

3. 写出配离子或配合物的名称或化学式：

(1) $[Cu(H_2O)_4]SO_4$ _____。

第四章 电解质溶液

(2) $[Fe(CN)_6]^{3-}$ _____。
(3) 六氰合铁(Ⅱ)酸钾 _____。
(4) 四氨合铜(Ⅱ)配离子 _____。

*4. 在 $CoCl_3 \cdot 6NH_3$ 盐溶液中加入银盐溶液，则所有氯全部沉淀出来，而在 $CoCl_3 \cdot 5NH_3$ 盐溶液中加入银盐溶液，却只沉淀 2/3 的氯，写出配合物的化学式：
(1) _____；(2) _____。

二 选择题 （每题只有1个正确答案）

5. 下列离子不能成为中心离子的是 [ ]
A. Cu^{2+}　　　B. Fe^{3+}　　　C. Ag^+　　　D. NH_4^+

6. 下列物质不能作为配位体的是 [ ]
A. NH_4^+　　　B. Cl^-　　　C. CN^-　　　D. H_2O

7. 下列关于配合物的叙述正确的是 [ ]
A. 配合物的组成一般有内界和外界之分　　B. 配离子一定是阳离子
C. 配位体都是阴离子　　　　　　　　　　D. 外界离子都是阴离子

8. 下面有关 $Cu(OH)_2$ 溶解性的叙述正确的是 [ ]
A. $Cu(OH)_2$ 仅溶于 HCl
B. $Cu(OH)_2$ 既溶于酸又溶于碱
C. $Cu(OH)_2$ 仅溶于 $NH_3 \cdot H_2O$
D. $Cu(OH)_2$ 既溶于 HCl 又溶于 $NH_3 \cdot H_2O$

三 综合题

9. 根据下列实验结果，确定配合物的结构式、中心离子和配位数：

化学组成	$PtCl_4 \cdot 6NH_3$	$PtCl_4 \cdot 4NH_3$	$PtCl_4 \cdot 2NH_3$
溶液导电性	能导电	能导电	不能导电
被 $AgNO_3$ 沉淀的 Cl^- 数	$4Cl^-$	$2Cl^-$	无沉淀
中心离子、配位数			
配合物结构式			

*10. 已知有两种钴的配合物，它们具有相同的分子式，即 $Co(NH_3)_5BrSO_4$，它们之间的区别在于：在第一种配合物的溶液中加入 $BaCl_2$ 时产生 $BaSO_4$ 沉淀，但加入 $AgNO_3$ 时不产生沉淀；而第二种配合物的溶液与此相反。写出配合物的结构式并指出钴的配位数。

第五节 氧化还原反应

一 填空题

1. 同种元素处于最高价态时,往往只有____性;处于最低价态时只有____性;处于中间价态时,则既有____性,又有____性。

*2. 在反应 $MnO_2 + 4HCl(浓) \xrightarrow{\triangle} MnCl_2 + Cl_2\uparrow + 2H_2O$ 中,氧化剂是____,还原产物是____;电子转移总数为____个,2个HCl作____剂,2个HCl仅起到____作用。

二 选择题 （每题只有1个正确答案）

3. 下列基本反应类型中,一定是氧化还原反应的是 [　　]
   A. 化合反应　　B. 分解反应　　C. 置换反应　　D. 复分解反应

4. 氧化还原反应的实质是 [　　]
   A. 反应中原子重新组合　　　　B. 得氧、失氧
   C. 化合价升降　　　　　　　　D. 电子转移

5. 下列关于反应 $Mg + 2HCl == MgCl_2 + H_2\uparrow$ 的叙述错误的是 [　　]
   A. 该反应中没有得氧和失氧,所以不是氧化还原反应
   B. 该反应中元素化合价有升降,所以是氧化还原反应
   C. 反应中 HCl 被还原了,HCl 是氧化剂
   D. 反应中 Mg 被氧化了,Mg 是还原剂

6. 下列微粒中,S 元素既能被氧化又能被还原的是 [　　]
   A. SO_3　　B. SO_2　　C. SO_4^{2-}　　D. H_2S

*第六节 原电池

一 填空题

1. 金属的防护就是杜绝金属发生氧化反应的可能,在长期的生产实践中,人们对各种金属器件的防锈问题已找到了一些比较理想的措施。例如:
   (1) 农机具保持表面光洁、干燥采用涂矿物油,此属____法。
   (2) 埋入地下的输油管道采用涂一层防锈油漆,此属____法。
   (3) 远洋巨轮船体或大型锅炉等采用焊接或嵌入一种比铁更活泼的金属,如锌,此属_____法。

第四章 电解质溶液

二 选择题（每题只有1个正确答案）

2. 铁在海水中比在淡水中更易发生腐蚀，原因是 [ ]
   A. 海水中的 Na^+ 腐蚀铁
   B. 海水中的 Cl^- 腐蚀铁
   C. 海水是电解质溶液
   D. 海水显酸性

3. 下列叙述与电化学腐蚀无关的是 [ ]
   A. 切过咸菜的菜刀不及时清洗易生锈
   B. 线路连接时，有经验的电工从不把铝导线和铜导线接在一起
   C. 银质奖章久置后表面逐渐变暗
   D. 在轮船的尾部和船壳的水线以下，常嵌入一定数量的锌块

4. 原电池工作时，发生氧化反应的电极是 [ ]
   A. 正极　　B. 负极　　C. 阴极　　D. 阳极

*5. 铅蓄电池效率低，污染大。现在研究用锌电池取代它，其电池反应为 $2Zn + O_2 = 2ZnO$，组成原料为锌、空气和电解质溶液，则下列叙述错误的是 [ ]
   A. 锌为负极，空气进入正极反应，电池中 pH 不变
   B. 正极发生氧化反应，负极发生还原反应
   C. 正极电极反应是 $O_2 + 2H_2O + 4e^- = 4OH^-$
   D. 负极电极反应是 $Zn + 2OH^- - 2e^- = ZnO + H_2O$

本章综合练习题

（一）电解质溶液

一、填空题

1. $0.001 mol \cdot L^{-1}$ 的 NaOH 溶液，pH = ____；$0.001 mol \cdot L^{-1}$ 的 HCl 溶液，pH = ____。

2. 在一定温度下，任何稀溶液中的 ____ 和 ____ 离子浓度的乘积是一个常数，称为 _____ 常数，在 298K 时它的值为 _____。

*3. 一般治疗胃酸过多的药物中都含有小苏打，但患溃疡（胃壁溃烂或穿孔）病人胃酸过多所服用的药剂中不能有 $NaHCO_3$，这是因为 _____。

二、判断题（正确的在括号内打"√"，错误的打"×"）

4. 凡是能导电的物质都是电解质，不能导电的物质都是非电解质。（　　）

5. 所有电解质的溶液中都存在着电离平衡。（　　）

6. 任何酸碱的中和反应，离子方程式均可表示为 $H^+ + OH^- = H_2O$。（　　）

7. 水是极弱的电解质，它能微弱电离生成 H^+ 和 OH^-，所以在纯水中 $c(H^+) = c(OH^-)$。（　　）

8. 酸性溶液中无 OH^- 存在，碱性溶液中无 H^+ 存在。（　　）

9. NH₄Ac 溶液显中性,是由于该盐在水溶液中不水解。( )
10. pH 若升高 2 个单位,则 $c(H^+)$ 为原来的 1/100。( )
11. 所有 $0.01\ mol·L^{-1}$ 的一元酸溶液的 pH 都等于 2。( )
12. 在溶液中进行的复分解反应一定是离子反应。( )
13. 凡是能导电的物质都是电解质。氯气的水溶液能导电,所以氯气是电解质。液态氯化氢不能导电,所以氯化氢是非电解质。( )
14. 水是极弱的电解质,它能微弱电离生成 H^+,所以严格地说,纯水呈微酸性。( )
15. 强电解质都是离子化合物,弱电解质都是共价化合物。( )
16. 某盐的水溶液 pH=7,该盐一定没有水解。( )
17. 因为 $CaCO_3$、$BaSO_4$、$AgCl$ 等物质难溶于水,溶液的导电性很弱,所以它们是弱电解质。( )
18. 任何两种强酸,只要它们的物质的量浓度相同,它们溶液的 pH 就一定相等。( )
19. 氢硫酸(H_2S)溶液中,$c(H^+)$ 一定是 $c(S^{2-})$ 的 2 倍。( )
20. 任何浓度的酸或碱的水溶液中,H^+ 和 OH^- 浓度的乘积是常数。( )

三、选择题(每题只有 1 个正确答案)

21. 下列物质中,既能导电又是强电解质的是 [ ]
 A. 无水硫酸　　B. 氢氧化钠晶体　　C. 熔融的氯化钠　　D. 液态氯化氢
22. 以下电离方程正确的是 [ ]
 A. $H_2CO_3 = H^+ + HCO_3^-$　　　　B. $HNO_3 = H^+ + NO_3^-$
 C. $HAc = H^+ + Ac^-$　　　　　　　D. $Ba(OH)_2 = Ba^{2+} + OH^-$
23. 下列盐溶液中,不能使酚酞变红的是 [ ]
 A. NaAc　　　B. NH_4Cl　　C. Na_2CO_3　　D. KCN
24. $0.01\ mol·L^{-1}$ 的下列溶液中,pH 最大的是 [ ]
 A. HCl　　　B. CH_3COOH　　C. NH_4Cl　　D. H_2O
25. A 溶液的 pH=4,B 溶液是 $0.001\ mol·L^{-1}$ 的盐酸,C 溶液的 $c(OH^-)=1×10^{-8}\ mol·L^{-1}$,则三种溶液的酸性由强到弱的顺序是 [ ]
 A. B>A>C　　B. A>B>C　　C. C>A>B　　D. B>C>A
*26. 向 pH=13 的 NaOH 溶液中加入水,使体积增至原来的 1000 倍,pH 将会 [ ]
 A. 减小 1000 倍　　B. 增大 1000 倍　　C. 减小　　D. 增大
27. 氨水中存在 $NH_3·H_2O \rightleftharpoons NH_4^+ + OH^-$ 的电离平衡,要使平衡向逆反应方向移动,同时 OH^- 浓度增大,应加入 [ ]
 A. 氯化铵溶液　　B. 硫酸　　C. 氢氧化钠溶液　　D. 水
28. 实验室配制 $FeCl_3$ 溶液时,为防止浑浊,可采取的正确措施是 [ ]
 A. 加热　　B. 加少量 NaOH　　C. 加少量 HCl　　D. 加大量水
29. 测试溶液 pH 最常用的是 [ ]

第四章 电解质溶液

A. 石蕊溶液   B. 酚酞试液
C. 甲基橙试液   D. pH 1～14 广泛试纸

30. 下列关于可溶性碱的叙述不正确的是 [ ]
 A. 能电离出 OH^- B. 能使酚酞试液变红色
 C. 溶液的 pH>7   D. 溶于水可全部电离

31. $0.1 mol \cdot L^{-1}$ 的下列溶液中,pH 最小的是 [ ]
 A. HCl   B. HAc   C. NH_4Cl D. NaAc

32. 化学反应 $CaCO_3 + 2HCl === CaCl_2 + CO_2\uparrow + H_2O$ 的离子方程式是 [ ]
 A. $CO_3^{2-} + 2H^+ === CO_2\uparrow + H_2O$
 B. $CaCO_3 + 2H^+ === Ca^{2+} + CO_2 + H_2O$
 C. $CaCO_3 + 2H^+ === Ca^{2+} + CO_2\uparrow + H_2O$
 D. $CaCO_3 + 2H^+ + 2Cl^- === Ca^{2+} + 2Cl^- + CO_2\uparrow + H_2O$

33. $10^{-8} mol \cdot L^{-1}$ HCl 溶液的 pH [ ]
 A. =8   B. >7   C. <7   D. 无法确定

34. 某固体化合物 X 不导电,但熔化或溶于水都能完全电离。下列有关 X 的说法正确的是 [ ]
 A. X 为非电解质   B. X 是弱电解质
 C. X 是强电解质   D. X 是离子化合物

35. 下列各种盐中,溶于水后 pH=8 的可能是 [ ]
 A. KNO_3 B. NH_4Cl C. $NaHSO_4$ D. NaAc

36. 在某溶液中,滴入甲基橙溶液时呈黄色,滴入酚酞溶液时呈无色,滴入石蕊溶液时呈红色,该溶液的 pH 范围是 [ ]
 A. 3.1～4.4   B. 4.4～5   C. 5～8   D. 8～10

*37. pH 相同的盐酸溶液和醋酸溶液分别稀释同样的倍数后,pH 的大小关系是 [ ]
 A. 盐酸>醋酸   B. 醋酸>盐酸   C. 醋酸=盐酸   D. 无法判断

38. 在 100℃时,$0.1 mol \cdot L^{-1}$ 的盐酸溶液中,下列说法正确的是 [ ]
 A. 只有 H^+,没有 OH^- B. $c(H^+) > c(OH^-)$
 C. 水的 $K_w = 1 \times 10^{-14}$ D. 水的 $K_w = 1 \times 10^{-13}$

39. 25℃时,下列溶液中 H^+ 浓度最小的是 [ ]
 A. pH=8 的溶液
 B. $c(OH^-) = 1 \times 10^{-5} mol \cdot L^{-1}$ 的溶液
 C. $c(H^+) = 1 \times 10^{-3} mol \cdot L^{-1}$ 的溶液
 D. $1 \times 10^{-5} mol \cdot L^{-1}$ 的氨水溶液

40. 等物质的量浓度、等体积的 NaOH 溶液和 HAc 溶液混合后,混合溶液中有关离子浓度的大小关系应是 [ ]
 A. $c(Na^+) > c(Ac^-) > c(OH^-) > c(H^+)$
 B. $c(Na^+) > c(Ac^-) > c(H^+) > c(OH^-)$

C. $c(Na^+)>c(H^+)>c(Ac^-)>c(OH^-)$

D. $c(Na^+)>c(OH^-)>c(Ac^-)>c(H^+)$

四、综合题

41. 在做溶液导电性测试实验时,烧杯中盛有浓醋酸溶液,"灯光"很暗淡,若改用浓氨水测试,则灯光仍很暗淡;但是把醋酸溶液倒入氨水中进行混合时,"灯光"立即变得十分明亮。试解释实验现象,写出化学反应方程式。

42. $FeCl_3$ 溶于水得到浅黄色溶液,将该溶液加热至沸腾,颜色变成红褐色。试解释这种现象,并写出离子方程式。

43. 计算 $0.005 mol·L^{-1}$ 的 $Ba(OH)_2$ 溶液的 pH。

44. 将 $0.1 mol·L^{-1}$ 醋酸溶液 20mL 按照下表设置的条件处理,请按要求填写下表:

处理方法	平衡移动 (向左、向右)	氢离子浓度 (增、减)	pH (增、减)
加入等体积水			
加入等体积 $0.1 mol·L^{-1}$ 的盐酸			
加入少量的醋酸钠晶体			

45. 下列相同浓度的物质溶液,试按 pH 由低到高进行排列。
HCl , HAc , H_2SO_4 , NaCl , NH_4Cl , NaOH , $NH_3·H_2O$

46. 农田长期使用硫酸铵后,为何要加施消石灰?

*(二) 配位化合物

一、判断题(正确的在括号内打"√",错误的打"×")

1. NH_4^+ 可以作为配体。 ( )

2. 复盐与配合物是同一结构类型的化合物。 ( )

第四章 电解质溶液

3. 定影剂的主要成分是 $Na_2S_2O_3$，定影的原理是 $Na_2S_2O_3$ 和没有感光的卤化银（主要是 AgBr）形成了可溶性配合物 $[Ag(S_2O_3)_2]^{3-}$，经过水洗，离开胶片，保持了影像。

( )

4. 中心离子都是金属阳离子。 ( )

二、选择题（每题只有1个正确答案）

5. 下列物质中，属于复盐的是 [ ]

A. $Na_3[Ag(S_2O_3)_2]$ B. $K_3[Fe(CN)_6]$
C. $KAl(SO_4)_2·12H_2O$ D. $NaHSO_4$

6. 实验室中用 KSCN 与 Fe^{3+} 反应生成 $[Fe(SCN)_6]^{3-}$ 鉴定 Fe^{3+}，该配合物的特征颜色是 [ ]

A. 深蓝色   B. 血红色   C. 棕色   D. 紫红色

7. 配合物 $K_4[Fe(CN)_6]$ 的俗名是 [ ]

A. 黄血盐   B. 赤血盐   C. 铁氰化钾   D. 亚铁氰化钾

8. 下列配合物中，中心离子化合价为+3且配位数是6的是 [ ]

A. $[Ni(NH_3)_6]SO_4$ B. $[Fe(CN)_6]^{4-}$
C. $[CrCl(NH_3)_5]Cl_2$ D. $H_2[PtCl_6]$

9. AgBr 溶于 $Na_2S_2O_3$ 生成的是 [ ]

A. $Ag_2S_2O_3$ B. Ag_2SO_4
C. $Na_3[Ag(S_2O_3)_2]$ D. $[Ag(S_2O_3)_2]Br_3$

（三）氧化还原反应 *原电池

一、填空题

1. 根据氧化还原反应的概念填写下面空格：

还原剂—具有_____性—化合价_____—_____电子—发生_____反应—产物；

氧化剂—具有_____性—化合价_____—_____电子—发生_____反应—产物。

2. 高锰酸钾的俗名为_____，可以用来消毒灭菌，是利用了其具有_____的性质。

二、判断题（正确的在括号内打"√"，错误的打"×"）

3. 有金属单质参加的化学反应一定是氧化还原反应。 ( )

4. 在原电池中，正极发生氧化反应，负极发生还原反应。 ( )

5. 复分解反应和分解反应都不是氧化还原反应。 ( )

6. 铜的活泼性虽然比铁弱，但金属铜能与氯化铁溶液反应。 ( )

7. 电化学腐蚀过程中有电流产生，而化学腐蚀过程则无电流产生，故两者的本质不同。 ( )

8. 卤素的单质都是强氧化剂。 ( )

9. 马口铁磨损后，在酸性介质中铁先发生锈蚀。 ( )

三、选择题（每题只有1个正确答案）

10. 下列反应中，既是化合反应又是氧化还原反应的是 [ ]
   A. 生石灰投入水中
   B. 一氧化碳燃烧
   C. 亚硫酐通入水中
   D. 氨和氯化氢反应

11. 在反应 $2Na_2O_2 + 2CO_2 = 2Na_2CO_3 + O_2$ 中，Na_2O_2 是 [ ]
   A. 氧化剂
   B. 还原剂
   C. 既是氧化剂又是还原剂
   D. 无法判断

12. 由铜、锌和稀硫酸组成的原电池工作时，电解质溶液的pH变化是 [ ]
   A. 不变
   B. 先变小后变大
   C. 逐渐变大
   D. 逐渐变小

13. 实验室用锌和稀硫酸制取氢气时，欲加快反应速率，下面列出的可采取的最佳措施及解释正确的是 [ ]
   A. 再加入一些锌粒（反应物浓度增加，v增加）
   B. 用纯锌与稀硫酸反应（无杂质干扰，v增加）
   C. 加入一定量的浓硝酸（浓HNO_3有强氧化性，H_2产生得快）
   D. 加入少量硫酸铜固体（因Zn置换出Cu，Zn与Cu形成许多微小的原电池，v增加）

*14. 银锌电池广泛用作各种电子仪器的电源（如电子表、计算器、人造卫星等），它的充电和放电过程可以表示为：$2Ag + Zn(OH)_2 \underset{放电}{\overset{充电}{\rightleftharpoons}} Ag_2O + Zn + H_2O$。在电池放电时，负极上发生反应的物质是 [ ]
   A. Ag
   B. $Zn(OH)_2$
   C. Ag_2O
   D. Zn

15. 下列离子中，具有还原性的是 [ ]
   A. MnO_4^-
   B. NO_3^-
   C. SO_4^{2-}
   D. I^-

16. 下列有关铜、锌和稀硫酸组成的原电池的叙述错误的是 [ ]
   A. Cu为正极
   B. Zn为负极
   C. 正极反应为：$Zn - 2e^- \longrightarrow Zn^{2+}$
   D. 总反应为：$Zn + 2H^+ \longrightarrow Zn^{2+} + H_2 \uparrow$

17. 下列几种铁板，在镀层被破坏后，最耐腐蚀的是 [ ]
   A. 镀锌铁板
   B. 镀铜铁板
   C. 镀锡铁板
   D. 镀铅铁板

18. 在下列反应中，二氧化硫作为氧化剂的是 [ ]
   A. 使溴水褪色
   B. 与H_2S反应生成硫
   C. 与浓硝酸反应产生二氧化氮气体
   D. 催化下与氧气反应生成三氧化硫

19. 下列变化中，需要加入氧化剂才能进行的是 [ ]
   A. $NO_3^- \rightarrow NO$
   B. $Fe^{3+} \rightarrow Fe^{2+}$
   C. $S^{2-} \rightarrow HS^-$
   D. $Cu \rightarrow Cu^{2+}$

*20. 钢铁发生腐蚀时，正极上发生的反应是 [ ]
   A. $2Fe - 4e^- \longrightarrow 2Fe^{2+}$
   B. $2Fe^{2+} + 4e^- \longrightarrow 2Fe$
   C. $2H_2O + O_2 + 4e^- \longrightarrow 4OH^-$
   D. $Fe^{3+} + e^- \longrightarrow Fe^{2+}$

21. 由铜、锌和稀硫酸组成的原电池中，下列叙述正确的是 [ ]
   A. Cu为正极，Zn为负极

B. 负极的电极反应为：$2H^+ + 2e^- \longrightarrow H_2 \uparrow$
C. 电池反应为：$Zn + Cu^{2+} =\!=\!= Zn^{2+} + Cu$
D. 溶液中 H_2SO_4 的浓度不变

22. 由锌、铁、铜、稀盐酸和一些导线可以组成原电池的种类为 [　　]
A. 1种　　　　B. 2种　　　　C. 3种　　　　D. 4种

23. 有一原电池，如果电流计指针偏转，a极变粗，b极变细，下列符合这一情况的是 [　　]
A. a极是锌，b极是铜，电解质是硫酸溶液
B. a极是铁，b极是银，电解质是硝酸银溶液
C. a极是银，b极是铁，电解质是硝酸银溶液
D. a极是铁，b极是碳，电解质是氯化铜溶液

四、综合题

24. 硫元素有 $\overset{-2}{S}$、$\overset{0}{S}$、$\overset{+4}{S}$、$\overset{+6}{S}$ 4 种常见的价态，硫的哪一种化合价态只能作为氧化剂？哪一种化合价态只能作为还原剂？哪种化合价态既可作为氧化剂又可作为还原剂？

*25. 如下图所示，注明正、负极及各电极反应。

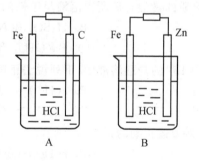

本章自测试卷

一、填空题

1. 强酸弱碱盐水溶液显____性，强碱弱酸盐水溶液显____性，_____盐水溶液显____性。判断下列盐溶液的酸碱性：Na_2SO_4 溶液显____，Na_2S 溶液显____，$FeCl_3$ 溶液显____。在 Na_2CO_3 溶液中滴入酚酞试液显____，加热后颜色____。

2. 在反应 $Cu + 2H_2SO_4$（浓）$=\!=\!= CuSO_4 + SO_2 \uparrow + 2H_2O$ 中，氧化剂是_____，____被氧化；还原剂是_____，____被还原。

3. 在含有 Fe^{3+} 的溶液中加入 KSCN，能生成_____的_____。

4. $K_4[Fe(CN)_6]$ 的名称是_____，其中配位体是_____，中心离

子是____,配位数是____。

5. 某胶体在外电场的作用下,胶粒向阳极移动,则该胶体是____(填写"正"或"负")胶体。

6. 用铝质铆钉铆接铁板,铆钉周围的铁板_____(填写"易"或"不易")生锈电解。

二、选择题(除 16 题外,每题只有 1 个正确答案)

7. 下列化合物属于弱电解质的是 [   ]
  A. 蔗糖　　　　B. 食盐　　　　C. 酒精　　　　D. 醋酸

8. 下列电解质溶液中,有溶质分子存在的是 [   ]
  A. NaCl　　　　B. CH_3COONa　　　　C. CH_3COOH　　　　D. HCl

9. 下列反应中,离子方程式为 $H^+ + OH^- = H_2O$ 的应是 [   ]
  A. 氢氧化钠与醋酸　　　　B. 氢氧化钠与盐酸
  C. 氢氧化钡与硫酸　　　　D. 氨水与盐酸

10. $0.1 mol \cdot L^{-1}$ 的下列各溶液,pH 由大到小排列正确的是 [   ]
  A. HCl>HAc>NaAc>NaOH　　　　B. NaOH>NaAc>HAc>HCl
  C. NaOH>NaAc>HCl>HAc　　　　D. NaOH>HCl>HAc>NaAc

11. 下列物质的溶液中,因水解而呈酸性的是 [   ]
  A. CH_3COOH　　　　B. HCl　　　　C. NaCl　　　　D. $FeCl_3$

12. $c(OH^-) = 10^{-8} mol \cdot L^{-1}$ 的溶液,其 pH 等于 [   ]
  A. 5　　　　B. 6　　　　C. 7　　　　D. 8

13. 下列各组物质等物质的量混合后所得溶液呈中性的是 [   ]
  A. HCl 和 NaOH　　　　B. H_2SO_4 和 NaOH
  C. NaOH 和 HAc　　　　D. $Ba(OH)_2$ 和 HCl

14. 在 100℃、$0.1 mol \cdot L^{-1}$ 的盐酸溶液中,下列说法正确的是 [   ]
  A. 只有 H^+,没有 OH^-　　　　B. $c(H^+) = c(OH^-)$
  C. 水的 $K_w = 1 \times 10^{-14}$　　　　D. $c(H^+) > c(OH^-)$

15. 在酸性溶液中,下列叙述正确的是 [   ]
  A. pH>7　　　　B. $c(H^+) < c(OH^-)$
  C. $c(OH^-) > 10^{-7} mol \cdot L^{-1}$　　　　D. $c(OH^-) < 10^{-7} mol \cdot L^{-1}$

16. 向氨水中加入少量氯化铵晶体,则氨水溶液的 pH[   ],水的离子积 [   ]
  A. 减小　　　　B. 增大　　　　C. 不变　　　　D. 无法判断

17. 常温下,向某溶液中滴入酚酞,溶液变成红色,此溶液 [   ]
  A. 一定是酸溶液　　　　B. 一定是碱溶液
  C. 一定没有 H^+　　　　D. 一定是 $c(H^+) < c(OH^-)$ 的溶液

18. pH 为 11 的溶液的 $c(OH^-)$ 为 [   ]
  A. $10^{-11} mol \cdot L^{-1}$　　　　B. $10^{-3} mol \cdot L^{-1}$
  C. $10^{-7} mol \cdot L^{-1}$　　　　D. $1.1 mol \cdot L^{-1}$

19. 下列物质中,不发生水解的是 [   ]
  A. Na_2S　　　　B. Na_2SO_4　　　　C. NH_4NO_3　　　　D. CH_3COONH_4

第四章 电解质溶液

20. 下列物质中,既有氧化性又有还原性的是 [ ]
A. S　　B. I^-　　C. SO_4^{2-}　　D. NO_3^-

21. 下列事实与电化学腐蚀无关的是 [ ]
A. 光亮的自行车钢圈不易生锈
B. 黄铜(Cu-Zn 合金)制的铜锣不易产生铜绿
C. 铜、铝电线一般不连接起来作导线
D. 生铁比熟铁(几乎是纯铁)易生锈

22. 将下列金属棒或碳棒与铁棒用导线连接后插入相应的溶液中,铁棒质量不变的是 [ ]
A. 铜棒,硫酸溶液　　　　B. 锌棒,硫酸溶液
C. 银棒,硫酸铜溶液　　　D. 碳棒,盐酸溶液

23. 下列配合物中,中心离子的化合价为 +2 价的是 [ ]
A. $[CrCl_2(H_2O)_4]Cl$　　　　B. $K_3[Fe(CN)_6]$
C. $[Ag(NH_3)_2]OH$　　　　　D. $[Cu(NH_3)_4]SO_4$

三、判断题(正确的在括号内打"√",错误的打"×")

24. 强电解质溶液的导电能力一定比弱电解质溶液的导电能力强。（　）

25. 蒸馏水的 pH=7,所以它既没有 H^+,也没有 OH^-。（　）

26. 因为 $BaSO_4$ 难溶于水,所以它是弱电解质。（　）

27. $0.1 mol·L^{-1}$ 的 HAc 溶液的 pH=1。（　）

28. 任何盐都能水解。（　）

29. 镀层破损后,白铁皮比马口铁耐腐蚀。（　）

30. 有单质参加的化合反应一定是氧化还原反应。（　）

四、计算题

31. 计算下列溶液的 pH：

(1) $0.005 mol·L^{-1}$ 的 H_2SO_4 溶液。

(2) $0.01 mol·L^{-1}$ 的 KOH 溶液。

(3) pH=3 和 pH=4 的两种溶液等体积混合(体积变化忽略不计)。

第五章 烃

第一节 有机化合物概述

一 填空题

1. 有机物分子中,碳原子之间以及与其他元素的原子间是以_____键相互结合成_____。

2. 根据有机物的组成、结构和性质,将有机物分为____和_____两大类,烃又根据碳原子连结方式不同可分为_____和_____;烃的衍生物可根据_____分类。

3. 在有机化合物中,有些原子或原子团决定其主要_____,人们把这样的原子或原子团称为官能团。

二 选择题 (每题只有1个正确答案)

4. 组成有机物的主要元素是 [ ]
   A. O B. C C. C 和 H D. C、H、O

5. 大多数有机物完全燃烧的最终产物的主要成分是 [ ]
   A. CO B. CO_2 C. CO_2 和 H_2O D. CO 和 CO_2

6. 下列性质中与有机物特点相符合的是 [ ]
   A. 易溶于水 B. 受热易分解 C. 属电解质,易导电 D. 熔、沸点高

7. 有机化合物和人类的关系非常密切,在人们的衣、食、住、行、医学等方面都起着重要作用,下列物品:① 绝大多数食品、② 衣服面料、③ 汽油、④ 药物、⑤ 洗发液、⑥ 肥皂、⑦ 胶鞋、⑧ 食盐、⑨ 口碱、⑩ 塑料袋,含有机物的是 [ ]
   A. 都含有机物 B. 都不含有机物
   C. 除⑧⑨外,均含有机物 D. 无法确定

8. 碳的氧化物、碳酸及其盐等含碳的化合物作为无机物的原因是 [ ]
   A. 结构简单 B. 不是共价化合物
   C. 组成和性质跟无机物相似 D. 不是来源于石油和煤

第二节 烷烃

一 填空题

1. 在实验室里，甲烷通常是通过_____和_____混合物来制取的，反应的化学方程式是_____。

2. 常温下，甲烷的性质较_____，与强酸、强碱不发生反应；若将甲烷气体通入紫色 $KMnO_4$ 酸性溶液中，颜色_____，通入红棕色溴水，颜色_____。

3. 天然气、沼气的主要成分是_____，纯净的甲烷燃烧的火焰呈_____，而且燃烧很_____。当空气中含甲烷_____时，遇火则发生_____。

4. 为了除去混在甲烷中的 CO_2 和水蒸气，可将气体先通过盛有_____的洗气瓶除去_____，再通过盛有_____的洗气瓶除去_____，其先后次序_____更换。

5. 工业上用甲烷制炭黑的化学反应方程式是_____。炭黑的主要用途是_____。

6. 甲烷的分子式是 CH_4，乙烷的分子式是_____，丙烷的分子式是_____……由此推出烷烃的通式是_____；烷基是指烷烃分子中失去一个____原子后所剩部分，则烷基的通式一定是_____，如 $—CH_2CH_3$ 叫_____。

7. 同系物的特点是：结构相似，符合一个通式，仅在分子组成上相差一个或若干个_____原子团。

8. 正戊烷的结构简式是_____，异戊烷的结构简式是_____，它们的_____相同，而_____不相同，因此性质也有差异，故它们互为_____体。

9. C_6H_{14} 有____种同分异构体，分别是：_____。

二 选择题 （每题有1～2个正确答案）

10. 在有机化合物中，由于碳原子的价电子数为4，所以一个碳原子与其他原子不能同时形成的化学键是 [　　]
    A. 四个共价单键　　　　　B. 一个双键、一个叁键
    C. 两个单键、一个双键　　D. 一个单键、一个叁键

11. 下列关于烃的说法正确的是 [　　]
    A. 烃是指分子里含有碳、氢元素的化合物
    B. 烃是指分子里含碳元素的化合物
    C. 烃是指燃烧反应后生成 CO_2 和 H_2O 的有机物

D. 烃是指仅由 C 和 H 两种元素组成的化合物

12. 下列烃中，属于烷烃的是　　　　　　　　　　　　　　　　　　　　[　　]
　　A. C_2H_4　　　　　　　　　　　　B. C_2H_2
　　C. C_6H_6　　　　　　　　　　　　D. C_5H_{12}

13. 下列丁烷的结构简式书写不正确的是　　　　　　　　　　　　　　　[　　]
　　A. $CH_3—CH_2—CH_2—CH_3$　　　B. $CH_3CH_2CH_2CH_3$
　　C. C_4H_{10}　　　　　　　　　　　D. $CH_3(CH_2)_2CH_3$

14. 能说明某烃 A 不应该属于烷烃的事实是　　　　　　　　　　　　　　[　　]
　　A. 通常情况下 A 不与酸、碱反应
　　B. A 可以使紫色 $KMnO_4$ 酸性溶液褪色
　　C. A 完全燃烧生成 CO_2 和 H_2O
　　D. A 与 Cl_2 混合光照产生能使湿润的蓝色石蕊试纸变红的气体

15. 下列物质中，不能与 Cl_2 发生取代反应的是　　　　　　　　　　　　[　　]
　　A. CH_3Cl　　　　　　　　　　　　B. CH_2Cl_2
　　C. $CHCl_3$　　　　　　　　　　　　D. CCl_4

16. 在同系物中，所有物质间都具有　　　　　　　　　　　　　　　　　　[　　]
　　A. 相同的相对分子质量　　　　　　　B. 相同的通式
　　C. 相同的物理性质　　　　　　　　　D. 相似的化学性质

17. 现有一套以液化石油气为燃料（主要成分是 C_3H_8）的灶具，欲改用天然气作燃料，应采取的正确措施是　　　　　　　　　　　　　　　　　　　　　　[　　]
　　A. 增大空气进入量或减小天然气进入量
　　B. 两种气体进入量都减小
　　C. 减小空气进入量或增大天然气进入量
　　D. 两种气体进入量都增大

18. 气体打火机所灌装的烷烃是（提示：应选常温下为气态、易液化的烷烃）[　　]
　　A. 甲烷　　　　　　　　　　　　　　B. 乙烷
　　C. 丁烷　　　　　　　　　　　　　　D. 戊烷

19. 有机物 $CH_3—CH_2—\underset{\underset{C_2H_5}{CH_3}}{\overset{\overset{CH_3}{|}}{C}}—CH—CH_3$ 的正确命名是　　[　　]

　　A. 3,3-二甲基-4-乙基戊烷　　　　　　B. 3,3,4-三甲基己烷
　　C. 3,4,4-三甲基己烷　　　　　　　　D. 3,3-二甲基-2-乙基戊烷

第三节 烯烃和炔烃

一、填空题

1. 乙烯的分子式是_____,电子式是_____,结构式是_____。乙烯分子中,碳碳原子之间有_____共用电子对。

2. 实验室制备乙烯用_____和_____,比例为_____,控制的温度为_____,反应原理是_____。

3. 将乙烯通入 $KMnO_4$ 的酸性溶液中,溶液的紫色_____,这是因为乙烯被强氧化剂 $KMnO_4$ 氧化。若将乙烯通入溴水溶液中,可观察到红棕色的溴水_____,这是因为发生了_____反应,化学反应方程式是_____,产物二溴乙烷中碳碳之间由原来的双键转变为_____键。

4. 化学反应方程式 $nCH_2=CH_2 \xrightarrow{催化剂} \text{—}[CH_2-CH_2]_n\text{—}$ 被称为_____反应。乙烯称_____分子化合物,聚乙烯称_____分子化合物,其相对分子质量可高达_____,聚乙烯的碳碳之间为_____键。

5. 1-丁炔($CH\equiv C-CH_2-CH_3$)与丁二烯($CH_2=CH-CH=CH_2$)互为_____体,丁二烯与 Br_2 的加成反应有_____两种方式。丁二烯可聚合成聚丁二烯,是顺丁橡胶的主要成分,应用广泛。

6. 分别将乙烷、乙烯、乙炔三种气体通入红棕色溴水中,使溴水褪色最快的是_____,其次是_____,不能使溴水褪色的是_____;分别将三种气体在空气中点燃,火焰最亮且带浓烈黑烟的是_____,火焰颜色最浅呈淡蓝色的是_____。

二、选择题 (每题有1~2个正确答案)

7. 下列反应中,属于加成反应的是 [　　]
   A. 乙烯使 $KMnO_4$ 酸性溶液褪色　　B. 纯净的乙烯使溴水褪色
   C. 乙烯与空气混合,点燃爆炸　　　　D. 纯净的乙烯燃烧

8. 将混有乙烯的甲烷气体通入以下液体中,不能证明乙烯存在的是 [　　]
   A. 溴水　　　　　　　　　　　　B. 浓 H_2SO_4
   C. NaOH　　　　　　　　　　　　D. $KMnO_4$ 酸性溶液

9. 工业上生产乙烯的主要原料是 [　　]
   A. 天然气　　B. 煤　　C. 石油　　D. 酒精

10. 下列物质中,能使硝酸银的氨溶液产生白色沉淀的是 [　　]
    A. 乙烷　　B. 乙烯　　C. 1,3-丁二烯　　D. 乙炔

11. 实验室中,通常以加热乙醇和浓 H_2SO_4 的混合液来制取乙烯,在这个反应里,浓

H_2SO_4 的作用是 [ ]
 A. 既是反应物又是脱水剂　　　　B. 既是反应物又是催化剂
 C. 既是催化剂又是脱水剂　　　　D. 仅是脱水剂

12. 等质量的乙烯、聚乙烯完全燃烧,它们消耗 O_2 的量 [ ]
 A. 前者多　　　B. 后者多　　　C. 相等　　　D. 不能确定

13. 等物质的量的乙烯、乙炔气体与溴(Br_2)完全反应,两者需 Br_2 的量的关系是 [ ]
 A. 前者为后者的 2 倍　　　　B. 后者为前者的 2 倍
 C. 两者相等　　　　　　　　D. 不能确定

14. 能证明炔烃属于不饱和烃的反应是 [ ]
 A. 取代反应　　B. 加成反应　　C. 燃烧反应　　D. 分解反应

15. 用乙炔为原料制取 CH_2—CH—Cl 可能的途径是 [ ]
       | |
       Br Br
 A. 先与 Cl_2 加成,再与 Br_2 加成　　　B. 先与 Cl_2 加成,再与 HBr 加成
 C. 先与 HCl 加成,再与 Br_2 加成　　　D. 先与 HCl 加成,再与 HBr 加成

16. 下列实验方法中,不可能用来鉴别甲烷和乙烯的方法是 [ ]
 A. 通入足量溴水　　　　　　B. 分别进行燃烧,观察火焰
 C. 通入 $KMnO_4$ 酸性溶液　　　D. 在一定条件下通入氢气

*17. 下列有关乙炔用途的叙述不正确的是 [ ]
 A. 炔氧焰达 3000℃,故可用来焊接或切割金属
 B. 乙炔 $\xrightarrow[\text{加成}]{\text{HCN}}$ 丙烯腈 $\xrightarrow[\text{聚合}]{\text{催化剂}}$ 聚丙烯腈(腈纶)
 C. 乙炔能使溴水褪色,故常用作漂白剂
 D. 乙炔 $\xrightarrow[\text{加成}]{\text{HCl}}$ 氯乙烯 $\xrightarrow[\text{聚合}]{\text{催化剂}}$ 聚氯乙烯(塑料)

*18. 据报道,具有单双键交替长链(如 …—CH=CH—CH=CH—CH=CH—…)的高分子有可能成为导电塑料,2000 年诺贝尔化学奖即授予开辟此领域的三位科学家。下列高分子中,可能成为导电塑料的是 [ ]
 A. 聚乙烯　　B. 聚丁二烯　　C. 聚氯乙烯　　D. 聚乙炔

19. 下列用品中不宜使用聚氯乙烯制品的是 [ ]
 A. 电线包皮　　B. 排污管道　　C. 建筑材料　　D. 食品袋

第四节　脂环烃和芳香烃

一　填空题

1. 环状烃被称为环烃,环烃根据结构、性质不同可分为_____和_____。苯的分子式是_____,结构简式是_____,苯应属_____烃。

2. 苯是一种____色、有_____味、___溶于水的____体,它____毒。

3. 近代物理化学研究已证明苯环中的6个碳碳键都是____同的,它和一般的单、双键____同,而是一种介于_____之间特殊的键,因此,表示苯的结构简式可以是_____,但习惯上用_____表示,它是德国化学家_____首先提出的。

4. 苯是芳香烃的_____,苯环上的____原子被烷基取代后得到一系列苯的同系物,其通式是_____,但芳香烃并没通式。

5. 若将苯倒入盛有少量碘水的试管中,振荡静止后,液体分为两层,上层是____色____溶液,而下层则为____色____。这说明苯的密度比水____,也说明具有非极性的I_2____溶于有机溶剂苯,而____溶于水。

6. 若将乒乓球碎片加入盛有苯的试管中振荡,发现_____;而将NaCl晶体加入盛有苯的试管中振荡则发现_____,但食盐却易溶于水。以上事实证明了相似相溶原理。

7. 苯及苯的同系物的化学性质可概括为"芳香性",它们_____发生取代反应,而_____发生加成反应。

8. 卫生球的主要成分是____,其结构简式为_____,分子式为_____,它也属于芳香烃。

二 选择题 (每题有1~2个正确答案)

9. 下列化学式中,不能表示苯分子的是 [ ]

A. 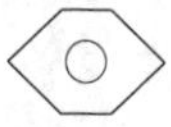 ⌬　　B. 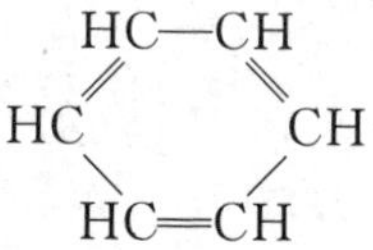 HC=CH / HC　CH / HC=CH　　C. 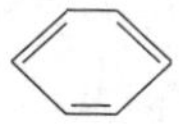 ⌬　　D. 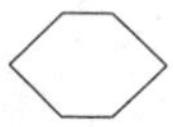 ⬡

10. 下列物质中,属于芳香烃的是 [ ]

A. 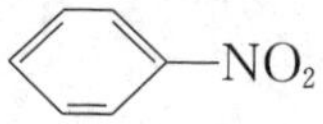 ⌬—NO_2　　B. 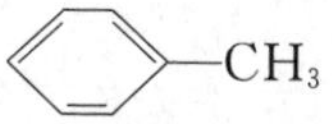 ⌬—CH_3

C. 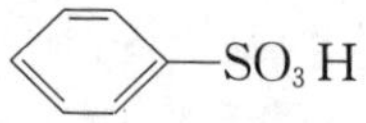 ⌬—SO_3H　　D. 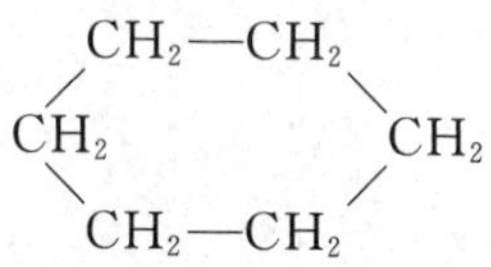 CH_2—CH_2 / CH_2　CH_2 / CH_2—CH_2

11. 下列物质中,在一定条件下既能发生加成反应,也能发生取代反应,但不能使$KMnO_4$酸性溶液褪色的是 [ ]

A. C_2H_6　　B. C_6H_6　　C. C_2H_4　　D. C_2H_2

12. 下列各烃中,完全燃烧时生成的CO_2和H_2O的物质的量之比为2∶1的是 [ ]

A. 乙烷　　B. 乙炔　　C. 乙烯　　D. 苯

13. 苯与乙烯、乙炔相比较,下列叙述不正确的是 [ ]

A. 苯易发生取代反应
B. 都容易发生加成反应

C. 乙烯、乙炔易发生加成反应,苯只能在特殊条件下发生加成反应
D. 乙烯、乙炔易被 $KMnO_4$ 氧化,苯不能被 $KMnO_4$ 氧化

*14. 实验室制取硝基苯的正确操作顺序是 [ ]
    A. 先加浓 HNO_3,再加浓 H_2SO_4,冷却后慢慢加入苯
    B. 先加浓 H_2SO_4,再加浓 HNO_3,最后加苯
    C. 先加苯,再加浓 H_2SO_4,最后加浓 HNO_3
    D. 先加苯,再加浓 HNO_3,最后加浓 H_2SO_4

15. 甲苯和苯相比较,下列叙述不正确的是 [ ]
    A. 常温下都是液体   B. 都能使 $KMnO_4$ 酸性溶液褪色
    C. 都能燃烧生成 CO_2 和 H_2O D. 都能发生取代反应

16. 甲苯分子中的氢原子有1个被氯原子取代后,可能形成的同分异构体共有
[ ]
    A. 3个   B. 4个   C. 5个   D. 6个

17. 苯与不饱和链烃(如乙烯)比较,下列有关苯的化学性质的叙述正确的是 [ ]
    A. 难取代、难氧化、难加成   B. 易取代、易氧化、难加成
    C. 难取代、难氧化、易加成   D. 易取代、难氧化、难加成

18. 下列物质中,不能使 Br_2 的 CCl_4 溶液褪色,但能被 $KMnO_4$ 酸性溶液氧化成苯甲酸(⟨⟩—COOH)的是 [ ]
    A. 乙烯   B. 苯   C. 甲苯   D. 乙苯

第六章 烃的衍生物

第一节 卤代烃

一 填空题

1. 烃分子中的氢原子被_____取代后生成的化合物叫卤代烃,官能团是_____,卤代烃可用_____表示。("R"代表_____,"X"代表_____)

2. 卤代烃的命名原则是把_____看作取代基,其余和_____相似。例如,
CH₃—CH—CH₂Br 的名称是_____,CH₂=CHCl 的名称是
     |
   CH₃

_____,C_6H_5Cl 的名称是_____。

3. 卤代烃都____溶于水,____溶于大多数有机溶剂。不少卤代烃带有____味,其蒸气____毒。

*4. 分析下表中的几种氯代烷的沸点和相对密度数据,回答问题:

氯代烷名称	一氯甲烷	一氯乙烷	1-氯丙烷	2-氯丙烷	1-氯丁烷	2-氯丁烷	2-氯-2-甲基丙烷
沸点/℃	−24.2	12.3	46.6	35.7	78.44	68.2	52
相对密度	0.9159	0.8978	0.8909	0.8617	0.8862	0.8732	0.8420

(1) 氯代烷的沸点随烃基中所含碳原子的增加而_____;若烃基中所含碳原子数相等,氯代烷的沸点随烃基中支链的增多而_____。

(2) 氯代烷的相对密度随烃基中所含碳原子数的增加而_____;若烃基中所含碳原子数相同,氯代烷的相对密度随烃基中支链的增多而_____。

5. CH₃—CH—Br 的名称是_____,该卤代烃与 NaOH 水溶液混合、振荡,发
    |
   CH₃

生反应的化学方程式为_____,判断该反应进行完全的现象是_____;若该卤代烃与氢氧化钠溶液、乙醇混合后共热,发

生反应的化学方程式为_____。

△6. 把正确答案填入下表：

反 应 物	反应条件	主要产物（结构简式）	反应类型
(1) 氯乙烷与NaOH醇溶液	加热		
(2) 把(1)反应后的有机产物导入溴水	通常情况		
(3) 把(2)反应后的有机产物与强碱溶液混合	加热		

7. 二氯苯的同分异构体有____种，写出其结构简式、名称：_____，_____，_____。

8. 已知乙醇与卤化氢可发生如下反应：$CH_3CH_2OH + HX \xrightarrow{\triangle} CH_3CH_2X + H_2O$。实验室用右图装置制备溴乙烷（$CH_3CH_2Br$，沸点38℃），试管内是乙醇、1∶1的硫酸、溴化钠的混合物。试回答：

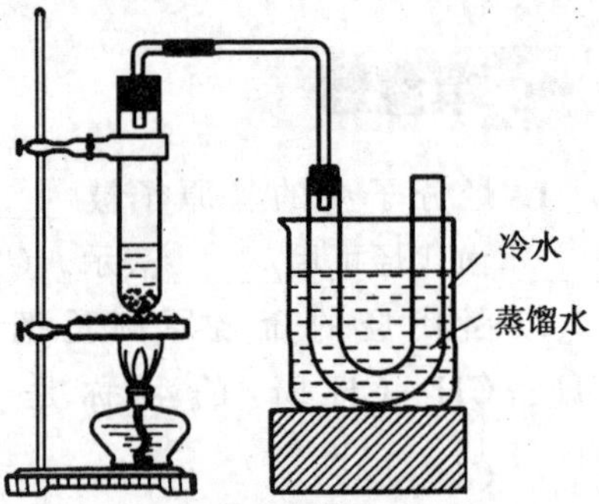

(1) 分两步写出制备反应方程式：
_____，
_____。

(2) 用98%的浓H_2SO_4且温度过高时，导管内易出现红棕色蒸气，原因是_____。

(3) 烧杯内冷水的作用是_____。

9. 在NaCl溶液中滴加$AgNO_3$溶液，现象为_____，离子方程式为_____；在$CH_3CH_2CH_2Cl$中滴加$AgNO_3$溶液，现象为_____，原因是_____；若先将$CH_3CH_2CH_2Cl$与NaOH溶液共热，再滴加$AgNO_3$溶液，现象为_____，反应的化学方程式为_____。

二 选择题 （每题只有1个正确答案）

10. 下列属于官能团的是 [ ]
    A. —OH B. OH^-
    C. —CH_2Cl D. $CH_3CH=CH—$

11. 下列叙述正确的是 [ ]
    A. CH_3Cl比CCl_4的密度大 B. C_2H_5Cl比C_2H_6的沸点高
    C. C_2H_5Cl比CH_3Cl的沸点低 D. C_2H_5Br比C_2H_5Cl的密度小

12. 下列液体滴入水中能出现分层现象，而滴入热的氢氧化钠溶液中分层现象逐渐消失的是 [ ]

A. 苯　　　　　　B. 乙烷　　　　　C. 酒精　　　　　　D. 1-溴丙烷

13. 卤代烃在强碱的醇溶液中发生消去反应时,醇的主要作用是　　　[　　]
    A. 溶剂　　　　　B. 氧化剂　　　　C. 还原剂　　　　　D. 催化剂

14. 以一氯丙烷为主要原料,制取 1,2-丙二醇时,需要经过的各反应依次为　　[　　]
    A. 加成—消去—取代　　　　　　B. 消去—加成—取代
    C. 取代—消去—加成　　　　　　D. 取代—加成—消去

15. 下列卤代烃,既能发生水解反应,又能发生消去反应的是　　　[　　]

    A. CH_2Cl_2

    B. ⌬—Br

    C. $CH_3-\underset{\underset{CH_3}{|}}{\overset{\overset{CH_3}{|}}{C}}-Br$

    D. $CH_3-CH_2-\underset{\underset{CH_3}{|}}{\overset{\overset{CH_3}{|}}{C}}-CH_2Cl$

16. 欲制取较纯的氯乙烷,可采用的方法是　　　[　　]
    A. 乙烷跟氯气反应　　　　　　　B. 乙烯跟氯气反应
    C. 乙炔跟氯化氢反应　　　　　　D. 乙烯跟氯化氢反应

第二节　醇　酚　醚

一　填空题

1. 脂肪烃或芳香烃侧链上的氢原子被_____取代后生成的化合物叫醇。_____是醇的官能团。

2. 乙醇的结构简式是_____。饱和一元醇的通式是_____。

3. 乙醇与浓硫酸共热到 170℃,发生_____反应,生成_____。反应的化学方程式是_____。

4. 在甲醇、乙醇、丙三醇这几种物质中,属新的可再生能源的是_____;饮用酒的主要成分是_____;俗称甘油的是_____;有毒的是_____。

5. 下列化合物的名称是否正确;如有错误,请改正。

(1) $CH_3-\underset{\underset{CH_3}{|}}{\overset{\overset{CH_3}{|}}{C}}-OH$　　　2-甲基-1-丙醇_____。

(2) $CH_3-\underset{\underset{OH}{|}}{CH}-\underset{\underset{CH_3}{|}}{CH}-CH_3$　　2-甲基-3-丁醇_____。

(3) $\underset{\underset{OH}{|}}{CH_2}-CH_2-CH_2-OH$　　1,3-二丙醇_____。

6. 将一根光亮的铜丝放在酒精灯外焰上加热一段时间,可以观察到_____,然后迅速将此铜丝移至无水酒精内,可以看到_____,铜丝在反应中起_____作用。有关反应的化学方程式是_____
_____。

△**7.** 写出下列转变(①~⑥)的化学方程式并指出反应类型。

$$CH_2=CH_2 \xrightleftharpoons[②]{①} C_2H_5OH \xrightarrow{④} CH_3CHO$$

其中 ③ 向上至 $CH_3COOC_2H_5$,⑥ 向下至 $C_2H_5OC_2H_5$,⑤ 向下至 C_2H_5ONa。

① _____,_____反应。
② _____,_____反应。
③ _____,_____反应。
④ _____,_____反应。
⑤ _____,_____反应。
⑥ _____,_____反应。

8. 相同质量的乙醇、乙二醇、丙三醇分别与足量的金属钠反应,在相同条件下放出氢气的体积最大的是_____;若要得到相同体积的氢气(在相同条件下),取用物质的量最多的是_____。

9. 芳香醇和酚类化合物分子结构中都含有_____和_____。分子中_____和_____相连的化合物叫芳香醇,_____和_____相连的化合物叫酚。

10. 苯酚俗称_____,因受苯基的影响,羟基中的氢可电离而显_____。纯净的苯酚是_____体,____毒,浓溶液对皮肤有_____作用,但3%~5%溶液可作_____剂。

11. 现从反应物、反应条件、反应类型、现象及生成物等几方面对苯与苯酚的有关反应做一比较。

	反应物	反应条件	反应类型	现象及生成物
苯	液溴	加热、催化剂(Fe)	取代	生成不溶于水的无色油状液体——溴苯
苯酚	溴水	不用催化剂,无须加热	取代	生成白色沉淀(溴水褪色)——三溴苯酚

从以上比较可看出,苯酚中苯基受_____影响,苯基上的H被其他原子或原子团取代的反应_____进行。

12. 将2g苯酚(固体)放入试管内,向其中加入5mL H_2O,充分振荡,观察到的现象是_____。将上述混合物分成两份,一份放入约80℃的水浴中加热,现象为_____;另一份逐滴加入5%的NaOH溶液振荡,现象为_____,反应方程式为_____。
当该反应完成后,通过导管向试管内溶液中吹气(CO_2),现象为_____,反应方程式为_____。

第六章 烃的衍生物

13. 苯酚可以看作是苯基(⌬)和羟基(—OH)连结而成的化合物,由于基团相互影响,这两种基团上氢的化学活性比在醇和芳烃中都有所增大。

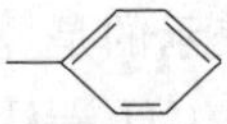

(1) 能说明酚中羟基的 H 活性增强的反应事实为_____（用化学方程式表示）。

(2) 能说明酚中苯基上的 H 活性增强的反应事实为_____（用化学方程式表示）。

14. 某芳香族化合物的分子式为 C_7H_8O,根据其性质,写出有关物质的结构简式。

(1) 若该物质能与金属钠反应放出 H_2,但不能与 NaOH 溶液反应,则其结构简式为_____。

(2) 若该有机物既能与金属钠反应,又可与 NaOH 溶液反应,则其可能的结构简式为_____。（三种同分异构体）

(3) 若该有机物与金属钠和 NaOH 溶液均不反应,则该有机物的结构简式为_____。

二 选择题 （每题有 1～2 个正确答案）

15. 决定乙醇主要化学性质的原子或原子团是　　　[　]
A. 乙基(C_2H_5—)　　　　　B. 羟基(—OH)
C. 氢氧根离子(OH^-)　　　D. 氢离子(H^+)

16. 在下列物质中,沸点最高的是　　　[　]
A. 乙烷　　　　　　　　　B. 一氯甲烷
C. 氯乙烷　　　　　　　　D. 乙醇

17. 下列物质中,能与水以任意比例互溶,且可作内燃机的抗冻剂的是　　　[　]
A. 甲醇　　　　　　　　　B. 乙醇
C. 乙二醇　　　　　　　　D. 丙三醇

18. 在乙醇与金属钠的反应中,乙醇分子中断裂的化学键是　　　[　]
A. C—C 键　　　　　　　B. C—O 键
C. C—H 键　　　　　　　D. O—H 键

19. 向装有无水乙醇的烧杯中投入一小块金属钠,下列对该实验现象的描述正确的是　　　[　]
A. 钠块沉在乙醇液面的下面　　B. 钠块熔化成小球
C. 钠块在乙醇的液面上游动　　D. 钠块表面有大量气体放出

20. 假酒中严重超标的有毒成分主要是　　　[　]
A. $HOCH_2CHOHCH_2OH$　　　B. CH_3OH
C. $CH_3CH_2CH_2OH$　　　　　D. $\underset{OH\ \ \ OH}{CH_2—CH_2}$

21. 下列物质中,不能用分子式 $C_4H_{10}O$ 表示的是 [　　]

A. $CH_3CH_2CH_2CH_2OH$　　　　B. $CH_2\!\!=\!\!CHCH_2CH_2OH$

C. $CH_3\underset{\underset{OH}{|}}{\overset{\overset{CH_3}{|}}{C}}CH_3$　　　　D. $CH_3CH_2\underset{\underset{CH_3}{|}}{CHOH}$

22. A、B、C 三种醇与足量的金属钠完全反应,在相同条件下产生相同体积的氢气,消耗这三种醇的物质的量之比为 3∶6∶2,则 A、B、C 三种醇的分子里羟基数之比为 [　　]

A. 3∶1∶2　　B. 2∶6∶3　　C. 3∶2∶1　　D. 2∶1∶3

23. 将乙醇和浓硫酸反应的温度控制在 140℃,乙醇会发生分子间脱水,并生成乙醚,其反应方程式为 $2C_2H_5OH \xrightarrow[140℃]{浓 H_2SO_4} C_2H_5\!-\!O\!-\!C_2H_5 + H_2O$。用浓硫酸与分子式分别为 C_2H_6O 和 C_3H_8O 的醇的混合液反应,可以得到醚的种类有(提示:C_3H_8O 有两种异构体) [　　]

A. 1 种　　B. 3 种　　C. 5 种　　D. 6 种

24. 下列醇能发生催化氧化(脱氢)反应的是 [　　]

A. $CH_3\!-\!\underset{\underset{CH_3}{|}}{\overset{\overset{CH_3}{|}}{C}}\!-\!CH_2OH$　　　　B. $CH_3\!-\!\underset{\underset{CH_3}{|}}{\overset{\overset{CH_3}{|}}{C}}\!-\!OH$

C. $CH_3\!-\!\underset{\underset{OH}{|}}{CH}\!-\!CH_3$　　　　D. 苯环-$\underset{\underset{OH}{|}}{\overset{\overset{CH_3}{|}}{C}}$-$CH_3$

25. 纯净的苯酚在常温下的颜色和状态是 [　　]

A. 无色液体　　　　B. 无色晶体

C. 白色固体　　　　D. 粉红色固体

26. 实验中,如不慎将苯酚浓溶液沾到皮肤上,则可用于擦洗皮肤的溶液是 [　　]

A. NaOH 溶液　　　　B. 浓溴水

C. 酒精溶液　　　　D. 稀硫酸

27. 下列化合物中,可视为酚类的是[　　],可视为醚类的是[　　],可视为醇类的是 [　　]

A. 苯-CH_2OH　　B. 对甲基苯酚　　C. 苯-$O\!-\!CH_3$　　D. 环己醇-OH

28. 下列物质放在空气中均能发生颜色变化,其中不是因空气中的氧气氧化所致的是 [ ]

　　A. 浓 HNO_3　　　B. 苯酚　　　　C. KI 溶液　　　　D. $FeSO_4$

29. 下列物质中,其羟基氢原子的化学活性从大到小的顺序正确的是 [ ]

① C$_6$H$_5$—OH　　② H_2O　　③ C_2H_5OH　　④ CH_3COOH

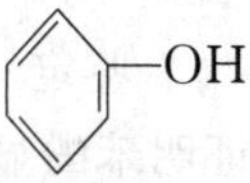

　　A. ①④②③　　　　　　　　　B. ④①③②
　　C. ④①②③　　　　　　　　　D. ④②③①

30. 下列化学反应方程式书写正确的是 [ ]

A. $C_2H_5OH + NaOH \longrightarrow C_2H_5ONa + H_2O$

B. 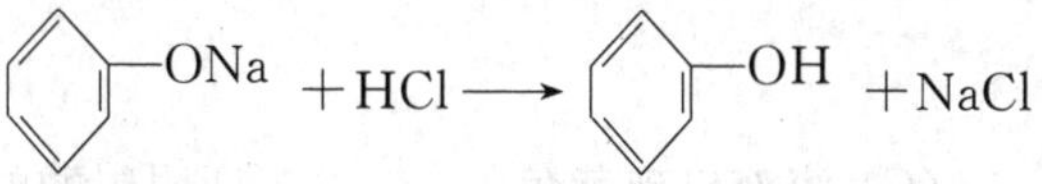 C$_6$H$_5$—ONa + HCl ⟶ C$_6$H$_5$—OH + NaCl

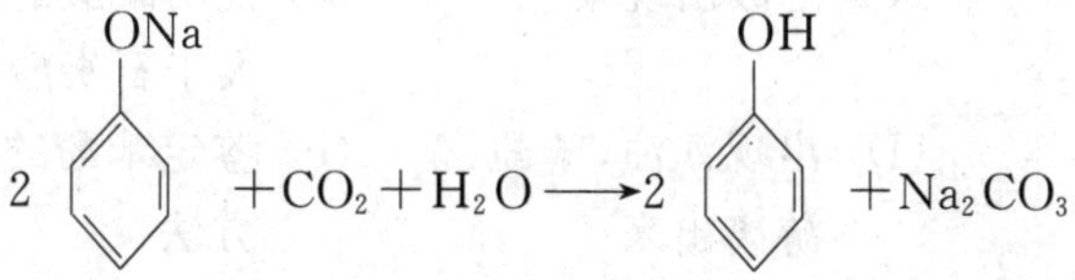

C. 2 C$_6$H$_5$—ONa + CO_2 + H_2O ⟶ 2 C$_6$H$_5$—OH + Na_2CO_3

D. 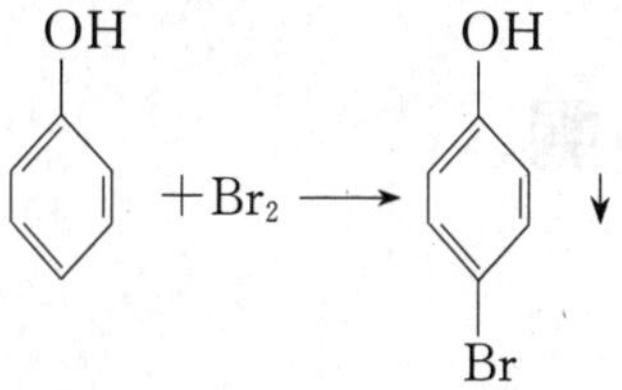 C$_6$H$_5$OH + Br_2 ⟶ 对-Br-C$_6$H$_4$-OH ↓

31. 下列各组物质中,可互称为同系物的是 [ ]

A. CH_3CH_2OH、$HO—CH_2—CH_2—OH$

B. $\underset{OH\ \ OH}{CH_2—CH_2}$ 、$\underset{OH\ OH\ OH}{CH_2—CH—CH_2}$

C. 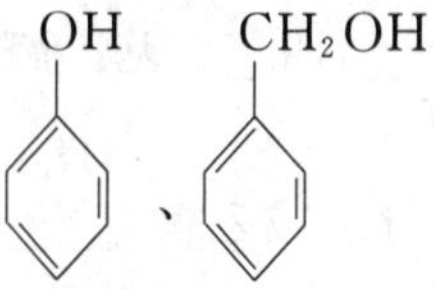 苯酚、苄醇(C$_6$H$_5$CH$_2$OH)

D. 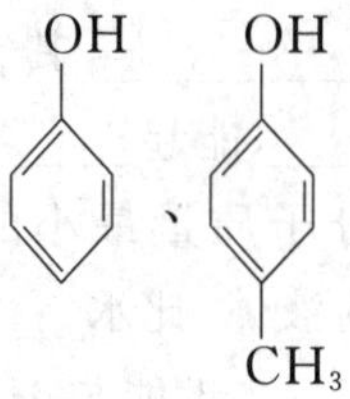 苯酚、对甲基苯酚

32. 以苯为原料,不能通过一步反应制得的有机物是 [ ]

　　A. 氯苯　　　　　　　B. 硝基苯
　　C. 环己烷　　　　　　D. 苯酚

33. 下列物质中,久置于空气中颜色不发生变化的是 [ ]

　　A. 绿矾　　　　　　　B. 过氧化钠
　　C. 生石灰　　　　　　D. 苯酚

三 综合题

34. 请将下列各实验对应的现象及鉴定方法连接起来：

实验	现象	鉴定
(1) 含酚酞 NaOH 稀溶液逐滴滴入苯酚（OH—〇）	(A) 出现白色沉淀	(a) 证明苯酚显酸性，故称石炭酸
(2) 向苯酚钠（〇—ONa）溶液中通入 CO_2 气体	(B) 红色褪去	(b) 鉴定苯酚的方法
(3) 向苯酚溶液中滴入饱和溴水	(C) 溶液出现紫色	(c) 证明碳酸的酸性大于石炭酸
(4) 向苯酚溶液中滴入 $FeCl_3$ 溶液	(D) 出现浑浊，苯酚游离出来	(d) 鉴定苯酚的特效方法

第三节 醛 酮

一 填空题

1. 醛、酮的分子结构中都含有官能团_____，该官能团叫_____。官能团中的碳原子与一个____和一个_____相连的化合物叫醛。官能团中的碳原子与两个_____相连的化合物叫酮。

2. 醛类的通式是_____，其官能团是_____，叫____基。醛类都能被还原成____，被氧化成_____，能起_____反应。

3. 含有烃基且相对分子质量最小的醛是_____，它能与水或乙醇_____，是一种____色、_____气味的液体，比水____，易_____，易_____。

4. 乙醛分子中的_____键能与 H_2 发生_____反应，属于_____反应，反应的产物是_____。工业上还可以利用乙醛的_____反应制取乙酸。

5. 甲醛又叫_____，常用于浸制生物标本的是质量分数为_____水溶液，俗名是_____。质量分数为_____溶液可浸泡种子，进行_____。

6. 乙醇氧化为乙醛，乙醛氧化为乙酸均为氧化反应，写出其反应的化学方程式：
(1) _____。
(2) _____。
脱氢和加氧是有机物氧化反应的不同形式，反应(1)可看作是_____形式，反应(2)可

第六章 烃的衍生物

看作是_____形式。而脱氧和加氢是有机物还原反应的两种不同形式。

7. 配制银氨溶液正确的方法是在_____，然后向溶液里逐滴加入_____，边滴边振荡，直到最初产生的沉淀恰好溶解为止。

8. 乙醛与氢氧化二氨合银（即银氨溶液）以及与氢氧化铜悬浊液的反应的还原剂都是_____。写出以上两个反应的化学方程式：
(1) _____。
(2) _____。
其中反应条件分别是：① _____；② _____。

9. 下列5种有机物：乙炔、乙酸、甲醛、乙醇、乙烯，其中可以用氧化法制得乙醛的是_____，可以由乙醛氧化制得的是_____，可以由乙醛还原制得的是_____，与乙醛互为同系物的是_____。

10. 丙酮的结构简式是_____，它与丙醛（CH_3CH_2CHO）互为_____体。

11. 丙酮是一种很好的_____，丙酮与银氨溶液_____银镜反应。

12. 丙醛与酸性高锰酸钾溶液反应，丙醛被高锰酸钾_____，反应后生成_____。

13. 在做乙醛的银镜反应实验时，如试管内壁无银镜出现，而溶液呈黑色浑浊，其原因可能是_____。

14. 福尔马林溶液能浸制生物标本的原因是_____。

15. 用乙烯制乙醛的过程一般分三步进行：
(1) $CH_2=CH_2 + PdCl_2 + H_2O \longrightarrow CH_3CHO + 2HCl + Pd$。
(2) $Pd + 2CuCl_2 = PdCl_2 + 2CuCl$。
(3) $4CuCl + O_2 + 4HCl = 4CuCl_2 + 2H_2O$。
在上述反应中，氧化剂是_____，还原剂是_____，催化剂是_____。

二 选择题 （除第16题外，每题只有1个正确答案）

16. 下列官能团属于醛基的是[ ]，属于酮基的是 [ ]
A. —OH   B. $\diagdown C=O \diagup$ C. $H\diagdown C=O \diagup$ D. —COOH

17. 下列有机物中，不能被钠置换出H_2的是 [ ]
A. CH_3COOH B. $H-\overset{O}{\overset{\|}{C}}-H$ C. 苯酚—OH   D. CH_3CH_2OH

18. 下列反应中，原有机物被氧化的是 [ ]
A. 乙醛制乙醇   B. 乙醛发生银镜反应
C. 乙烯制聚乙烯   D. 溴乙烷制乙烯

19. 下列物质中，既能被氧化又能被还原的是 [ ]
A. 乙醇   B. 乙酸   C. 乙醛   D. 甲烷

20. 在下列反应中,有机物被还原的是 [ ]
   A. 乙醇转化为乙醛
   B. 乙烯转化为乙醛
   C. 乙醛转化为乙酸
   D. 乙醛转化为乙醇

21. 乙醛跟新制的氢氧化铜在加热煮沸的条件下反应,此反应中氢氧化铜是 [ ]
   A. 催化剂
   B. 氧化剂
   C. 还原剂
   D. 干燥剂

22. 鉴别乙醛溶液和乙醇溶液,可使用的试剂是 [ ]
   A. 金属钠
   B. 新制的氢氧化铜悬浊液
   C. 氢氧化钠溶液
   D. 浓硫酸

23. 下列配制银氨溶液的操作正确的是 [ ]
   A. 在洁净的试管中加入1~2mL硝酸银溶液,再加入过量的浓氨水,振荡混合均匀
   B. 在洁净的试管中加入1~2mL稀氨水,再逐滴加入2%的硝酸银溶液至过量
   C. 在洁净的试管中加入1~2mL硝酸银溶液,再逐滴加入2%的稀氨水至过量
   D. 在洁净的试管中加入2%的硝酸银溶液1~2mL,再逐滴加入2%的稀氨水至沉淀恰好溶解为止

24. 下列物质中,与相同物质的量的乙炔充分燃烧所消耗氧气的量相等的是 [ ]
   A. 乙烷
   B. 乙烯
   C. 乙醇
   D. 乙醛

25. 洗涤做过银镜反应的试管,最好选用的试剂是 [ ]
   A. 2%的氨水
   B. 稀盐酸
   C. 稀硝酸
   D. 烧碱溶液

26. 工业上制热水瓶胆,镀银时常用的还原剂是 [ ]
   A. 葡萄糖
   B. 银氨溶液
   C. 福尔马林
   D. 乙醛

27. 室内空气污染来源之一是人们现代生活中所使用的化工产品,如泡沫绝缘材料制的办公桌、化纤地毯及书报、油漆等会不同程度地释放某种气体,该气体可能是 [ ]
   A. CO_2
   B. N_2
   C. $H-\overset{\overset{O}{\|}}{C}-H$
   D. CH_4

28. 糖尿病患者的尿样中含有葡萄糖,尿样与新制的氢氧化铜悬浊液共热时,能产生红色沉淀,说明葡萄糖分子中含有 [ ]
   A. 苯基
   B. 甲基
   C. 羟基
   D. 醛基

29. 下列各组试剂中,可用于鉴别乙烯、甲苯、丙醛的是 [ ]
   A. 银氨溶液和溴水
   B. 酸性高锰酸钾溶液和溴水
   C. 三氯化铁溶液和银氨溶液
   D. 银氨溶液和酸性高锰酸钾溶液

第六章 烃的衍生物

第四节 羧酸 酯

一 填空题

1. 羧酸的种类很多，但从结构上都可以看成是由_____和_____构成的化合物。脂肪酸的通式可表示为_____。芳香酸的通式为_____。羧酸的化学性质主要由_____决定，当O—H键断裂时，羧酸表现为_____。

2. 乙酸是一种____酸，它的酸性比碳酸的酸性要____，乙酸在水溶液里电离的方程式是_____。

3. 写出乙酸与下列物质反应的化学方程式：
(1) NaOH 溶液_____。
(2) 镁粉_____。
(3) $NaHCO_3$ 溶液_____。
(4) $Cu(OH)_2$ 悬浊液_____。

4. 乙酸跟乙醇在_____存在的条件下，发生_____反应。在这个反应中，其反应机理是_____脱去羟基(—OH)，而_____脱去羟基中的氢原子。同理，丙酸与甲醇(甲醇分子中羟基上的氧原子用 ^{18}O 标记)反应的化学方程式为_____ _____。

5. 酯类物质最重要的化学性质是水解反应，该反应是_____反应的逆反应。其反应条件是_____，水解产物是_____，其中在足量碱的条件下水解程度_____，原因是水解产物中的羧酸遇到 NaOH 发生中和反应，使水解平衡_____移动。

6. 乙酸和乙酸钠分子在不同的条件下可能分别在 ①、②、③等不同的部位断键(见右图)而发生反应。

试举例说明： 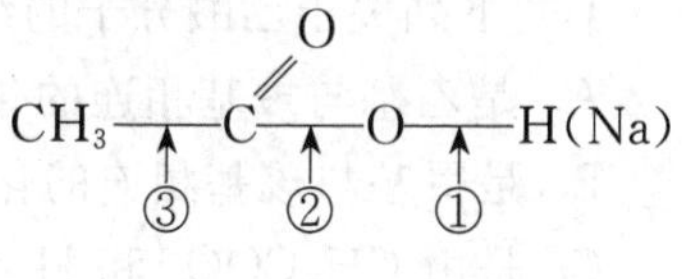
(1) 若反应式为 $CH_3COOH + NaOH \longrightarrow CH_3COONa + H_2O$，则乙酸在____断键。

(2) 若反应式为 $CH_3COOH + C_2H_5OH \underset{\triangle}{\overset{浓H_2SO_4}{\rightleftharpoons}} CH_3COOC_2H_5 + H_2O$，则乙酸在____断键。

(3) 若反应式为 $CH_3COONa + NaOH \xrightarrow[CaO]{\triangle} Na_2CO_3 + CH_4\uparrow$，则乙酸在____断键。

7. 乳酸存在于酸牛奶中，其结构简式为 $CH_3-\overset{\overset{OH}{|}}{CH}-COOH$，写出乳酸与足量金属钠反应的化学方程式：_____。

8. 有一瓶乙酸和乙酸乙酯的混合溶液，要将它们进行分离，分别得到乙酸和乙酸乙酯，首先选用_____溶液与之充分反应，用_____分得的上层液体一定为_____。将分得的下层液体与足量的_____混合，并在烧瓶中加热到118℃蒸馏，用冷凝器冷凝收集的产物一定为_____。

9. 根据下表中的实验结果（表中"＋"表示能反应，"－"表示不能反应），推断 A、B、C、D 4 种物质的结构简式并命名。

试剂 分子式	酸性 KMnO₄ 溶液	银氨溶液	NaOH 溶液	新制 Cu(OH)₂
A. C_3H_6O	＋	＋	－	＋
B. $C_3H_6O_2$	＋	＋	＋	＋
C. $C_3H_6O_2$	－	－	＋	＋
D. $C_3H_6O_2$	＋	＋	＋	＋

　　　　结构简式　　　命名　　　　　　结构简式　　　命名
A. _____，_____。 B. _____，_____。
C. _____，_____。 D. _____，_____。

10. 以乙烯、水、空气为原料合成乙酸乙酯，用化学方程式表示反应的步骤：
(1) _____。
(2) _____。
(3) _____。
(4) _____。

二 选择题　（每题只有1个正确答案）

11. 下列关于乙酸分子的组成与结构的叙述正确的是　　　[　　]
A. 是乙基与羧基相连的化合物
B. 是甲基与羧基相连的化合物
C. 是由 CH_3COO^- 和 H^+ 形成的离子化合物
D. 分子式为 $C_2H_4O_2$ 的有机物一定是乙酸

12. 下列关于醋酸性质的叙述错误的是　　　[　　]
A. 醋酸是一种有强烈刺激性气味的无色液体
B. 冰醋酸是无水乙酸，不是乙酸的水溶液
C. 醋酸能跟碳酸钠溶液发生反应产生 CO_2
D. 在发生酯化反应时，醋酸分子羟基中的氢原子跟醇分子中的羟基结合成水

13. 在一定条件下不能与氢气发生加成反应的是　　　[　　]
A. 乙酸　　　B. 乙醛　　　C. 苯　　　D. 乙炔

14. 等物质的量浓度、等体积的醋酸和氢氧化钠溶液混合后，溶液的 pH　　　[　　]
A. 大于7　　　B. 小于7　　　C. 等于7　　　D. 无法确定

第六章 烃的衍生物

15. 下列反应类型中,乙醇与乙酸的酯化反应属于　　　　　　　　　　[　]
　A. 中和反应　　　B. 加成反应　　　C. 取代反应　　　D. 消去反应

16. 下列物质中,在一定条件下不能与 $Cu(OH)_2$ 悬浊液反应的是　　[　]
　A. 甲醛　　　　　B. 乙酸　　　　　C. 甲酸　　　　　D. 甲醇

17. 有四种基团：—CH_3、—OH、—COOH、—C_6H_5,不同基团两两组合形成的化合物中,其水溶液呈酸性的有　　　　　　　　　　　　　　　　　　　[　]
　A. 2种　　　　　B. 3种　　　　　C. 4种　　　　　D. 5种

18. 相同物质的量浓度的下列物质的稀溶液中,pH 最小的是　　　　　[　]
　A. 苯酚　　　　　B. 碳酸　　　　　C. 乙醇　　　　　D. 乙酸

19. 等质量的下列物质,分别与足量的乙酸发生酯化反应,消耗乙酸的量最少的是　　　　　　　　　　　　　　　　　　　　　　　　　　　　　[　]
　A. 乙醇　　　　　B. 丙醇　　　　　C. 乙二醇　　　　D. 丙三醇

20. 某酯 $R-\overset{O}{\underset{\|}{C}}-O-R'$ 与 $H_2^{18}O$ 反应的产物应是　　　　　　　[　]

　A. $R-\overset{O}{\underset{\|}{C}}-OH + R'OH$　　　　B. $R-\overset{O}{\underset{\|}{C}}-^{18}OH + R'OH$

　C. $R-\overset{O}{\underset{\|}{C}}-OH + R'^{18}OH$　　　D. $R-\overset{O}{\underset{\|}{C}}-^{18}OH + R'^{18}OH$

21. $CH_3-\overset{O}{\underset{\|}{C}}-O-CH_3$ 与足量 NaOH 水溶液共热,可能得到的有机物之一是　　　　　　　　　　　　　　　　　　　　　　　　　　　　[　]

　A. $H-\overset{O}{\underset{\|}{C}}-OH$　　　　　　　　B. C_2H_5OH
　C. C_2H_5ONa　　　　　　　　D. CH_3COONa

22. 除去乙酸乙酯中混有的少量乙酸,下列方法中最适宜的是　　　　[　]
　A. 用足量饱和 Na_2CO_3 溶液水洗、分液
　B. 用足量 NaOH 溶液水洗、分液
　C. 加入适量乙醇和浓 H_2SO_4 加热
　D. 加入金属钠充分反应后过滤

23. 分子式为 $C_4H_8O_2$ 的某果香味液体 A,在稀硫酸中加热可产生有机物 B 和 C,B 在一定条件下可氧化为 C。A 的结构简式是　　　　　　　　　[　]

　A. $H-\overset{O}{\underset{\|}{C}}-O-CH_2CH_2CH_3$　　　B. $CH_3-\overset{O}{\underset{\|}{C}}-O-CH_2CH_3$

　C. $CH_3CH_2-\overset{O}{\underset{\|}{C}}-O-CH_3$　　　　D. $CH_3CH_2CH_2COOH$

第五节　胺类化合物

一　填空题

1. 胺可以看作是 NH_3 分子中的____原子被_____取代而成的化合物。$R—NH_2$ 称为_____，$Ar—NH_2$ 称为_____，$—NH_2$ 称为_____。

2. 由苯制苯胺需要经以下两个步骤：

   (1) ⌬ $+ HO—NO_2 \xrightarrow[50℃]{浓 H_2SO_4}$ ⌬$—NO_2 + H_2O$，该反应为_____反应。

   (2) ⌬$—NO_2 + 3Fe + 6HCl \longrightarrow$ ⌬$—NH_2 + 3FeCl_2 + 2H_2O$，该反应为_____反应。

3. 苯胺的结构简式是_____，它具有_____性，能与无机酸发生反应，和 HCl 反应的化学方程式为_____。

4. 苯胺与苯酚一样，与饱和溴水发生反应生成白色三溴苯胺沉淀，化学方程式为_____。因此该方法无法区别苯酚与苯胺。

5. 苯胺在工业上有广泛用途，是合成_____，制造_____、_____和_____的原料。

6. 当鱼肉腐烂时，会产生一种具有强烈臭味和剧毒的二胺，其结构式为 $H_2N—CH_2—CH_2—CH_2—CH_2—CH_2—NH_2$，其名称为_____。该二胺的俗名为尸胺，因此，千万别吃腐败食品。

二　选择题　（每题只有1个正确答案）

7. 下列化合物中，能和氢氧化钠溶液反应的是　　　　　　　　　　　[　　]
   A. 苯胺　　　　B. 乙烷　　　　C. 盐酸苯胺　　　　D. 乙醇

8. 下列官能团显碱性的是　　　　　　　　　　　　　　　　　　　　[　　]
   A. $—\overset{\overset{\displaystyle O}{\|}}{C}—H$　　　　　　　　　　B. $—\overset{\overset{\displaystyle O}{\|}}{C}—O—H$
   C. $—OH$　　　　　　　　　　　　D. $—NH_2$

9. 下列物质的水溶液显碱性的是　　　　　　　　　　　　　　　　　[　　]
   A. CH_3COONH_4　　B. CH_3NH_2　　C. ⌬$—NH_2·HCl$　　D. ⌬$—OH$

10. 在空气中易被氧化而变质的物质是　　　　　　　　　　　　　　　[　　]
    A. 甘油　　　　B. 硬脂酸　　　　C. 醋酸　　　　D. 苯胺

第六章 烃的衍生物

11. 下列物质在碱溶液中水解,能放出使红色石蕊试纸变蓝的气体的是　　[　　]

A. C_2H_5Cl　　　　　　　　　　　B. C_6H_5Cl

C. $C_6H_5NO_2$　　　　　　　　　　D. $CH_3-\overset{O}{\overset{\|}{C}}-NH_2$

12. 下列物质属于芳香胺的是　　[　　]

A. $(CH_3)_3N$　　　　　　　　　　B. $(CH_3)_2NH$

C. $CH_3CH_2CH_2NH_2$　　　　　　D.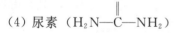

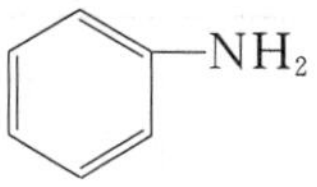

三 综合题

13. 对应连线：

名称　　　　　　　结构式

(1) 甲胺　　　　　(A) $C_2H_5-NH_2$

(2) 甲乙胺　　　　(B) CH_3-NH_2

(3) 乙胺　　　　　(C) C₆H₅—NH₂（苯胺结构）

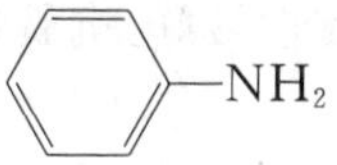

(4) 苯胺　　　　　(D) $CH_3-NH-C_2H_5$

14. 对应连线：

名称　　　　　　　　　　　　　　　　用途

(1) α-萘胺和β-萘胺　　　　　　　　(A) 染发剂原料

(2) 对苯二胺（$H_2N-\langle\bigcirc\rangle-NH_2$）　(B) 合成染料

(3) 乙二胺（$H_2N-CH_2-CH_2-NH_2$）　(C) 化肥

(4) 尿素（$H_2N-\overset{O}{\overset{\|}{C}}-NH_2$）　(D) 合成尼龙 66,溶解有机玻璃

(5) 己二胺　　　　　　　　　　　　(E) 制药、乳化剂、杀虫剂、环氧树脂固化剂

第五、六章综合练习题

一、填空题

1. 少量油漆沾污衣物,用水洗无济于事,而用浸过汽油的棉花球来擦洗,则能收到满意的效果,这是利用有机物大多数难溶于_____而易溶于_____的特点。

2. 管道煤气的主要成分是CO、H_2和少量烃类,天然气的主要成分是CH_4。它们的燃烧反应如下：

$2CO+O_2 \xrightarrow{点燃} 2CO_2$　　　　$2H_2+O_2 \xrightarrow{点燃} 2H_2O$　　　　$CH_4+2O_2 \xrightarrow{点燃} CO_2+2H_2O$

(1) 根据以上化学方程式判断：燃烧相同体积的管道煤气和天然气，消耗空气体积较大的是_____。因此，燃烧管道煤气的灶具如需改烧天然气，改进方法是_____（填写"增大"或"减小"）进风口，如不做改进，可能产生的不良后果是_____。

(2) 管道煤气中含有的烃类，除甲烷外，还有少量乙烷、丙烷、丁烷等，它们的某些性质见下表。

	乙烷	丙烷	丁烷
熔点/℃	−183.3	−189.7	−138.4
沸点/℃	−88.6	−42.1	−0.5

试根据以上某个关键数据，解释在严寒的季节管道煤气火焰有时很小，并且呈断续状态的原因：_____。

3. 汽油发动机对汽油的质量要求很高，即在点火时汽油才能燃烧。有些汽油在点火前就燃烧爆炸，不但对活塞的正常运动产生影响，还会影响发动机的寿命。研究表明，异辛烷（$CH_3-CH-CH_2-C(CH_3)_2-CH_3$，中间C上带有$CH_3$）的抗震性最好，抗震性最差的是正庚烷。试问：

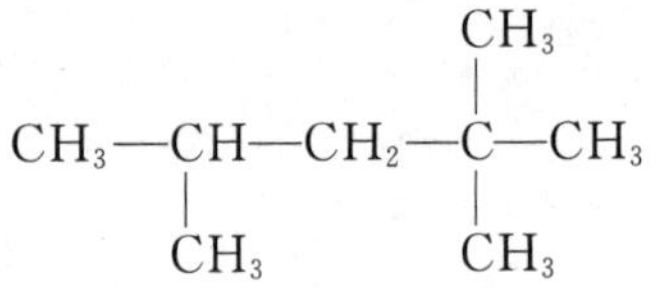

(1) 异辛烷的系统命名为_____，异辛烷与正庚烷的关系为_____。

(2) 如果向 1L 汽油里加入 1mL 四乙基铅，汽油的抗震性将显著提高。但这一方法现在已被禁止使用，其原因是_____。

4. 某化合物 A 的分子式为 $C_5H_{11}Cl$，通过分析表明该分子中有 2个—CH_3、2个—CH_2—、1个—CH— 和 1个—Cl。它的可能结构有 4 种，试写出这 4 种物质的结构简式：_____，_____，_____，_____。其中发生消去反应产物不止一种的是_____。

5. 0.2mol 某烃 A 在氧气中充分燃烧后，生成化合物 CO_2 和 H_2O 各 1.2mol。试问：

(1) A 的化学式为_____。

(2) 若 A 不能使溴水褪色，在一定条件下能与氯气发生取代反应，其一氯代物只有一种，则 A 的结构简式和名称是_____。

6. 下列各组物质：

① $^{35}_{17}Cl$ 与 $^{37}_{17}Cl$ ② O_3 与 O_2
③ 甲烷与丁烷 ④ C_3H_8 与 $CH_3CH_2CH_3$
⑤ $Br-\underset{H}{\overset{H}{C}}-Br$ 与 $H-\underset{H}{\overset{Br}{C}}-Br$ ⑥ 正、异、新戊烷

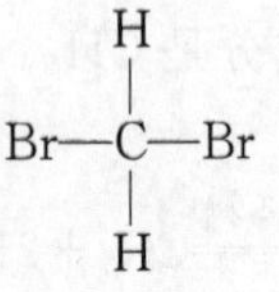

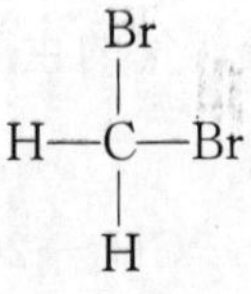

⑦ CH₃—CH—CH₂—CH₃ 与 C₂H₅—CH—C₂H₅
         | |
         C₂H₅   CH₃

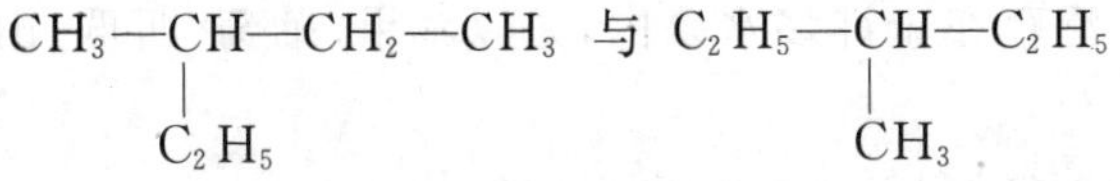

⑧ CH₃—CH—CH—CH₃ 与 CH₃—CH₂—CH—CH₃
         | | |
         CH₃ CH₃   C₂H₅

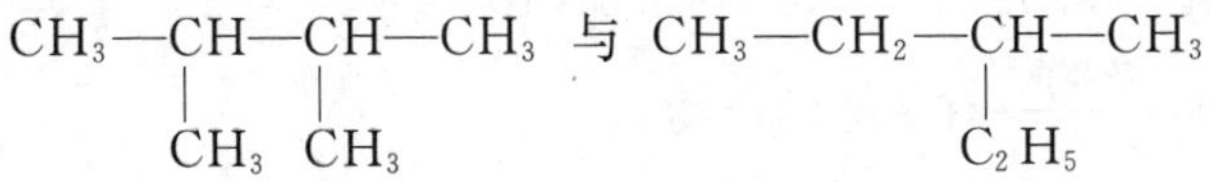

其中(填写序号,下同):
A. 属于同分异构体的是_____。 B. 属于饱和烃的是_____。
C. 属于同系物的是_____。   D. 属于同位素的是_____。
E. 属于同种物质的是_____。   F. 属于同素异形体的是_____。

*7. 2,4,5-三氯苯酚和氯乙酸反应可制成除草剂 2,4,5-三氯苯氧乙酸。某生产该除草剂的一家工厂,曾在一次事故中泄漏出一种有毒的物质——二噁英,简称 TCDD。有关物质的结构式如下:

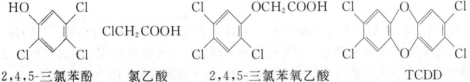

2,4,5-三氯苯酚   氯乙酸   2,4,5-三氯苯氧乙酸   TCDD

(1) 写出 2,4,5-三氯苯酚与氯乙酸反应生成 2,4,5-三氯苯氧乙酸的化学方程式:
_____。

(2) 写出由 2,4,5-三氯苯酚生成 TCDD 反应的化学方程式:_____
_____。

8. 含苯酚的工业废水处理的流程图如下:

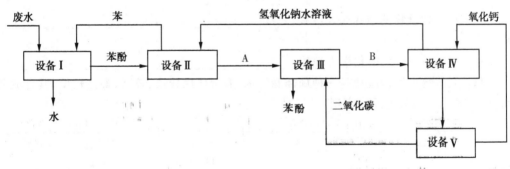

(1) 上图中,设备Ⅰ中进行的是_____(填写操作名称)操作,实验室里进行这一步操作可以用_____(填写仪器名称)进行。

(2) 由设备Ⅱ进入设备Ⅲ的物质 A 是_____,由设备Ⅲ进入设备Ⅳ的物质 B 是_____。

(3) 设备Ⅲ中发生反应的化学方程式是_____。

(4) 在设备Ⅳ中,物质 B 的水溶液和 CaO 反应后,产物是 NaOH、H_2O 和_____。通过_____(填写操作名称)操作,可以使产物相互分离。

(5) 上图中能循环使用的物质是 C_6H_6、CaO、_____、_____。

*9. 某有机物 A($C_4H_6O_5$)广泛存在于许多水果内，尤以苹果、葡萄、西瓜、山楂中为多。该化合物具有如下性质：

① 在 25℃时，电离常数 $K_1=3.99\times10^{-4}$，$K_2=5.5\times10^{-6}$。

② A+RCOOH(或 ROH)$\xrightarrow[\triangle]{\text{浓硫酸}}$有香味的产物。

③ 1mol A $\xrightarrow{\text{足量的 Na}}$慢慢产生 1.5mol 气体。

④ A 在一定温度下的脱水产物(不是环状化合物)可和溴水发生加成反应。

试回答：

(1) 根据以上信息，对 A 的结构可做出的判断是________。(填写以下代号)

a. 肯定有碳碳双键　b. 有两个羧基　c. 肯定有羟基　d. 有—COOR 官能团

(2) 有机物 A 的结构简式(不含—CH_3)为________________________。

(3) A 在一定温度下的脱水产物和溴水反应的化学方程式为____。

*10. 化合物 A 最早发现于酸牛奶中，它是人体内糖代谢的中间体，可由马铃薯、玉米淀粉等发酵制得，A 的钙盐是人们喜爱的补钙剂之一。A 在某种催化剂的存在下进行氧化，其产物不能发生银镜反应。在浓硫酸存在下，A 可发生如下图所示的反应。

B
C_2H_5OH
H_2SO_4(浓)
(酯化反应)
A
$C_3H_6O_3$
CH_3COOH
H_2SO_4(浓)
(酯化反应)
D
$-H_2O$
浓 H_2SO_4
C
能使溴水褪色

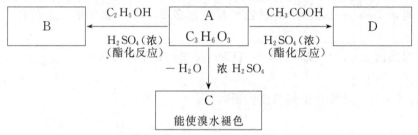

(1) 写出化合物的结构简式：A. ________________，B. ________________，D. ________________。

(2) 写出 A⟶C 的化学方程式：________________________________。

*11. 氯普鲁卡因盐酸盐是一种局部麻醉剂，麻醉作用较快、较强、毒性较低，其合成路线如下，填写空白处的反应类型。

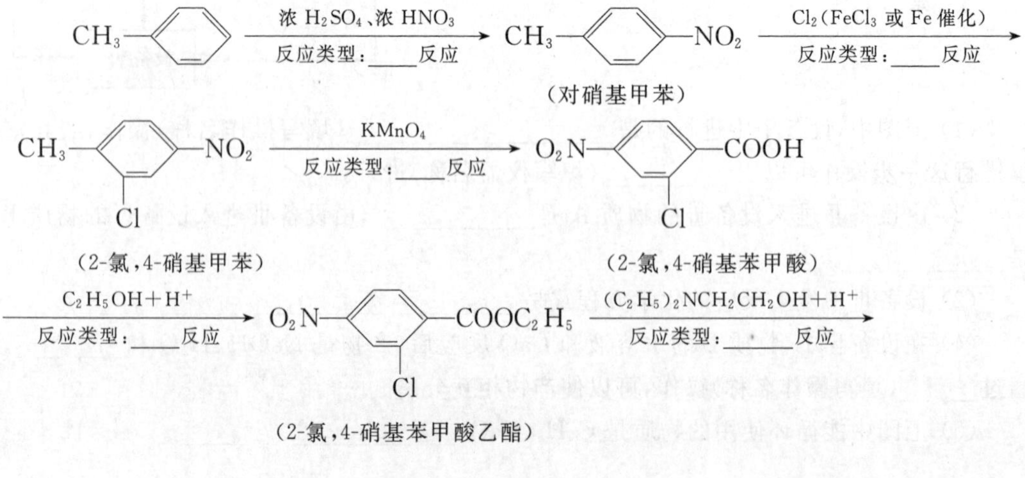

CH_3
浓 H_2SO_4、浓 HNO_3
反应类型：____反应
CH_3 NO_2
(对硝基甲苯)
Cl_2($FeCl_3$ 或 Fe 催化)
反应类型：____反应
CH_3 NO_2 Cl
(2-氯，4-硝基甲苯)
$KMnO_4$
反应类型：____反应
O_2N COOH Cl
(2-氯，4-硝基苯甲酸)
$C_2H_5OH+H^+$
反应类型：____反应
O_2N $COOC_2H_5$ Cl
(2-氯，4-硝基苯甲酸乙酯)
$(C_2H_5)_2NCH_2CH_2OH+H^+$
反应类型：____反应

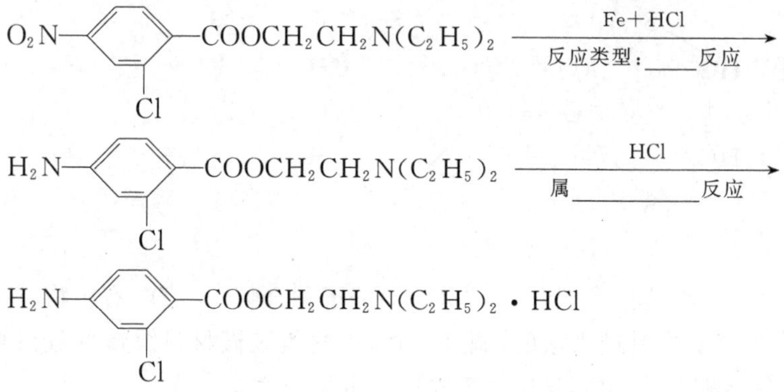

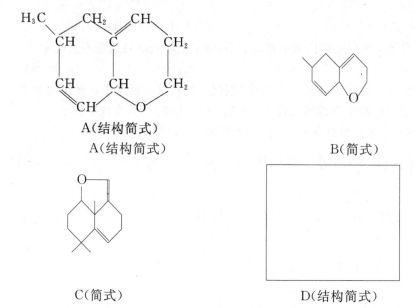

（氯普鲁卡因盐酸盐）

通过此题可清楚地看出有机化学的基本反应在医学领域及其他领域中的重要地位。

*12. 有机环状化合物的结构简式可进一步简化，折线的转角处和直线端点均为碳，每个碳一定是4个价键，不足则用H补上，可计算出总H原子个数，其他原子均不能省略。例如，下面的A式可简写为B式（这种简式已广泛应用，如药物说明书中），C是1990年公开报道的第1000万种化合物。

A(结构简式)

A(结构简式)　　　　B(简式)

C(简式)　　　　D(结构简式)

请把C式改写成结构简式并填入D方框中。化合物C中的碳原子数是______，分子式是____________。

二、选择题（每题只有1个正确答案）

13. 18世纪初，德国化学家维勒首次成功地由一种无机物合成了尿素[$CO(NH_2)_2$]，此无机物是尿素的同分异构体，它是　　[　　]

A. $(NH_4)_2CO_3$　　B. NH_4CN　　C. NH_4CNO　　D. NH_4NO_3

14. 用于制造隐形飞机的某种物质具有吸收微波的功能，其主要成分的结构如下：

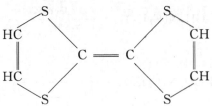

它属于 [　　]
A. 无机物　　　　B. 烃　　　　C. 高分子化合物　　D. 有机物

15. 近年来,大量建筑装潢材料进入家庭,调查发现,由建筑装潢材料缓慢释放出来的化学污染物浓度过高会影响人的健康,这些污染物中最常见的是 [　　]
　　A. CO　　　　　　　　　　　　　　B. SO_2
　　C. 臭氧　　　　　　　　　　　　　D. 甲醛、甲苯等有机物蒸气

*16. 某气态烃 0.5mol 能与 1mol 氯化氢完全加成,加成后产物分子上的氢原子完全被氯原子取代,消耗了 3mol Cl_2,则此气态烃可能是 [　　]
　　A. CH≡CH　　　　　　　　　　　　B. CH_2=CH_2
　　C. CH≡C—CH_3　　　　　　　　　D. CH_2=C(—CH_3)—CH_3

17. 将铜丝灼烧变黑后立即插入下列物质中,结果铜丝变红且质量不变的是 [　　]
　　A. HNO_3　　　B. NaOH　　　C. C_2H_5OH　　　D. H_2SO_4

18. 绿色化学对于化学反应提出了"原子经济性"的新概念及要求。理想的原子经济性反应是原料分子中的原子全部转变成所需产物,不产生副产物,实现零排放。下列几种生产乙苯的方法中,原子经济性最好的是(反应均在一定条件下进行) [　　]

A. ⌬ + C_2H_5Cl ⟶ ⌬—C_2H_5 + HCl

B. ⌬ + C_2H_5OH ⟶ ⌬—C_2H_5 + H_2O

C. ⌬ + CH_2=CH_2 ⟶ ⌬—C_2H_5

D. ⌬—CH(Br)—CH_3 ⟶ ⌬—CH=CH_2 + HBr

19. 相对分子质量为 94.5 的氯丙醇(不含 —C(Cl)(OH)— 结构)共有异构体(提示:—Cl、—OH异构) [　　]
　　A. 2 种　　　B. 3 种　　　C. 4 种　　　D. 5 种

20. 某有机物的结构为 ⌬—CH_2—CH=CH—CHO,1mol 该有机物与 H_2 加

成时,消耗 H_2 的最大量是 [ ]

    A. 1mol   B. 2mol   C. 5mol   D. 6mol

21. 丙烯醛的结构简式为 $CH_2=CH-CHO$,下列有关丙烯醛性质的叙述错误的是 [ ]

    A. 该醛能使溴水褪色   B. 与氢气充分反应生成 2-丙醇

    C. 能发生银镜反应   D. 能发生加聚反应生成 $-[CH_2-CH]_n-$ | CHO

22. 药物阿司匹林有解热镇痛之功效,结构简式为 [苯环-O-CO-CH₃ / COOH],1mol 该有机物与足量的 NaOH 溶液反应,最多消耗 NaOH 的物质的量为(提示:水解产物是 [苯环-OH / COOH] 与 CH_3COOH) [ ]

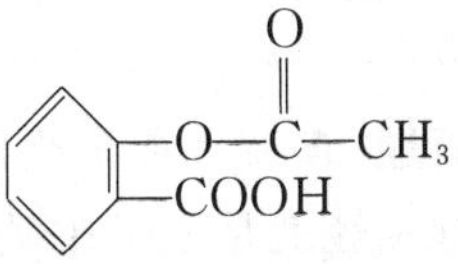

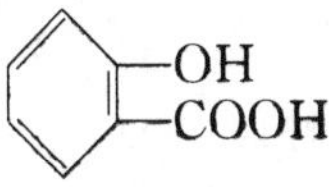

    A. 1mol   B. 2mol   C. 3mol   D. 4mol

23. 已知酸性强弱比较:羧酸>碳酸>酚,下列含溴化合物中的溴原子在适当条件下都能被羟基(—OH)取代,且所得产物能跟 $NaHCO_3$ 溶液反应的是 [ ]

A. 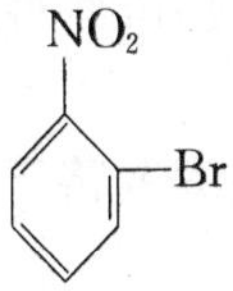 邻硝基溴苯 (NO_2-C₆H₄-Br)
B. 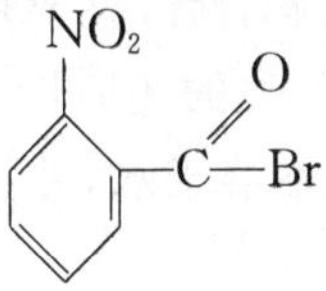 邻硝基苯甲酰溴 (NO_2-C₆H₄-COBr)
C. 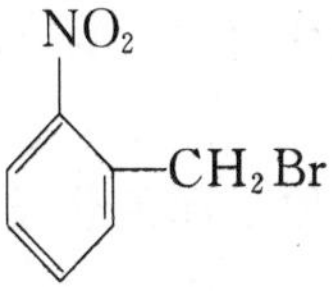 邻硝基苄溴 (NO_2-C₆H₄-CH₂Br)
D. 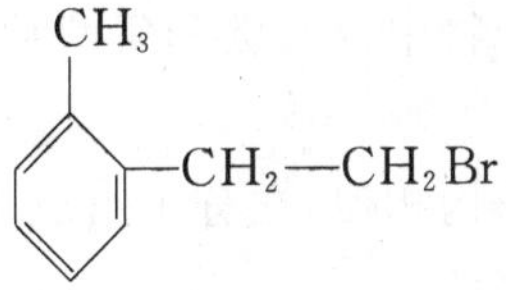 邻甲基苯乙基溴 (CH_3-C₆H₄-CH₂-CH₂Br)

*24. 漆酚(结构式为 [苯环带 HO、HO、$C_{15}H_{27}$],$-C_{15}H_{27}$ 为链烃基)是我国特产生漆的主要成分。生漆涂在物体表面,在空气中干燥时会形成黑色漆膜。下列关于漆酚的说法不正确的是 [ ]

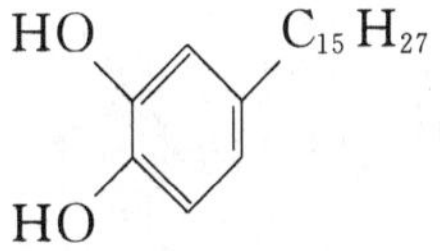

    A. 可与溴发生取代反应   B. 既耐酸碱又能防止与氧气的燃烧反应

    C. 可与氯化铁溶液发生显色反应   D. 可与氢气发生加成反应

*25. 白藜芦醇 [$HO-C_6H_4-CH=CH-C_6H_4-OH$ (含另一OH)] 广泛存在于食物(如桑葚、花生尤其是葡萄)中,它可能具有抗癌性。能够跟 1mol 该化合物反应的 H_2 的最大用量是 [ ]

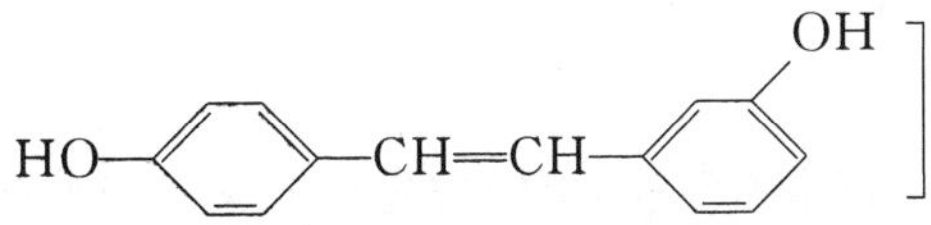

    A. 1mol   B. 2mol   C. 6mol   D. 7mol

*26. 黄曲霉毒素 AFTB₁（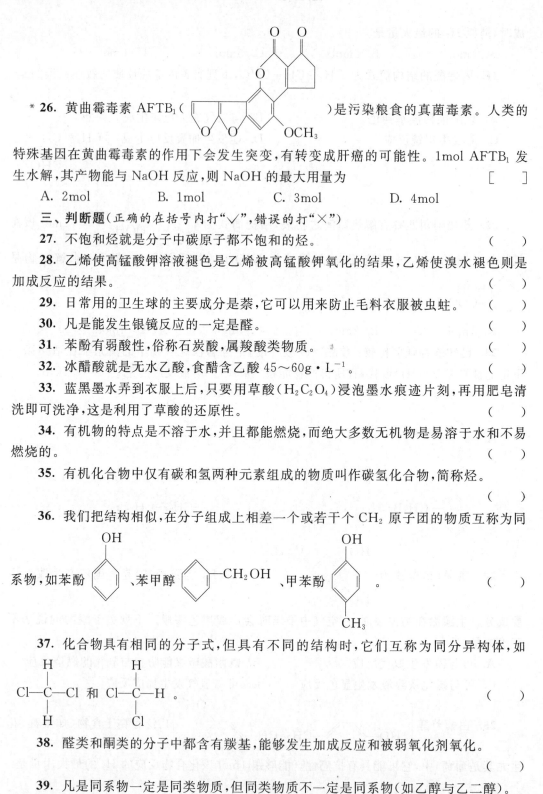）是污染粮食的真菌毒素。人类的特殊基因在黄曲霉毒素的作用下会发生突变，有转变成肝癌的可能性。1mol AFTB₁ 发生水解，其产物能与 NaOH 反应，则 NaOH 的最大用量为　　　　　　　　［　］

A. 2mol　　　　B. 1mol　　　　C. 3mol　　　　D. 4mol

三、判断题（正确的在括号内打"√"，错误的打"×"）

27. 不饱和烃就是分子中碳原子都不饱和的烃。（　　）

28. 乙烯使高锰酸钾溶液褪色是乙烯被高锰酸钾氧化的结果，乙烯使溴水褪色则是加成反应的结果。（　　）

29. 日常用的卫生球的主要成分是萘，它可以用来防止毛料衣服被虫蛀。（　　）

30. 凡是能发生银镜反应的一定是醛。（　　）

31. 苯酚有弱酸性，俗称石炭酸，属羧酸类物质。（　　）

32. 冰醋酸就是无水乙酸，食醋含乙酸 $45\sim60\text{g}\cdot\text{L}^{-1}$。（　　）

33. 蓝黑墨水弄到衣服上后，只要用草酸（$H_2C_2O_4$）浸泡墨水痕迹片刻，再用肥皂清洗即可洗净，这是利用了草酸的还原性。（　　）

34. 有机物的特点是不溶于水，并且都能燃烧，而绝大多数无机物是易溶于水和不易燃烧的。（　　）

35. 有机化合物中仅有碳和氢两种元素组成的物质叫作碳氢化合物，简称烃。（　　）

36. 我们把结构相似，在分子组成上相差一个或若干个 CH_2 原子团的物质互称为同系物，如苯酚、苯甲醇、甲苯酚。（　　）

37. 化合物具有相同的分子式，但具有不同的结构时，它们互称为同分异构体，如 $CHCl_2-CH_3$ 和 CH_2Cl-CH_2Cl。（　　）

38. 醛类和酮类的分子中都含有羰基，能够发生加成反应和被弱氧化剂氧化。（　　）

39. 凡是同系物一定是同类物质，但同类物质不一定是同系物（如乙醇与乙二醇）。（　　）

第六章 烃的衍生物

40. 除去苯中含有的杂质苯酚,可用氢氧化钠溶液洗涤,苯酚溶于氢氧化钠溶液中,而苯不溶,用分液漏斗分出氢氧化钠液层即得到纯苯。（   ）

四、综合题

41. 在实验里为了制备（Ⅰ）组中的一种物质,需从（Ⅱ）组中选择一种物质为原料,再从（Ⅲ）组中选择一种实验操作,将正确答案用标号填写在相应的答案栏中。

（Ⅰ）制备物质	答案（Ⅱ）	答案（Ⅲ）	（Ⅱ）原料	（Ⅲ）实验操作
(1) 甲烷			(A) 苯酚	(a) 银氨溶液,水浴加热
(2) 乙酸乙酯			(B) 苯	(b) 浓溴水,常温下
(3) 银镜			(C) 无水醋酸钠	(c) 与碱石灰共热
(4) 苯磺酸			(D) 葡萄糖	(d) 加入乙醇和少量浓硫酸,共热
(5) 三溴苯酚			(E) 乙醇	(e) 加入浓硫酸170℃,共热
(6) 乙烯			(F) 冰醋酸	(f) 加入浓硫酸并加热至70℃～80℃

42. 写出下列反应的化学方程式,并注明反应条件:

(1) $CH_3CHO \longrightarrow CH_3CH_2OH \longrightarrow CH_2=CH_2 \longrightarrow CH_3CH_2Cl$

(2) $CH_4 \longrightarrow CH_3Br \longrightarrow CH_3OH \longrightarrow HCHO \longrightarrow HCOOH$

(3) $HC\equiv CH \longrightarrow CH_2=CH-Cl \longrightarrow \begin{bmatrix} CH_2-CH \\ | \\ Cl \end{bmatrix}_n$

43. 用化学方法鉴别丙醇、丙酮、丙醛,写出简要的操作步骤、实验现象和反应方程式。

第五、六章自测试卷

A 卷

一、填空题

1. 现有4种链烃:C_8H_{16}、C_9H_{16}、$C_{15}H_{32}$和C_8H_{14},其中属于烷烃的是_____,属于烯烃的是_____,属于炔烃的是_____、_____。

2. 烯烃能使酸性高锰酸钾溶液和溴的四氯化碳溶液褪色,与高锰酸钾发生的反应是

_____反应,与溴发生的反应是_____反应。在一定条件下,乙烯还能发生_____反应,生成聚乙烯。

3. 烷烃(C_7H_{16})的结构简式为 $CH_3-CH-\underset{\underset{CH_3}{|}}{\overset{\overset{CH_3}{|}}{C}}-CH_3$,它的名称为_____。

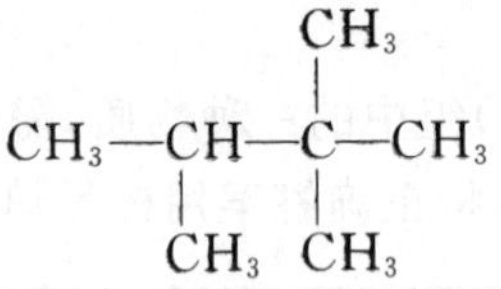

写出 2,3-二甲基-3-乙基己烷的结构简式:_____。

4. 某烃所含的碳原子数与氢原子数相同,而且能与硝酸银的氨溶液反应生成白色沉淀,该烃的名称是_____,结构简式是_____。

5. 1mol 某气态烃最多只能跟 1mol 氯化氢加成生成氯代烷,1mol 此氯代烷能跟 5mol 氯气发生取代反应,生成的产物只含碳和氯两种元素,则该烃的结构简式是_____。

6. 饱和一元醇 A 在加热和有催化剂(Cu 或 Ag)存在的条件下,被氧气氧化成有机物 B,B 可与新制的 $Cu(OH)_2$ 加热反应生成有机物 C。试求:

(1) A、B、C 的相对分子质量由大到小的顺序是_____。

(2) 若 C 的相对分子质量是 74,则 A、B、C 的结构简式分别是_____、_____、_____。[提示:(74-2×16)÷12=3 个碳、6 个氢]

7. 下列有机物中,可看作醇类的是_____,可看作酚类的是_____,可看作羧酸类的是_____,可看作酯类的是_____。(填序号)

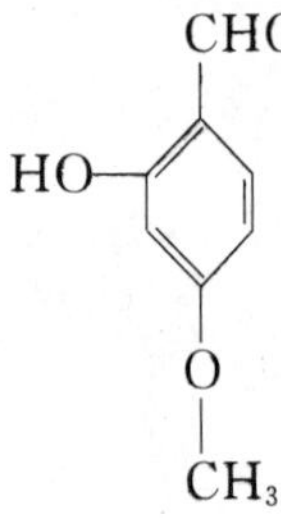

       A 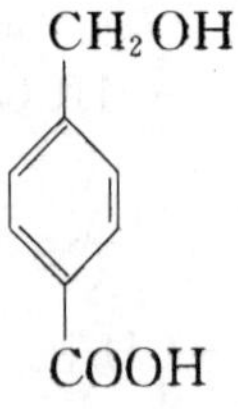   B 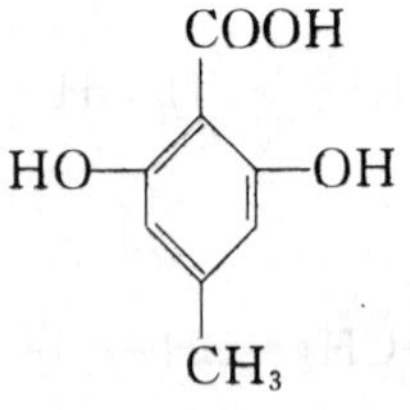   C 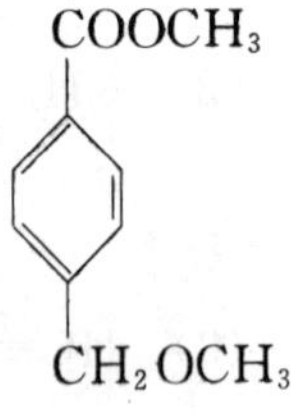   D

*8. 甲、乙、丙三种有机物可发生如右图所示变化。甲、乙、丙完全燃烧的产物均为 CO_2 和 H_2O。0.1 mol 乙完全燃烧生成 8.8g CO_2,丙能发生银镜反应,则推得甲、乙、丙的结构简式分别是:甲_____,乙_____,丙_____。

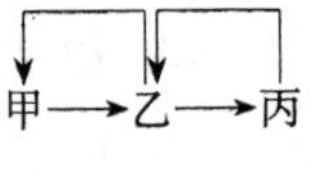

二、选择题(每题只有 1 个正确答案)

9. 下列物质中,含羟基官能团的是 [ ]
   A. CH_3OCH_3 B. CH_3CHO
   C. CH_3CH_2OH D. $CH_3-\overset{\overset{O}{\|}}{C}-OCH_3$

10. 下列各物质中,在日光照射下不能发生化学反应的是 [ ]
   A. 甲烷和溴蒸气的混合气   B. 氢气和氮气的混合气
   C. 氢气和氯气的混合气   D. 氯乙烷与氯气的混合气

第六章 烃的衍生物

11. 下列物质中,不能使溴水和酸性 $KMnO_4$ 溶液褪色的是 [ ]
A. C_2H_4 B. C_2H_2 C. C_5H_{12} D. C_4H_6

12. 下列物质中,和 $CH_3—C≡C—CH_3$ 互为同分异构体的是 [ ]
A. $CH_2=CH—CH_2—CH_3$ B. $CH_3—CH_2—CH_2—CH_3$
C. $CH_2=CH—CH=CH_2$ D. $CH_3—CH_2—CH=CH_2$

13. 实验室中用1g 88%的某液态有机物与足量的银氨溶液充分反应,生成4.32g 银,该有机物是 [ ]
A. 甲醇   B. 乙醇   C. 甲醛   D. 乙醛

14. 某有机物为 $CH_2=CH—COOH$,该有机物不可能发生的反应类型是 [ ]
A. 加成反应   B. 酯化反应   C. 消去反应   D. 中和反应

15. 下列物质中,既能跟银氨溶液发生银镜反应,又能跟碳酸钠溶液发生反应的是 [ ]
A. HCOOH   B. CH_3COOH C. CH_3CHO D. CH_3COOCH_3

16. 已知甲苯的一氯代物有4种,推断甲苯完全氢化后的环烷烃的一氯代物的同分异构体有 [ ]
A. 3种   B. 4种   C. 5种   D. 6种

***17.** 已知有机物 A 与 NaOH 的醇溶液混合加热得产物 C 和溶液 D。C 与乙烯混合在催化剂作用下可反应生成 $\text{-}[CH—CH_2—CH_2—CH_2]_n\text{-}$（$CH_3$ 支链）的高聚物。而在溶液 D 中先加入硝酸酸化,后加 $AgNO_3$ 溶液有白色沉淀生成。A 的结构简式为 [ ]
A. $CH_3—CH(CH_3)—CH_2—CH_2Cl$ B. $CH_2=C(CH_3)—CH_2—CH_2Cl$
C. $CH_3—CH_2—CH_2Cl$ D. $CH_3—CH(CH_3)—CH_2Cl$

18. 制取下列物质时,不能用乙烯作为原料的是 [ ]
A. $\text{-}[CH_2—CHCl]_n\text{-}$（聚氯乙烯）   B. $\text{-}[CH_2—CH_2]_n\text{-}$（聚乙烯）
C. CH_3CH_2I（碘乙烷）   D. $CH_2Br—CH_2Br$（1,2-二溴乙烷）

19. 下列物质中,能发生银镜反应的是 [ ]
A. CH_3COOH B. CH_3OH
C. HCHO   D. $CH_3—O—CH_3$

20. 下列物质中,具有碱性的化合物是 [ ]
A. CH_3OH B. HCOOH   C. Ar—OH   D. CH_3NH_2

21. 下列各组物质中,可用溴水进行鉴别的是 [ ]
A. 苯、乙烷   B. 乙烯、乙炔   C. 乙烯、苯酚   D. 乙烷、甲苯

22. 下列物质中,医药上可用作麻醉剂的是 [ ]

A. CH_3CH_2OH B. $CH_3CH_2—O—CH_2CH_3$

C. $CH_3-\overset{O}{\overset{\|}{C}}-CH_3$ D. $CH_3COOCH_2CH_3$

23. 制冷剂 CF_2Cl_2 的商业代号为 〔　〕
A. 氟利昂-12　　B. 氟利昂-22　　C. 氟利昂-114　　D. 氟利昂-13

三、判断题(正确的在括号内打"√"，错误的打"×")

24. 含碳的化合物是有机物。凡是含有碳和氢元素的有机化合物都是烃类化合物。
（　）

25. CH_3CH_2CHO 和 $CH_3-\overset{O}{\overset{\|}{C}}-CH_3$ 互为同分异构体。$CH_3C\equiv CH$ 和 $HC\equiv CH$ 互为同系物。（　）

26. 苯分子中含有不饱和的 $C=C$ 双键，因而易和溴发生加成反应使溴水褪色。
（　）

27. 凡是含有羟基的化合物一定是醇类化合物。能发生银镜反应的化合物一定是醛。（　）

28. 蚂蚁和蜂的分泌液中含有甲酸，当人被其叮咬后，涂肥皂水可以止痛止痒。（　）

四、综合题与计算题

29. 某有机物的结构简式如右图所示，试写出该有机物与足量下列物质反应后生成的有机物的结构简式： 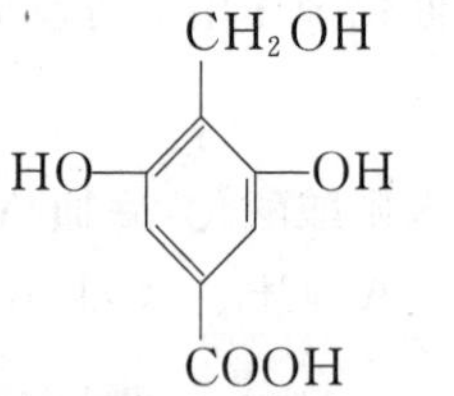
(1) 与金属钠反应：_____。
(2) 与 NaOH 溶液反应：_____。
(3) 与 $NaHCO_3$ 溶液反应：_____。

30. 为了鉴别(Ⅰ)项中的有机物，从(Ⅱ)项中选出相应的实验方法，并从(Ⅲ)项中选择所观察到的相应的实验现象，再将每题正确答案的标号填写在表中答案栏里。

（Ⅰ）待鉴别的有机物	答案 (Ⅱ)	答案 (Ⅲ)	（Ⅱ）实验方法	（Ⅲ）实验现象
(1) 苯			(A) 加足量饱和溴水	(a) 棕红色褪去，生成白色沉淀
(2) 乙烯			(B) 加酸性高锰酸钾溶液	(b) 紫色褪去
(3) 苯酚			(C) 加银氨溶液	(c) 生成砖红色沉淀
(4) 甲醛、葡萄糖、甲酸			(D) 加浓硝酸、浓硫酸,50℃加热	(d) 生成白色沉淀
(5) 乙炔			(E) 加新制的氢氧化铜溶液，加热	(e) 生成淡黄色油状物，比水重，有苦杏仁味

31. A 物质是烃的衍生物，在稀 NaOH 溶液中发生水解，并且按照下列步骤分别进行反应：

第六章 烃的衍生物

$$A + H_2O \longrightarrow \begin{matrix} B \\ C \end{matrix} \xrightarrow[\text{催化剂}]{\text{氧化}} D \xrightarrow[\text{催化剂}]{\text{氧化}} E$$

A 和 B 都可与银氨溶液反应生成银。分子式为 $C_nH_{2n}O_2$ 的酸和 C 在浓 H_2SO_4 存在的条件下可生成分子式为 $C_{n+2}H_{2n+4}O_2$ 的酯。写出 A～E 的名称和结构简式。

32. 某实验员在实验室测得甲烷的密度为 $0.64\text{g} \cdot \text{L}^{-1}$,在同温、同压下又测得某气态烃的密度为 $2.24\text{g} \cdot \text{L}^{-1}$,求该气态烃的相对分子质量。(提示:同温、同压下气体密度之比等于相对分子质量之比)

B 卷

一、判断题(正确的在括号内打"√",错误的打"×")

1. 含碳的化合物都是有机物。 ( )
2. $CH_3C\equiv CH$ 和 $CH_2=CH-CH=CH_2$ 互为同系物。 ( )
3. 苯分子中含有不饱和的 $C=C$ 双键,因而易和溴发生加成反应使溴水褪色。 ( )
4. 凡是含有羟基的化合物一定是醇类化合物。 ( )
5. 苯酚具有酸性,它的酸性比碳酸强。 ( )
6. 乙醇在浓硫酸的存在下加热到 140 ℃,生成的主要产物为乙醚。 ( )
7. 某有机物完全燃烧后生成 CO_2 和 H_2O,则该有机物中必定含有碳、氢、氧 3 种元素。 ( )
8. 乙苯被酸性高锰酸钾溶液氧化的产物是苯甲酸。 ( )

二、选择题(每题只有 1 个正确答案)

9. 下列对 $CH_3-\underset{\underset{CH_3}{|}}{CH}-\underset{\underset{CH_3}{|}}{CH}-\underset{\underset{\underset{CH_3}{|}}{CH_2}}{CH}-CH_2-CH_2-CH_3$ 的命名正确的是 [ ]

   A. 2,3-二甲基-4-丙基己烷　　B. 2,3-二甲基-4-乙基庚烷
   C. 4-乙基-2,3-二甲基庚烷　　D. 5,6-二甲基-4-乙基庚烷

10. 下列有机物中,能用于切割和焊接金属的是 [ ]

    A. 乙烯　　B. 乙炔　　C. 乙烷　　D. 甲烷

11. 下列有机物中,能用作果实催熟剂的是　　　　　　　　　　　　　　　　[　]
A. 溴乙烷　　　　B. 乙烷　　　　C. 乙烯　　　　D. 乙炔

12. 用于皮肤消毒,杀菌力最强的酒精水溶液的浓度是　　　　　　　　　　[　]
A. 75%　　　　B. 95%　　　　C. 50%　　　　D. 30%

13. 下列物质中,通常既不能被高锰酸钾溶液氧化,又不能使溴水褪色的是　[　]
A. $CH_2\!=\!CH_2$　　B. $HC\!\equiv\!CH$　　C. CH_3CH_2OH　　D. ⌬

14. 下列物质中,能与 $FeCl_3$ 溶液作用显示紫色的是　　　　　　　　　　　[　]
A. ⌬　　B. 苯-OH　　C. 苯-COOH　　D. 苯-CH_3

15. 下列物质中,既能被氧化,又能被还原的物质为　　　　　　　　　　　　[　]
A. CH_3CH_2OH　B. CH_3CH_2Cl　C. CH_3CHO　D. CH_3COOH

16. 下列物质中,具有苹果香味的酯是　　　　　　　　　　　　　　　　　　[　]
A. 戊酸异戊酯　B. 乙酸异戊酯　C. 丁酸辛酯　D. 丁酸乙酯

17. 下列各组物质中,互为同系物的是　　　　　　　　　　　　　　　　　　[　]
A. 乙烯和乙炔　　　　　　　　B. 乙醚和 1-丁醇
C. 甲烷和丙烷　　　　　　　　D. 乙醛和乙酸

18. 下列物质中,既能发生银镜反应,又能发生酯化反应的是　　　　　　　[　]
A. HCHO　　　B. HCOOH　　　C. CH_3OH　　　D. CH_3COOH

三、综合题

19. 某烃 A 的化学式为 C_2H_4,A 与 HBr 反应生成 B,B 在碱性条件下水解生成 C,C 通入空气进行催化氧化生成 D,D 能发生银镜反应,加酸反应后生成 E,化学式为 $C_2H_4O_2$。试推测 A、B、C、D、E 的结构式,并写出各步反应的化学方程式。

C 卷

一、判断题(正确的在括号内打"√",错误的打"×")

1. 凡是含有碳和氢元素的有机化合物都是烃类化合物。　　　　　　　　　(　)
2. 符合 C_nH_{2n-2} 的烃一定是炔烃。　　　　　　　　　　　　　　　　　　(　)
3. 用溴水可区别芳烃和其他不饱和烃。　　　　　　　　　　　　　　　　　(　)
4. CH_3CH_2CHO 和 $CH_3\!-\!\overset{O}{\underset{\|}{C}}\!-\!CH_3$ 互为同分异构体。　　　　　　　　　　(　)
5. 含元素种类相同而结构不同的化合物互为同分异构体。　　　　　　　　(　)
6. 甲烷和氯气的混合气体在光照下发生的是取代反应。　　　　　　　　　(　)

第六章 烃的衍生物

二、选择题（每题有1~2个正确答案）

7. 二烯烃的通式为 [　　]
   A. C_nH_{2n+2}　　B. C_nH_{2n-2}　　C. C_nH_{2n-6}　　D. C_nH_{2n}

8. 化学式为 C_5H_{12} 的同分异构体有 [　　]
   A. 2种　　B. 3种　　C. 4种　　D. 5种

9. 下列各组物质中，可用溴水进行鉴别的是 [　　]
   A. 苯、乙烷　　B. 乙烯、乙炔　　C. 乙烯、苯酚　　D. 乙烷、甲苯

10. 石炭酸的结构式是 [　　]
    A. Na_2CO_3　　　　　　　　B. CH_3COOH
    C. CH_3CH_2OH　　　　　　D. 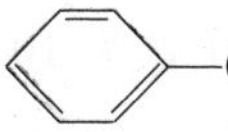 ⌬—OH

11. 下列各组物质中，能用酸性高锰酸钾溶液鉴别的是 [　　]
    A. 乙烯、乙炔　　B. 乙烯、苯　　C. 苯、甲烷　　D. 苯、乙炔

12. 下列物质中，具有碱性的是 [　　]
    A. CH_3OH　　B. $HCOOH$　　C. NH_3　　D. CH_3NH_2

三、综合题

13. 用简便的化学方法区别下列各组化合物：
    (1) CH_3CH_2OH，CH_3CHO，CH_3COOH
    (2) $CH_3CH_2NH_2$，CH_3CH_2OH，CH_3CH_2Br
    (3) 苯胺，苯酚
    (4) 苯甲醇，苯甲醛，苯甲醚

14. 化合物 A、B、C 的化学式都是 $C_3H_6O_2$，A 具有酸性，能与 Na_2CO_3 反应放出 CO_2 气体；B 和 C 都是具有香味的液体，在 NaOH 溶液中水解，B 的水解产物之一能发生银镜反应，而 C 的水解产物不能发生银镜反应。试推测 A、B、C 的结构式，并写出各步反应的化学方程式。

第一～六章综合测试卷

A卷

一、选择题（每题只有1个正确答案）

1. 下列解离方程式正确的是 [ ]

A. $NaCl \rightleftharpoons Na^+ + Cl^-$
B. $H_2SO_4 \rightleftharpoons H^+ + S^{+6} + O^{2-}$
C. $HAc \rightleftharpoons H^+ + Ac^-$
D. $Ba(OH)_2 \rightleftharpoons Ba^{2+} + OH^-$

2. 某元素 A^{2+} 的核外电子数为10，该元素是 [ ]

A. Fe   B. Na   C. Mg   D. Al

3. 下列物质中，能导电的是 [ ]

A. 无水硫酸   B. 氯化钠晶体   C. 氯化钠溶液   D. 液态氯

4. 有机物 $CH_3-CH-CH-CH_2-CH_3$ 的名称是 [ ]
             $\quad\quad\quad\ \ \ |\quad\ \ |$
             $\quad\quad\quad\ CH_3\ CH_3$

A. 2-甲基-3-乙基丁烷
B. 2-乙基-3-甲基丁烷
C. 2,3-二甲基戊烷
D. 3,4-二甲基戊烷

5. 测定溶液 pH 最常用的方法是 [ ]

A. 酚酞溶液
B. 甲基橙溶液
C. 1～14 广泛 pH 试纸
D. 石蕊溶液

6. 某元素 R 的最高化合价为 +2 价，R 的核外电子排布共 3 个电子层，则该元素在周期表内的位置是 [ ]

A. 第三周期、ⅡA族
B. 第三周期、ⅥA族
C. 第三周期、ⅦB族
D. 第二周期、ⅡA族

7. 298K（即 25℃）时，下列溶液中 $c(H^+)$ 最小的是 [ ]

A. pH=8 的溶液
B. $c(OH^-)=1×10^{-5}\ mol·L^{-1}$
C. $c(H^+)=1×10^{-3}\ mol·L^{-1}$
D. $c(HCl)=1×10^{-5}\ mol·L^{-1}$

8. 下列物质中，不能使溴水和酸性高锰酸钾溶液褪色的是 [ ]

A. C_2H_4 B. C_3H_6 C. C_5H_{12} D. C_4H_8

9. 关于化学反应 $CaCO_3+2HCl \rightleftharpoons CaCl_2+CO_2\uparrow+H_2O$ 的离子方程式书写正确的是 [ ]

A. $CO_3^{2-}+2H^+ \rightleftharpoons CO_2\uparrow+H_2O$
B. $CaCO_3+2H^+ \rightleftharpoons Ca^{2+}+CO_2\uparrow+H_2O$
C. $CaCO_3+2H^+ \rightleftharpoons Ca^{2+}+H_2CO_3$
D. $CaCO_3+2H^++2Cl^- \rightleftharpoons Ca^{2+}+CO_2\uparrow+H_2O$

10. 某盐溶于水后，pH<7，这种盐可能是 [ ]

A. NaAc   B. KNO_3 C. NH_4Cl D. Na_2SO_4

第六章 烃的衍生物

11. 下列有关乙炔性质的叙述中,既不同于乙烯又不同于乙烷的是 [ ]
   A. 能燃烧生成二氧化碳和水　　B. 能使酸性 $KMnO_4$ 溶液褪色
   C. 能发生加成反应　　D. 能与银氨溶液反应生成白色的炔化银

12. 下列水解离子方程式正确的是 [ ]
   A. $Ac^- + H_2O \rightleftharpoons HAc + OH^-$　　B. $Fe^{3+} + 3H_2O \rightleftharpoons Fe(OH)_3\downarrow + 3H^+$
   C. $Na^+ + H_2O \rightleftharpoons NaOH + H^+$　　D. $NO_3^- + H_2O \rightleftharpoons HNO_3 + OH^-$

13. 甲苯与苯相比较,下列叙述不正确的是 [ ]
   A. 常温下都是液体　　B. 都能使酸性 $KMnO_4$ 溶液褪色
   C. 都能在空气中燃烧　　D. 都能发生取代反应

14. 在酸性溶液中,下列叙述正确的是 [ ]
   A. pH＞7　　B. $c(H^+) < c(OH^-)$
   C. $c(H^+) > 10^{-7}\ mol\cdot L^{-1}$　　D. $c(OH^-) > 10^{-7}\ mol\cdot L^{-1}$

15. NaAc 溶液因水解而显碱性,加入酚酞溶液显粉红色,加热后溶液的颜色发生的变化是 [ ]
   A. 红色加深　　B. 不变　　C. 变浅　　D. 呈白色

16. 下列物质中,能发生银镜反应的是 [ ]
   A. CH_3-CH_3　　B. CH_3OH
   C. HCHO　　D. CH_3-O-CH_3

17. 下列有机物中,不属于烃的衍生物的是 [ ]
   A. 四氯化碳　　B. 甲苯　　C. 硝基苯　　D. 氯仿

18. 下列溶液在相同温度下,若溶液中的 pH 相等,则物质的量浓度最大的是 [ ]
   A. 盐酸　　B. 醋酸　　C. 硫酸　　D. 硝酸

19. 下列有机物中,能用于切割和焊接金属的是 [ ]
   A. 乙烯　　B. 乙炔　　C. 乙烷　　D. 甲烷

20. 加大反应体系的压强,对下列反应平衡不产生影响的是 [ ]
   A. $CO_2 + C(s) \rightleftharpoons 2CO$　　B. $2NO + O_2 \rightleftharpoons 2NO_2$
   C. $2NO_2 \rightleftharpoons N_2O_4$　　D. $CO + NO_2 \rightleftharpoons CO_2 + NO$

21. 下列物质中,物质的量(n)最大的是 [ ]
   A. 6.02×10^{23} 个 N_2　　B. 标准状况下 22.4L 的 O_2
   C. 4g 的 H_2　　D. 500mL 2mol·L^{-1} NaCl 溶液中的 NaCl

22. 已知物质的量浓度 $c(NaCl) : c(MgCl_2) : c(AlCl_3) = 1:1:1$,则三种溶液中 Cl^- 的浓度比为 [ ]
   A. 1:1:1　　B. 1:2:3　　C. 3:2:1　　D. 无法确定

23. 下列有机物中,能用作果实催熟剂的是 [ ]
   A. 溴乙烷　　B. 乙烷　　C. 乙烯　　D. 乙炔

24. 为保护锅炉不被腐蚀,通常可以在锅炉外壁上装一定数量的 [ ]
   A. Cu　　B. Zn　　C. Pb　　D. Ag

25. 下列物质中,通常既不能被高锰酸钾溶液氧化,又不能使溴水褪色的是 [ ]

A. C_2H_4　　　　B. C_2H_2　　　　C. C_6H_6　　　　D. $C_6H_5-CH_3$

二、填空题

26. 对于可逆反应 $N_2+3H_2 \rightleftharpoons 2NH_3+Q$，在一定条件下，反应达到化学平衡时：

(1) 增加压强，化学平衡向_____移动。

(2) 升高温度，化学平衡向_____移动。

(3) 通入 NH_3，化学平衡向_____移动。

27. 决定化学反应速率大小的内因是_____，外因是_____、_____、_____、_____。

28. 在反应 $Zn+CuSO_4 = ZnSO_4+Cu$ 中，Zn 是_____剂，反应 $Cu^{2+}+2e^- \longrightarrow Cu$ 为_____反应。

29. 强酸弱碱盐水溶液显_____性，强碱弱酸盐水溶液显_____性，强酸强碱盐水溶液显_____性。

30. 根据右图填空：

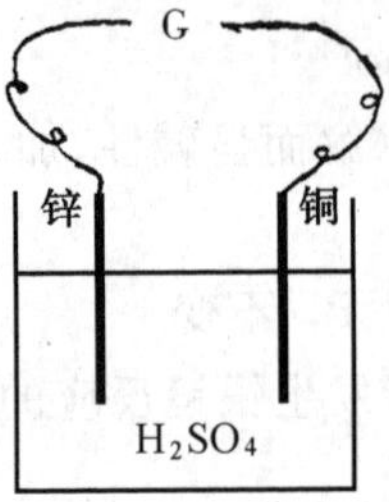

(1) Zn 棒为_____极，电极反应式为_____。

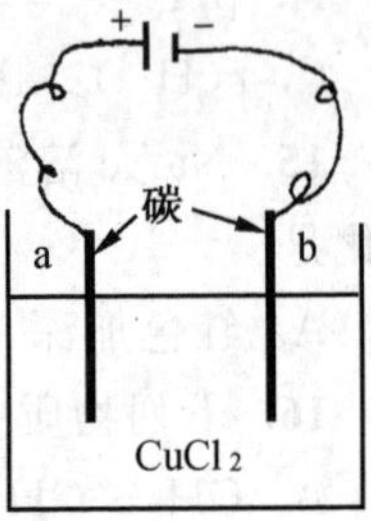

(2) b 棒为_____极，电极反应式为_____。

(3) 图1为_____池，图2为_____池。

31. 烷烃通式：_____，烯烃通式：_____，乙醛的分子式(结构简式)：_____。苯的分子式_____，烃完全燃烧后的产物是_____。

三、综合题与计算题

32. 写出反应 $Na_2CO_3+2HCl=2NaCl+CO_2\uparrow+H_2O$ 的离子方程式：_____。

33. 完成下列化学方程式：

$nCH_2=CH_2 \xrightarrow{催化剂}$ _____

34. 已知 NaOH 的物质的量浓度为 $c(NaOH)=1\times10^{-2}$ mol·L^{-1}，求 pH。(温度为 25℃)

35. 已知浓硫酸的质量分数为 98%，密度为 1.84g·mL^{-1}，求其物质的量浓度。欲配制 1.84mol·L^{-1} 的稀硫酸溶液 100mL，需浓硫酸多少毫升？

第六章 烃的衍生物

36. 连线题(相关部分用直线连接起来)：
(1) 制备乙炔　　　　　用无水醋酸钠和 NaOH(加热)
　　制备乙烯　　　　　用乙醇和浓 H_2SO_4(170℃)
　　制备甲烷　　　　　用 CaC_2 和饱和食盐水
(2) 用 $FeCl_3$ 溶液　　　鉴别苯酚　　　　　出现砖红色 Cu_2O 沉淀
　　用新制 $Cu(OH)_2$　　鉴别乙醛　　　　　出现紫色

B 卷

一、判断题(正确的在括号内打"√",错误的打"×")

1. 当离子积(Q_c)＞溶度积(K_{sp})时,溶液为过饱和溶液,有沉淀析出。　　　　　(　　)
2. 化学平衡特征就是反应体系内各物质的量浓度均相等的状态。　　　　　　　　(　　)
3. 豆浆中分别加糖与食盐时并无区别。　　　　　　　　　　　　　　　　　　　　(　　)
4. 变价元素在最低化合价态时具有还原性,在最高化合价态时具有氧化性,在中间价态时既具有氧化性,又具有还原性。　　　　　　　　　　　　　　　　　　　　(　　)
5. 凡是含有羟基的化合物,一定是醇类化合物。　　　　　　　　　　　　　　　　(　　)
6. 在其他条件不变时,增大压强可以使化学平衡移动。　　　　　　　　　　　　　(　　)
7. 未感光照相底片上的 AgBr 易溶于 $Na_2S_2O_3$(俗称海波)溶液中,这是因为形成了可溶性配合物 $Na_3[Ag(S_2O_3)_2]$。　　　　　　　　　　　　　　　　　　　　　(　　)
8. Cl^-、Br^- 和 I^- 可以根据它们与 $AgNO_3$ 反应生成的 AgCl(白色)、AgBr(淡黄色)、AgI(黄色)来鉴别。　　　　　　　　　　　　　　　　　　　　　　　　　　　　(　　)
9. 甲酸分子中既有羧基又有醛基,故甲酸既能发生银镜反应,又能使紫色石蕊试液变红。　　　　　　　　　　　　　　　　　　　　　　　　　　　　　　　　　　(　　)
10. 乙醇在浓硫酸的存在下加热到140℃,生成的主要产物为乙醚。　　　　　　　(　　)
11. 根据 I_2 遇淀粉变成蓝色,可以断定 KI 遇淀粉也一定会变为蓝色。　　　　　　(　　)
12. 升高温度,向吸热方向的化学反应速率(v)增大,而向放热方向的化学反应速率(v')则减小。　　　　　　　　　　　　　　　　　　　　　　　　　　　　　　　(　　)

二、选择题(除13题外,每题只有1个正确答案)

13. 下列微粒中,最易失去电子形成阳离子(可作还原剂)的是[　　],最易得到电子形成阴离子(可作氧化剂)的是[　　]
　　A. Al　　　　B. C　　　　C. Na　　　　D. F_2

14. 下列配合物中,中心离子化合价为＋3,配位数是6的是　　　　　　　　　　[　　]
　　A. $[Ni(NH_3)_6]SO_4$　　　　B. $[Fe(CN)_6]^{4-}$
　　C. $[CrCl(NH_3)_5]Cl_2$　　　　D. $H_2[PtCl_6]$

15. 实验室中用 KSCN 与 Fe^{3+} 反应生成 $[Fe(SCN)_6]^{3-}$ 来鉴定 Fe^{3+},该配合物的特征颜色是　　　　　　　　　　　　　　　　　　　　　　　　　　　　　　　　[　　]
　　A. 深蓝色　　　B. 血红色　　　C. 棕色　　　D. 紫红色

16. 下列物质中,属于饱和烃的是　　　　　　　　　　　　　　　　　　　　　　[　　]
　　A. C_3H_8　　　B. C_4H_8　　　C. C_5H_8　　　D. C_7H_8

17. 一般化学反应,当温度升高时,反应速率将会 [ ]
   A. 变慢　　　　B. 变快　　　　C. 不变　　　　D. 无法确定

18. 下列反应中,增加压强不影响化学平衡的是 [ ]
   A. $CO_2+C(s) \rightleftharpoons 2CO$　　　　B. $CO+NO_2 \rightleftharpoons CO_2+NO$
   C. $2NO_2 \rightleftharpoons N_2O_4$　　　　D. $2NO+O_2 \rightleftharpoons 2NO_2$

19. 有关化学反应 $Na_2CO_3+2HCl = 2NaCl+CO_2\uparrow+H_2O$ 的离子方程式书写正确的是 [ ]
   A. $CO_3^{2-}+2H^+ = CO_2\uparrow+H_2O$
   B. $Na_2CO_3+2H^+ = Na_2^{2+}+CO_2\uparrow+H_2O$
   C. $Na_2CO_3+2H^+ = 2Na^++CO_2\uparrow+H_2O$
   D. $Na_2CO_3+2H^++2Cl^- = 2Na^++2Cl^-+CO_2\uparrow+H_2O$

20. 下列物质中,水溶液呈酸性的是 [ ]
   A. K_2CO_3　　　　B. $NaNO_3$　　　　C. $NaAc$　　　　D. NH_4Cl

21. CH_3Cl 是 CH_4 的 [ ]
   A. 同系物　　　　B. 衍生物　　　　C. 同分异构体　　　　D. 同素异形体

22. $Cu_2(OH)_2SO_4$ 可溶于氨水形成配合物,该溶液的颜色是 [ ]
   A. 绿色　　　　B. 灰色　　　　C. 深蓝色　　　　D. 淡蓝色

23. 根据溴水褪色与否,可以鉴别的是 [ ]
   A. 乙烷和乙烯　　B. 乙炔和乙烯　　C. 乙烷和苯　　D. 甲烷和乙烷

24. 今有乙酸、乙醇、乙醛三种无色溶液,能把乙醛检验出来的反应是 [ ]
   A. 滴加紫色石蕊试液变红　　　　B. 加金属钠,放出氢气
   C. 加银氨溶液水浴加热,析出银　　D. 加入酸性高锰酸钾溶液,紫色褪去

25. 胶体微粒发生电泳是因为 [ ]
   A. 胶体溶液带电　　　　B. 胶体微粒带有相反电荷
   C. 胶体溶液在外电场作用下电离　　D. 胶体微粒带有同一电性的电荷

26. 对于可逆反应 $N_2+3H_2 \rightleftharpoons 2NH_3$,表示反应已达平衡状态的是 [ ]
   A. $v_正 = v_逆$　　　　B. 各浓度均相等
   C. 反应均停止　　　　D. N_2、H_2、NH_3 分子数比为 1∶3∶2

三、填空题

27. 离子化合物 NaCl 的电子式为_____,共价化合物 HCl 的电子式为_____。

28. 同周期内主族元素递变规律:自左至右元素的金属性(还原性)_____。卤族元素自上而下非金属性(氧化性)_____。

29. 实验室里用_____和浓硫酸混合加热到_____℃来制乙烯,浓硫酸在反应过程中起催化剂和脱水剂的作用。

30. 在 Na_2CO_3 溶液中滴入酚酞试液显_____,加热后颜色_____。

31. 可逆反应 $CO_2(g)+C(s) \rightleftharpoons 2CO(g)$ 的平衡常数 $K_c=$_____。

32. 反应 $Zn+CuSO_4 = ZnSO_4+Cu$ 中的氧化剂是_____,$Zn-2e^- \longrightarrow Zn^{2+}$ 属

_____反应。

33. 根据一般 AB 型难溶电解质的沉淀溶解平衡：AB(s) $\rightleftharpoons$ A$^+$ + B$^-$ 填写下表：

概　念	符　号	表 达 式	离子浓度	可变性
溶度积				
离子积				

四、综合题与计算题

34. 在做溶液导电性测试实验时，烧杯中盛有浓醋酸溶液，灯光很暗淡，若改用浓氨水测试，则灯光仍很暗淡，但是把醋酸溶液倒入氨水中进行混合时，灯光立即变得十分明亮。试解释以上实验现象，写出化学反应方程式。

35. 已知某 HCl 溶液的物质的量浓度为 0.1 mol·L^{-1}，问：
(1) 该 HCl 溶液的 pH 为多少？
(2) 该 HCl 溶液恰好被 15 mL 0.2 mol·L^{-1} 的 NaOH 溶液中和，则该溶液为多少毫升？

36. 为提高生活用水质量，自来水厂同时使用 Cl$_2$ 和绿矾对自来水进行消毒、净化。
(1) 用作自来水消毒剂的是_____，净水剂是_____。
(2) 消毒的原理为_____。
(3) 净水的离子方程式为_____
_____。

37. 连线题（将下面左边部分和右边部分相关的项目用直线连接起来）：

苯酚　　　　通式为 C$_n$H$_{2n}$
乙醛　　　　与 FeCl$_3$ 反应呈紫色
乙烯　　　　与银氨溶液发生银镜反应

选学篇

第七章 化学与营养

第一节 水和矿物质

一 填空题

1. "民以食为天",人类从外界摄取食物满足自身生理需要的过程叫_____。食物中_____的物质称为营养素。营养素可概括为____、_____、_____、_____、_____和_____六大类。

2. 水是一切生命不可缺少的物质基础,人体平均含水_____,血液中含水_____。人体对水的需求比食物更重要,绝食1~2周不断水仍可生存,但绝水几天就无法生存。

3. 动、植物食品内都含有水分,如牛奶、豆腐、各种蔬菜的含水量在_____以上;而干燥的谷类、大豆等含水量也有_____。

4. 为保证人体的功能正常,水的_____必须平衡,除三餐外人每天需喝水_____mL左右。喝水的学问是:出汗多时应____喝,喝水应坚持_____原则,早晨起床喝一杯水(约300mL)清洗肠胃、补充夜间消耗的水,上午喝1~2杯,下午、晚上喝2~3杯。

5. 矿物质也是生命不可缺少的物质,矿物质按其含量多少,分为_____和_____,两者的质量分数分界线是_____。

二 选择题 (每题只有1个正确答案)

6. 下列粮食中矿物质含量最高的是　　　　　　　　　　　　　　　　[　]
   A. 全麦面粉　　　B. 标准面粉　　　C. 精白粉　　　D. 大米粉

7. 下列有关矿物质元素的营养功能的叙述错误的是　　　　　　　　　[　]
   A. 骨骼的基本矿物质结构是 $Ca_3(PO_4)_2 \cdot 3Ca(OH)_2$
   B. 钠、钾维持体液的渗透压
   C. 胰岛素中含 S、P;蛋白质内含 N、Zn、I

D. 铁是血红蛋白和细胞色素的组织成分

8. 下列有关 NaCl 摄入量的叙述不正确的是　　　　　　　　　　　　　　[　　]
A. 每人每天最少需 2g
B. 每人每天正常需 6g
C. Na^+ 在细胞外,K^+ 在细胞内,Na^+/K^+ 比例一定要平衡
D. NaCl 是人必需矿物质之一,摄入量越多越好

三 判断题　（正确的在括号内打"√",错误的打"×"）

9. 骨骼和牙齿的主要组成成分是羟基磷灰石,它由钙、镁、磷等矿物质所组成。(　　)

10. 微量元素 F 是牙齿和骨骼的成分,可预防龋齿、老年人骨质疏松症,但摄入量不能过多,否则会引起斑牙症。　　　　　　　　　　　　　　　　　　　　　(　　)

11. Cr^{3+} 对人体有毒,而 Cr^{6+} 则为人体所必需。　　　　　　　　　(　　)

12. 医学上已经证实钠与高血压有关。据资料表明,每人每天若摄入 15g 食盐,高血压发病率约为 10%。　　　　　　　　　　　　　　　　　　　　　　　(　　)

13. 海带含钙、磷、碘元素较高,常吃有益健康。　　　　　　　　　　　(　　)

第二节　糖类

一 填空题

1. 葡萄糖分子中含有_____和_____官能团,由于具有_____官能团,能发生银镜反应和斐林反应。葡萄糖在人体中氧化可释放出能量,氧化反应的化学方程式为_____。

2. 在葡萄糖、麦芽糖、蔗糖中,能跟斐林试剂发生反应的是_____、_____。在硫酸的催化作用下,能发生水解反应的是_____和_____。

3. 血液中的_____称为血糖,正常人的血糖含量为_____ $mmol \cdot L^{-1}$。糖尿病患者的血糖含量一般超过____ $mmol \cdot L^{-1}$。若血糖过低,也会出现昏迷、休克等症状。

4. 葡萄糖、蔗糖、麦芽糖的分子式分别为_____、_____、_____。

5. 葡萄糖能跟斐林试剂反应生成砖红色沉淀,这说明葡萄糖具有_____性,分子中含有_____官能团。

6. 1 份淀粉酶能催化约 100 万份淀粉水解为麦芽糖,这是酶的_____性;在小肠内酶能催化麦芽糖水解为葡萄糖,这是酶的_____性。

二 选择题　（每题只有 1 个正确答案）

7. 葡萄糖作为营养剂供给人体能量,在体内发生的主要反应是　　　　[　　]

A. 氧化反应 B. 取代反应
C. 加成反应 D. 聚合反应

8. 下列物质中,在一定条件下既能发生水解反应又能发生银镜反应的是 [ ]
   A. 果糖 B. 麦芽糖 C. 蔗糖 D. 葡萄糖

9. 为检验某人是否患有糖尿病,可向其尿液中加入一种试剂并加热检验之。该试剂是 [ ]
   A. 浓硫酸 B. 新制 $Cu(OH)_2$ 悬浊液
   C. NaOH 溶液 D. 胰岛素

10. 下列糖类化合物中,甜度最大的是 [ ]
    A. 葡萄糖 B. 蔗糖 C. 果糖 D. 麦芽糖

11. 在下列市售的甜味品中,其主要成分不是蔗糖的是 [ ]
    A. 绵白糖 B. 红糖 C. 冰糖 D. 饴糖

12. 鉴别食盐水与蔗糖水的方法有:① 向两种溶液中分别加入少量稀 H_2SO_4 并加热,再加入 NaOH 中和 H_2SO_4,然后加入银氨溶液微热;② 测溶液的导电性;③ 将溶液与溴水混合,振荡;④ 用舌头尝味道。其中,在实验室进行鉴别的正确方法是 [ ]
    A. ①② B. ①③ C. ②③ D. ①②③④

13. 核糖的结构简式是 $CH_2\text{—}CH\text{—}CH\text{—}CH\text{—}C\text{—}H$ (OH OH OH OH, O),比葡萄糖少一个 $\text{—}CH\text{—}$ (OH),它不能发生的反应是 [ ]
    A. 酯化反应 B. 中和反应 C. 氧化反应 D. 还原反应

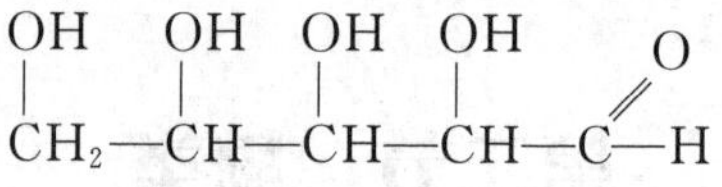

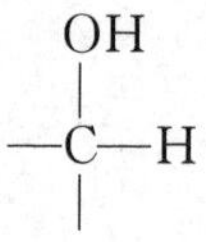

14. 下列物质的主要成分属于纤维素的是 [ ]
    A. 涤纶 B. 醋酸纤维 C. 棉花 D. 玻璃纤维

15. 不能用于鉴别淀粉和纤维素的方法是
    A. 分别加入碘水,观察颜色反应
    B. 分别加稀硫酸煮沸,加银氨溶液加热观察有无银镜
    C. 分别加热水溶解,观察溶解性
    D. 放在嘴里咀嚼,看有无甜味产生

16. 下列物质的主要成分不属于糖类的是 [ ]
    A. 棉花 B. 木材 C. 豆油 D. 小麦

17. 用下列试剂中的一种试剂即可把乙醇、乙酸、葡萄糖溶液区分开来,这种试剂是 [ ]
    A. 新制氢氧化铜 B. 溴水
    C. 银氨溶液 D. 酸性 $KMnO_4$ 溶液

18. 能证明淀粉已经完全水解的试剂是 [ ]
    A. 淀粉-碘化钾试纸 B. 银氨溶液
    C. 碘水 D. 碘化钾

第三节 氨基酸 蛋白质

一 填空题

1. 生物体的生长、繁殖、运动、消化、分泌、免疫等一切生命活动都会有_____参与。可以说,没有_____就没有生命,它存在于一切生物体中,是组成生物体_____的基础物质。

2. 氨基酸可以看作是羧酸分子中的氢原子(一般是连结羧基的碳原子上的氢原子,也称α氢原子)被氨基(—NH_2)取代的产物。分子中的—COOH 为酸性基团,—NH_2 为碱性基团,因此氨基酸呈现____性。

(1) 写出甘氨酸与 NaOH 溶液反应的化学方程式:
_____。

(2) 写出甘氨酸与盐酸反应的化学方程式:
_____。

3. 组成蛋白质的氨基酸主要有____种,其中动物体内不能自己合成的有____种,这几种氨基酸被称为_____,它们不能在体内合成,因此必须从_____摄取。

4. 为了维持机体的正常生长发育和组织更新,必须从食品中获得丰富的蛋白质。食品中动物蛋白主要来源于_____等,植物蛋白主要来源于_____。

5. 血红蛋白的相对分子质量为 68000,已知其中含铁元素 0.33%,则平均每个血红蛋白分子中含铁原子____个。

6. 在盛有鸡蛋白溶液的试管中,加入(NH_4)$_2$$SO_4$ 浓溶液,可使蛋白质的溶解度降低而从溶液中析出,这种作用叫作_____。继续加水时,沉淀会_____,并不影响原来蛋白质的性质。在盛有鸡蛋白溶液的试管中,加入 $CuSO_4$ 溶液,蛋白质会发生性质的改变而凝结起来,这种作用叫作_____,继续加水时,_____恢复为原蛋白质。

7. 三支试管中分别盛有葡萄糖、淀粉、蛋白质三种溶液。

能检验出淀粉的方法是_____。

能检验出蛋白质的方法是_____。

能检验出葡萄糖的方法是_____。

二 选择题 (每题只有 1 个正确答案)

8. 下列物质中,不能称为天然高分子化合物的是   [   ]
A. 淀粉　　　　B. 纤维素　　　　C. 塑料　　　　D. 蛋白质

9. 下列关于蛋白质的叙述正确的是   [   ]
A. 蛋白质是仅由 C、H、N、O 四种元素构成的高分子化合物
B. 人体内的蛋白质在各种组织内分解,最后主要形成尿素

C. 蛋白质都不溶于水
D. 天然蛋白质和甘氨酸具有相同的元素组成

10. 下列物质或其主要成分不是蛋白质的是　　　　　　　　　　　　　　　　[　　]
   A. 动物的肌肉　　　B. 动物的毛发　　　C. 结晶牛胰岛素　　D. 味精

11. 下列叙述不正确的是　　　　　　　　　　　　　　　　　　　　　　　　[　　]
   A. 蛋白质是相对分子质量很大的有机高分子化合物
   B. 皮肤沾上浓 HNO_3 而呈黄色,是蛋白质的显色反应
   C. 加入浓的 K_2SO_4 溶液,会使蛋白质凝聚而析出,该过程是蛋白质的变性作用
   D. 重金属盐中毒的人可及时服用大量的牛奶或豆浆解毒

12. 下列操作过程不能使蛋白质变性的是　　　　　　　　　　　　　　　　　[　　]
   A. 注射时用酒精在皮肤上消毒
   B. 向鸡蛋白溶液中加入饱和$(NH_4)_2SO_4$析出沉淀
   C. 用福尔马林浸制生物标本
   D. 用波尔多液消灭病虫害

13. 区别毛织品和棉织品,可采用的方法是　　　　　　　　　　　　　　　　[　　]
   A. 闻气味　　　　　B. 看颜色　　　　　C. 灼烧后闻气味　　D. 品尝其味道

14. 下列性质中,酶的催化作用所不具有的特性是　　　　　　　　　　　　　[　　]
   A. 可逆性　　　　　B. 高效性　　　　　C. 专一性　　　　　D. 条件温和性

15. 在四种化合物:① $NaHCO_3$、② $Al(OH)_3$、③ Al_2O_3、④ $H_2N—CH_2—COOH$
中,与盐酸和氢氧化钠溶液都能反应的是　　　　　　　　　　　　　　　　　[　　]
   A. 只有②④　　　　B. 只有①②　　　　C. 只有①②③　　　D. ①②③④

16. 优质蛋白质来源于下列哪种食物　　　　　　　　　　　　　　　　　　　[　　]
   A. 大米　　　　　　B. 蔬菜　　　　　　C. 大豆　　　　　　D. 肥肉

17. 在抗击"非典"杀灭 SARS 病毒的战斗中,过氧乙酸($CH_3—\overset{\overset{O}{\|}}{C}—O—O—H$)功不
可没。下列说法不正确的是　　　　　　　　　　　　　　　　　　　　　　　[　　]
   A. SARS 病毒是一种蛋白质
   B. 过氧乙酸可使 SARS 病毒的蛋白质变性而将其杀灭
   C. 过氧乙酸是唯一能杀灭 SARS 病毒的特效杀毒剂
   D. 过氧乙酸既有氧化性又有酸性

三 判断题　(正确的在括号内打"√",错误的打"×")

18. 蛋白质是一种能提供能量并能构成修补组织细胞的营养物质,膳食中蛋白质含量越高越好。　　　　　　　　　　　　　　　　　　　　　　　　　　　　　(　　)

19. 黄豆(干)蛋白质含量高达 69.2%,常食豆制品有益健康。　　　　　　　(　　)

四 综合题

△20. 某含氮有机物能溶于水,它既能和酸反应,又能跟碱反应,每个分子中只含一个氮原子,实验测得该有机物的氮含量为 18.67%,分子中碳原子个数与氧原子个数相等,氢原子个数等于碳、氮、氧原子个数之和。这种有机物的分子式为_____,结构式为_____,名称为_____。

21. 味精的主要成分是谷氨酸钠,其结构简式为_____。味精在 160℃易分解成微毒性的焦谷氨酸钠物质,在碱性条件下易变成无鲜味的谷氨酸二钠,在酸性条件下易变成溶解性差的谷氨酸。因此,味精不宜在热、碱、酸条件下使用。

22. 蛋白质的营养功能有_____,_____,_____。

23. 酶的催化作用具有的特点是_____,_____,_____。

24. 人们膳食中的蛋白质主要来自哪些方面?日常膳食应提倡什么?

第四节 油脂和维生素

一 填空题

1. 油脂的主要成分是_____和_____,它们通过酯化反应生成甘油三酯。两种甘油三酯的结构如下图所示,其中三硬脂酸甘油酯为_____甘油三酯,α-油酸-β软脂酸-α'-硬脂酸甘油酯为_____甘油三酯。(填写"混合"或"单纯")

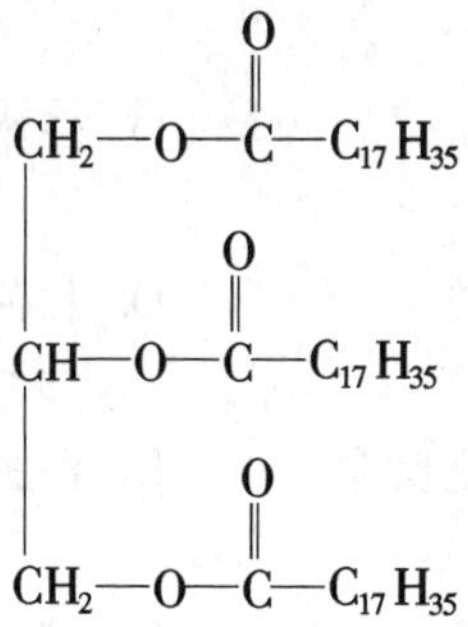

(三硬脂酸甘油酯) 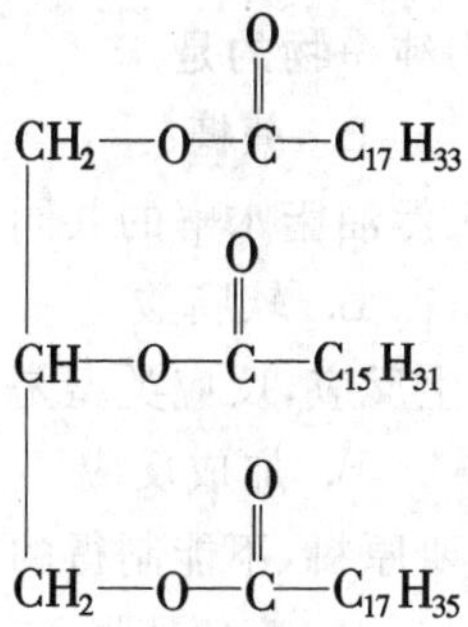   (α-油酸-β-软脂酸-α'-硬脂酸甘油酯)

2. 用油脂水解制取高级脂肪酸和甘油,通常选择的条件是_____。若制取肥皂和甘油,则选择的条件是_____。

3. 液态油转化为固态脂通常在_____条件下,用油和____发生_____反应,这是由于液态油中含有_____。该过程叫油脂的_____,也叫油脂的_____。

4. 将肥皂液(主要成分为硬脂酸钠)分装在两支试管中。往第一支试管中加入稀硫酸,有_____产生,反应的化学方程式为_____。往第二支试管中加入 $MgCl_2$(或 $CaCl_2$)溶液,则有_____产生,反应的化学方程式为_____,肥皂的洗涤效果将_____。因此,使用硬水(即含 Ca^{2+}、Mg^{2+} 较多的水)洗涤时不宜同时用肥皂。

5. 维生素 C 又称_____酸,它具有____性,在酸性溶液中比较稳定,遇热、遇碱均容易被破坏,所以炒菜不宜加热太久,也不宜加碱。维生素 C 还具有_____性,在空气中容易被氧化,与某些金属特别是与____接触破坏更快,所以炒菜不要用____锅。

6. 维生素 E 易被氧化,是食用油脂最理想的_____剂。在人体内,维生素 E 也具有抗氧化作用,有延缓_____的效果,防止老年斑的形成。

7. 1498 年,俄国有一支由 160 人组成的探险队,乘船远航到印度,由于长期无蔬菜可吃,结果绝大多数人患坏血病而死,这是由于缺乏_____。

二 选择题 (每题只有 1 个正确答案)

8. 猪油在碱性条件下加热发生的反应属　　　　　　　　　　　　　　　　　[　　]
   A. 加成反应　　　　　　　　　　　B. 取代反应
   C. 消去反应　　　　　　　　　　　D. 皂化反应

9. 下列关于油脂的叙述不正确的是　　　　　　　　　　　　　　　　　　　[　　]
   A. 油脂属于酯类　　　　　　　　　B. 油脂的生理热能值与糖相仿
   C. 天然油脂一般无固定的熔点　　　D. 油脂通常比水轻,不溶于水

10. 一般成年人体内贮存的脂肪约占体重的质量分数是　　　　　　　　　　　[　　]
    A. 10%～20%　　　　　　　　　　B. 20%～25%
    C. 50%～55%　　　　　　　　　　D. 5%～10%

11. 下列物质中,为纯净物的是　　　　　　　　　　　　　　　　　　　　　[　　]
    A. 天然油脂　　　B. 蔗糖　　　C. 淀粉　　　D. 纤维素

12. 下列物质中,天然油脂水解的共同产物是　　　　　　　　　　　　　　　[　　]
    A. 硬脂酸　　　B. 软脂酸　　　C. 油酸　　　D. 甘油

13. 油脂与氢气发生反应,反应类型是　　　　　　　　　　　　　　　　　　[　　]
    A. 取代反应　　　B. 加成反应　　　C. 氧化反应　　　D. 消去反应

14. 以硬化油为主要原料,不能制得的物质是　　　　　　　　　　　　　　　[　　]
    A. 肥皂　　　B. 高级脂肪酸　　　C. 醋酸　　　D. 甘油

15. 油脂被人摄入后,受酶的催化而水解。水解及吸收的主要器官是　　　　　[　　]
    A. 口腔　　　B. 胃　　　C. 小肠　　　D. 大肠

16. 人体血红蛋白中含有 Fe^{2+},如果误食亚硝酸盐会使人中毒,因为亚硝酸盐会使 Fe^{2+} 转变成 Fe^{3+},生成高铁血红蛋白而丧失与 O_2 结合的能力。服用维生素 C 可缓解亚

硝酸盐中毒,这说明维生素C具有 [　　]
　A. 酸性　　　　　B. 碱性　　　　　C. 氧化性　　　　　D. 还原性

17. 下列与人的生理有关的叙述不正确的是 [　　]
　A. 脂肪(由碳、氢、氧元素组成)在人体内代谢的最终产物是CO_2和H_2O
　B. 剧烈运动时人体代谢加快,代谢产物不能及时排出,血液的pH增大
　C. 人的胃液中含有少量盐酸,可以帮助消化
　D. 煤气中毒主要是CO与血红蛋白牢固结合,使血红蛋白失去输氧能力

18. 下列关于皂化反应的说法正确的是 [　　]
　A. 油脂经皂化反应后,生成高级脂肪酸、甘油和水的混合液
　B. 加入食盐可以使肥皂析出,这一过程叫盐析
　C. 加入食盐搅拌后,静置一段时间,溶液分成上下两层,下层是高级脂肪酸钠
　D. 甘油和食盐的混合液可以通过分液的方法进行分离

19. 在下列哪种条件下,油脂易发生酸败反应 [　　]
　A. 将油放在高温、有水处敞口保存　　　　B. 将油放在棕色瓶内保存
　C. 在油中添加抗氧化剂　　　　　　　　　D. 将油密封保存

20. 下列关于油脂的叙述错误的是 [　　]
　A. 供给和贮存人体所需能量,生理热能值约是糖、蛋白质的两倍
　B. 破坏对维生素A、D、E、K和胡萝卜素的吸收
　C. 植物油比动物油有利于健康
　D. 油脂摄入过多易患"富贵病"

21. 100g糙米含维生素B_1为0.34mg,而同质量的精米只含0.15mg,成人每天需要约1mg维生素B_1。常吃精米,易患 [　　]
　A. 软骨病　　　　B. 夜盲症　　　　C. 软骨病　　　　D. 脚气病

22. 下列关于维生素的叙述不正确的是 [　　]
　A. 维生素一般在人体内不能合成,要靠食物补充
　B. 维生素既不提供能量,又不构成人体各组织细胞
　C. 维生素既能影响体内营养的分配,又可以调节人体的生理功能
　D. 维生素对人体如此重要,补充大量维生素有益健康

三　判断题 (正确的在括号内打"√",错误的打"×")

23. 油脂变"哈"是由于水解、氧化变成醇、醛、酮,有毒性,不可再食。(　　)

24. 新鲜果蔬是维生素C的良好来源,加工蔬菜时应急火快炒,以减少其损失。
(　　)

25. 维生素A、C、D、E等可溶于脂肪,脂肪可促进这些维生素的吸收利用。(　　)

26. 蛋白质、脂肪等是人体所需的营养素,摄入的量越多越好。(　　)

第五节　合理营养和食品安全

一、填空题

1. 为保障学生每天学习和活动的顺利进行,保持身体健康,一日三餐的合理膳食是:早、中、晚餐摄入的能量应当分别占_____%、_____%和_____%左右。
2. 喷洒过农药的蔬菜和水果在食用前,可选择的处理方法有_____。
3. 占人体体重60%～70%的成分是_____。种类很多,需要量又很少,一旦缺乏,就会影响正常的生命活动的营养素是_____。本身没有营养价值,但对维持人体健康有重要作用,被称为"第七营养素"的是_____;专家建议,一般每天摄取它_____ g 就可满足机体需要,而达到_____ g 更理想。

二、选择题　（每题只有1个正确答案）

4. 合理膳食是指　　　　　　　　　　　　　　　　　　　　　　　　[　　]
   A. 蛋白质是构成细胞的基本物质,应该多吃
   B. 糖类是主要的供能物质,应多吃
   C. 膳食应以肉类、蔬菜、水果为主
   D. 各种营养物质的比例合适,互相搭配

5. 下列属于细菌性中毒的是　　　　　　　　　　　　　　　　　　　[　　]
   A. 吃了有毒蘑菇　　　　　　　　　　B. 误食了亚硝酸钠
   C. 吃了腐烂的食物　　　　　　　　　D. 吃了发芽的马铃薯

6. 有些同学只爱吃肉,不爱吃水果和蔬菜,长此以往会造成身体缺乏　[　　]
   A. 蛋白质和维生素　　　　　　　　　B. 脂肪和无机盐
   C. 维生素和无机盐　　　　　　　　　D. 蛋白质和脂肪

7. 绿色食品是指　　　　　　　　　　　　　　　　　　　　　　　　[　　]
   A. 绝对没有一点污染的食品　　　　　B. 绿颜色的食品
   C. 产自良好环境、无污染、安全、优质的食品　　　D. 定为AA级的食品

三、判断题　（正确的在括号内打"√",错误的打"×"）

8. 做米饭弃米汤的捞饭法,损失的维生素和无机盐很多,所以提倡用电饭煲煮饭并长时间保温。　　　　　　　　　　　　　　　　　　　　　　　　　　（　　）
9. 俗话说的"米面带点糠,常年保健康"符合主副食搭配的营养原则。　（　　）
10. "带馅食物"最能体现多种食物搭配的营养原则。　　　　　　　　（　　）

11. 大豆中的蛋白质含量为35%～40%,是植物性食物中蛋白质含量最高的。
( )
12. 大豆中含有的一些天然的抗营养因子,不会影响人体对某些营养素的吸收。
( )
13. 肉类食品在炖煮时其无机盐和水溶性维生素部分溶于汤中一起食用,但会丢失太多。 ( )
14. 谷类蛋白质的氨基酸组成中,赖氨酸含量相对较高,因此,谷类蛋白质的生物学价值强于动物蛋白质。 ( )
15. 对转基因作物的评价包含环境安全性和食品安全性。世界上第一种转基因食品是1993年投放美国市场的西红柿。 ( )
16. 平衡膳食就是要做到每顿饭和每天的膳食平衡。 ( )
17. 膳食营养素参考摄入量共包括估计平均需求量、推荐摄入量、适宜摄入量。
( )
18. 世界上除了母乳,没有任何一种天然食物能够完全满足人体的需要。 ( )
19. 平衡膳食宝塔建议的各类食物摄入量应该每日坚持,不动摇。 ( )
20. 麦麸和米糠含膳食纤维最多。 ( )
21. 谷类食物即使长期食用也不会产生任何不适。 ( )

第六节 食品添加剂

一 填空题

1. 着色剂是使食品着色和改善食品色泽的物质,通常包括食用_____色素和食用_____色素两大类。
2. 维生素C、维生素E属于食品添加剂中的_____。

二 判断题 (正确的在括号内打"√",错误的打"×")

3. 许多食品包装袋上写"不含防腐剂""不含任何添加剂"是科学的。 ( )
4. 营养强化剂属于食品添加剂范畴。 ( )
5. 山梨酸、苯甲酸钠是食品添加剂中的抗氧化剂。 ( )
6. 有些食品添加剂能保持和提高食品的营养价值。 ( )

本章综合练习题

一、填空题

1. 人体健康已成为现代生活中极为关注的热门话题,健康长寿的三要素是

＿＿＿＿＿＿、＿＿＿＿＿＿、＿＿＿＿＿＿。

2. 人体所需微量元素之一——硒,它参与人体新陈代谢,有延缓衰老、增加免疫能力、抑制癌细胞等作用。据资料统计:健康人的毛发中硒含量均高于0.06%,而患消化道癌症病人的毛发中硒含量全部低于0.04%。人体对硒的日需量为0.05～0.1mg,若超量则对人体＿＿＿＿＿。

3. 易被老人和儿童吸收,可直接供应人体能量的一种糖是＿＿＿＿＿；有利于胆固醇和消化废物从消化道中排出的糖类是＿＿＿＿＿；蜂蜜中的糖主要是＿＿＿＿＿；大米、面、土豆、薯类等所含的糖类是＿＿＿＿＿。

4. 米面、糖、鱼、肉、蛋虽营养价值高但属酸性食物,而水果、蔬菜、豆制品、乳品、海带含钾、钠、钙、镁元素,应属＿＿＿＿＿食物,为维持血液＿＿＿＿＿平衡,使pH控制在7.4左右,碱性食品＿＿＿＿＿。

5. 有氧运动是体内葡萄糖在酶的催化下,与来自空气中的O_2反应,将葡萄糖彻底分解成H_2O和CO_2,释放出大量能量,反应方程式为＿＿＿＿＿＿＿＿＿＿＿＿＿＿＿。
而无氧运动则因激烈运动时呼吸的O_2不足而发生如下反应:

$$C_6H_{12}O_6 \xrightarrow{\text{酶}} 2CH_3\underset{\underset{OH}{|}}{CH}COOH \text{（乳酸）} + 196.65 \text{kJ} \cdot \text{mol}^{-1}$$

缺乏体育锻炼的人运动后腿痛就是乳酸积滞所致。坚持体育锻炼的人一般肺活量大,不仅能充分发挥有氧呼吸的功能,而且能用无氧呼吸进行调节。"生命在于运动"就是哲学家伏尔泰的一句名言。

6. 饮食提倡＿＿＿＿＿,每人每天需要吃＿＿＿种食品以保证全面的营养。有人还建议大家掌握好三个"6∶4",即:副食∶主食＝6∶4;粗粮∶细粮＝6∶4;植物性食品∶动物性食品＝6∶4,同时强调每餐饭不宜过饱,吃到七八成饱即可。

二、选择题(每题只有1个正确答案)

7. 下列情况不属于水的生理功能的是　　　　　　　　　　　　　　　　[　]
　　A. 营养物质通过溶解在水中被吸收　　B. 排泄汗液调节体温
　　C. 唾液能使食物润滑易于吞咽　　　　D. 土壤中的水

8. 下列人体必需的一组元素是　　　　　　　　　　　　　　　　　　　[　]
　　A. Na、Se、Ca、Cu　　　　　　　　　B. Fe、Cu、Pb、Zn
　　C. Na、As、Cd、K　　　　　　　　　D. Cd、Ca、Cl、S

9. 下列矿物质营养元素中,缺乏会引起贫血的是　　　　　　　　　　　　[　]
　　A. I　　　　B. Na　　　　C. Fe　　　　D. Cu和Fe

10. 下列物质中加入稀硫酸后加热可发生水解并生成相对分子质量相等的两种有机物的是　　　　　　　　　　　　　　　　　　　　　　　　　　　　　　[　]
　　A. 蛋白质　　　B. 蔗糖　　　C. 脂肪　　　D. 葡萄糖

11. 棉花和羊毛共同具有的特征是　　　　　　　　　　　　　　　　　　[　]
　　A. 均由纤维素组成,灼烧没有烧焦羽毛的气味
　　B. 灼烧后均有烧焦羽毛的气味,因都是由含N的蛋白质组成

C. 完全燃烧的产物都只有二氧化碳和水

D. 在一定条件下均可水解,由高分子化合物生成小分子物质

12. 酒精、乙酸、葡萄糖三种溶液,只用一种试剂就能区分开来,该试剂是 [　　]

   A. 金属钠   B. 石蕊试液

   C. 新制 $Cu(OH)_2$ 悬浊液   D. $NaHCO_3$ 溶液

13. 用浓硝酸制取下列物质的反应属于硝化反应的是 [　　]

   A. 硝化甘油   B. TNT   C. 硝酸纤维(火棉)   D. 硝酸乙酯

14. 下列作用中,不属于水解反应的是 [　　]

   A. 吃馒头时,多咀嚼后有甜味

   B. 淀粉溶液和稀硫酸共热一段时间后,滴加碘水不显蓝色

   C. 不慎将浓 HNO_3 沾到皮肤上会出现黄色斑痕

   D. 油脂与氢氧化钠溶液共煮后可以制得肥皂

15. 糖原[$(C_6H_{10}O_5)_n$]是一种相对分子质量比淀粉更大的多糖,主要存在于肝脏和肌肉中,所以又叫"动物淀粉"。下列有关糖原的叙述正确的是 [　　]

   A. 糖原与淀粉互为同分异构体   B. 糖原溶于水,有甜味

   C. 糖原具有还原性,能发生银镜反应   D. 糖原水解的最终产物是葡萄糖

16. 下列情况中,没有发生蛋白质变性的是 [　　]

   A. 用福尔马林浸泡动物标本

   B. 用沾有75%酒精的棉花球擦皮肤

   C. 用 $Cu(OH)_2$ 悬浊液防治作物的病虫害

   D. 淀粉和淀粉酶混合微热

17. 下列有关油脂的叙述错误的是 [　　]

   A. 植物油可使溴水褪色,因含不饱和双键

   B. 皂化反应是羧酸酯在碱性条件下的水解过程

   C. 硬水使肥皂的去污能力减弱是因为发生了沉淀反应

   D. 油脂的硬化也称皂化反应

18. 下列说法错误的是 [　　]

   A. 误吞水银后,应立即服用大量牛奶或蛋清解毒,并马上送医院处理

   B. 温度越高,由酶催化的化学反应速率越快

   C. 浓 HNO_3 溅在皮肤上会使皮肤变黄色,这是由于浓 HNO_3 和蛋白质发生了显色反应

   D. 检验某病人是否患有糖尿病,可在其尿液中加入新配制的 $Cu(OH)_2$ 悬浊液,然后加热

19. 下列关于有机物用途的叙述不正确的是 [　　]

   A. 蔗糖可用于制造银镜

   B. 三硝基甲苯、火棉、硝化甘油均可用于制炸药

   C. 淀粉可用于制造酒精与葡萄糖

   D. 纤维素可用于制包水果糖的玻璃纸

20. 农业上使用的杀菌剂波尔多液是由硫酸铜和石灰乳按一定比例配制而成的,它能防治植物病害的原因是 [ ]

    A. 硫酸铜使菌体蛋白质盐析   B. 石灰乳使菌体蛋白质水解

    C. 菌体蛋白质溶解于波尔多液   D. 铜离子和石灰乳使菌体蛋白质变性

21. 食盐中的碘是以碘酸钾(KIO_3)形式存在的。在酸性溶液中,IO_3^- 可与 I^- 发生反应:$IO_3^- + 5I^- + 6H^+ = 3I_2 + 3H_2O$。根据此反应,可用试纸和一些生活中常用的物质进行实验,证明食盐中存在 IO_3^-。可供选择的物质有:① 自来水、② 蓝色石蕊试纸、③ 碘化钾淀粉试纸、④ 淀粉、⑤ 食糖、⑥ 食醋、⑦ 白酒。进行上述实验必需的物质是 [ ]

    A. ①③⑤   B. ①③⑥   C. ②④⑥   D. ①②④⑤⑦

三、判断题(正确的在括号内打"√",错误的打"×")

22. 没有水就没有生命,这是因为水具有重要的生理功能。   ( )

23. 因矿泉水中含多种矿物质,饮用水应该以矿泉水为主。   ( )

24. 糖、蛋白质、脂肪均是人体必需的营养物质,饮食中应以高糖、高蛋白、高脂肪食品为主。   ( )

25. 葡萄久放有酒味,甚至有酸味,这是由于 $C_6H_{12}O_6$ 在空气中受微生物作用转化为 C_2H_5OH,进而又在醋酸菌的作用下转化为 CH_3COOH。   ( )

26. 动物骨骼中含有的主要元素是 Ca、P,但人体对 Ca、P 的吸收又必须借助维生素 D,维生素 D 主要来源于鱼肝油。另外,日光可促进人体内合成维生素 D,因此坚持户外活动有益健康。   ( )

27. 重金属盐能使蛋白质变性而失去活性,严重的可造成死亡,所以吞服"钡餐"($BaSO_4$)会引起中毒,该方法不能用于胃病的 X 光诊断。   ( )

28. 一种不饱和脂肪酸 DHA 能提高记忆力,为大脑所必需的营养物质之一,另外还有降血脂、抗血栓之功能,因此被誉为"脑黄金"。   ( )

29. 英国科学家测试少年大脑皮质的 pH 发现,pH>7 的比 pH<7 的智商高出一倍,因此多吃些碱性食物,可提高智力水平。   ( )

30. 动物油含维生素 A 和 D,维生素 A、D 又是青少年发育不可缺少的维生素,因此绝对不食动物油是饮食的一个误区。   ( )

31. 维生素 C 具有还原性,高温下极不稳定,在酸性条件下较稳定,因此,炒菜宜快速,并加些食醋,对保留维生素 C 有利。   ( )

本章自测试卷

A 卷

一、填空题

1. 葡萄糖的结构简式为_____,其分子内含有的官能团是_____。它的营养功能是_____,写出

第七章 化学与营养

其反应方程：_____。人体细胞内氧化 1g 葡萄糖可释放出 _____ 热量。

2. 脂肪、淀粉、蛋白质是人类三大营养物质，它们共同的化学性质是都能发生 _____ 反应。

(1) 人类从食物中摄取的蛋白质在胃液中的胃蛋白酶作用下经 _____ 反应，生成 _____，它被人体吸收后重新合成人体所需的各种 _____。人体各组织蛋白质也不断分解，最后主要生成 _____ 排出体外。

(2) 人类从食物中摄取油脂后，油脂在体内首先水解成 _____ 和 _____，而后又在体内重新合成为人体自身的 _____，可贮存于皮下、腹内和内脏器官的周围，使人变胖，若大量食用脂肪，会导致心肌梗死、动脉硬化及脂肪肝等疾病。因此，食用油脂应坚持 _____，_____，_____ 的原则。

二、选择题（每题只有 1 个正确答案）

3. 果糖的结构为 $CH_2-CH-CH-CH-\overset{O}{\underset{\|}{C}}-CH_2$，据此判断其不可能发生的反
　　　　　　　　　$\;\;|\;\;\;\;\;|\;\;\;\;\;|\;\;\;\;\;|\;\;\;\;\;\;\;\;\;\;\;\;\;|$
　　　　　　　　　$OH\;\;OH\;\;OH\;\;OH\;\;\;\;\;\;\;\;\;OH$

应为　　　　　　　　　　　　　　　　　　　　　　　　　　　　　　　　　　[ ]
　A. 还原反应　　B. 氧化反应　　C. 水解反应　　D. 酯化反应

4. 下列元素属于人体微量元素的是　　　　　　　　　　　　　　　　　　　　　[ ]
　A. 氯　　　　　B. 硫　　　　　C. 碘　　　　　D. 镁

5. 下列物质属于非还原性糖的是　　　　　　　　　　　　　　　　　　　　　　[ ]
　A. 葡萄糖　　　B. 果糖　　　　C. 蔗糖　　　　D. 麦芽糖

6. 下列植物性食品中，蛋白质含量最高的是　　　　　　　　　　　　　　　　　[ ]
　A. 水果　　　　B. 谷类　　　　C. 大豆　　　　D. 蔬菜

7. 下列食物中，含糖量最高的是　　　　　　　　　　　　　　　　　　　　　　[ ]
　A. 大米　　　　B. 小麦　　　　C. 马铃薯　　　D. 薯干

8. 下列物质中，水解的最终产物为纯净物的是　　　　　　　　　　　　　　　　[ ]
　A. 蔗糖　　　　B. 纤维素　　　C. 蛋白质　　　D. 油脂

9. 在鸡蛋清溶液中加入 $(NH_4)_2SO_4$，蛋白质溶液会变浑浊，此过程称为　　　　[ ]
　A. 变性　　　　B. 盐析　　　　C. 皂化　　　　D. 水解

10. 维生素类物质的共同特点是　　　　　　　　　　　　　　　　　　　　　　[ ]
　A. 溶于水　　　B. 结构相同　　C. 维持人体健康　D. 脂溶性

11. 下列氨基酸中，含硫的必需氨基酸是　　　　　　　　　　　　　　　　　　[ ]
　A. 赖氨酸　　　B. 蛋氨酸　　　C. 半胱氨酸　　D. 异亮氨酸

12. 下列脂肪酸中，属于必需脂肪酸的是　　　　　　　　　　　　　　　　　　[ ]
　A. 软脂酸　　　B. 硬脂酸　　　C. 油酸　　　　D. 亚油酸

13. 下列物质中，能阻止空气中的氧气氧化而防止食物变质的是　　　　　　　　[ ]
　A. 维生素 C　　B. 碘酸钾　　　C. 谷氨酸钠　　D. 木糖醇

14. 下列关于纤维素的叙述不正确的是 [　　]
A. 一切植物中均含有纤维素，木材、棉花中的含量高达 95％
B. 纤维素是构成细胞壁的基础物质
C. 食物纤维被人体摄入后有助于消化和排泄
D. 纤维素一般不溶于水而易溶于有机溶剂

15. 以纤维素为主要原料不能制得的产品是 [　　]
A. 无烟火药　　B. 肥皂　　C. 油漆　　D. 塑料

16. 右图所示为肥皂去污原理的部分示意图，其中 M 处（类似于火柴头）对应的微粒是 [　　] 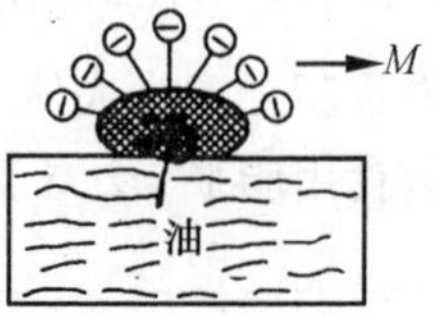
A. —$C_{17}H_{35}$　　　　　　　B. —COO^-
C. —$COOH$　　　　　　　D. —$COONa$

17. 下列过程中，一般不具有可逆性的是 [　　]
A. 蛋白质的盐析　　　　　B. 油脂的酸式水解
C. 蛋白质的变性　　　　　D. 醋酸的电离

18. 下列关于淀粉和纤维素的叙述不正确的是 [　　]
A. 它们都属于高分子化合物，属于多糖
B. 它们的通式都为 $(C_6H_{10}O_5)_n$
C. 淀粉和纤维素都是混合物，互为同分异构体
D. 它们都是由单糖分子通过缩聚反应结合而成的

19. 要使蛋白质从水溶液中析出而不改变它的性质，应使用的试剂是 [　　]
A. 饱和 $(NH_4)_2SO_4$ 溶液　　　　B. 稀 $NaOH$ 溶液
C. 福尔马林　　　　　　　　　　D. $CuSO_4$ 溶液

20. 下列说法错误的是 [　　]
A. 误服 $BaCl_2$ 溶液后，应立即服用大量牛奶或蛋清解毒，并马上送医院处理
B. 温度越高，由酶催化的化学反应速率越快
C. 浓 HNO_3 溅在皮肤上会使皮肤变黄，这是由于浓 HNO_3 和蛋白质发生了显色反应
D. 检验某病人是否患有糖尿病，可在其尿液中加入新配制的 $Cu(OH)_2$ 悬浊液，然后加热

21. 下列叙述不正确的是 [　　]
A. 蛋白质、油脂、维生素都是人体的营养物质，但维生素不能提供能量，且需要量极微
B. 蛋白质、油脂和维生素都是高分子化合物
C. 蛋白质和油脂一样都能水解，但不都属于酯类
D. 人体过量摄入脂溶性维生素会在体内蓄积，有可能会引起中毒，但水溶性维生素则不会

22. 下列有关"生活中的化学"叙述不正确的是 [　　]
A. 合成洗涤剂去油污主要是物理变化，碱液去油污是化学变化
B. 食用植物油的主要成分是不饱和高级脂肪酸甘油酯，是人类必需营养物质之一

C. 重金属盐能使蛋白质变性,所以误食铜盐、铅盐、汞盐会引起人体中毒
D. 苯酚具有杀菌功能,既可用于环境消毒,也可直接用于人体皮肤杀菌消毒

三、判断题(正确的在括号内打"√",错误的打"×")

23. 蛋白质和油脂都是能够提供人体能量的高分子化合物。( )
24. 脂肪的生理热能值高,约是蛋白质和糖的两倍。( )
25. 由于饭后人体血糖浓度可达100~120mg/100mL,学习工作精力充沛;3~4小时后血糖含量下降而有饥饿感。( )
26. 人体对各种维生素的需求量极少,所以长期缺乏不一定影响身体健康。( )
27. 单纯性甲状腺肿大是因为人体缺碘。( )
28. 人们吃含淀粉的食物时,在嘴里咀嚼时间长了就会感到有甜味。( )
29. 水能调节人体的体温,是因为水的比热小。( )
30. 植物组织中,油脂主要存在于种子和果仁中。( )
31. 蛋白质能水解产生氨基酸。蛋白质是生命的基础物质,无蛋白质就没有生命。( )
32. 色拉油与未提纯的原料油相比,纯度高,所以甘油三酯的含量增大,皂化时所需的碱量多。( )
33. 家庭备菜时,将蔬菜先洗后切可以减少水溶性维生素的损失。( )
34. 淀粉是由α-葡萄糖组成的,人体内有淀粉酶可以消化淀粉。纤维素是由β-葡萄糖组成的,人体无法消化,但牛、羊等草食性动物体内有某种微生物,可分泌出能使纤维素水解的一种酶,纤维素可消化吸收。( )

B 卷

一、判断题(正确的在括号内打"√",错误的打"×")

1. 同样质量的脂肪和蛋白质氧化产生的能量一样多。( )
2. 只有脂肪是膳食中提供能量的营养物质。( )
3. 蛋白质能水解产生氨基酸。( )
4. 纤维素在强酸和一定压力下,经长时间煮沸可以发生水解,最终产物是二氧化碳和水。( )

二、选择题(每题只有1个正确答案)

5. 常量元素的含量应在 [ ]
A. 1%以上   B. 0.1%以上   C. 0.01%以上   D. 0.001%以上
6. 有一种食物,取10g样品测得其含氮量为0.31g,则其中蛋白质含量约为 [ ]
A. 16%   B. 19.4%   C. 6.25g   D. 12.5g
7. 下列有关糖类物质的叙述正确的是 [ ]
A. 糖类是有甜味的物质
B. 由C、H、O三种元素组成的有机物属于糖类
C. 糖类物质又叫碳水化合物,其化学式都可以用$C_n(H_2O)_n$通式表示
D. 糖类一般是多羟基醛或多羟基酮,以及能水解产生它们的物质

三、综合题

8. 现有油酸、软脂酸、硬脂酸三种脂肪酸,你能写出由这三种脂肪酸与甘油形成的单纯甘油三酯和混合甘油三酯的结构吗?能否推断其中最容易被氧化的是哪一种甘油酯?

9. 胡萝卜素是维生素 A 原,其溶解性与维生素 A 相似。胡萝卜中含胡萝卜素较多,你觉得食用胡萝卜时,哪一种吃法更有利于胡萝卜素的吸收呢?

10. 什么叫营养?什么是营养素?营养素分为哪 6 类?为什么有人称纤维素为"第七营养素"?

第八章 化学与材料

第一节 常见的金属材料

一 填空题

1. 金属可分为轻金属和重金属。轻金属是指密度_____4.5g·cm^{-3}的金属,如_____等;重金属是指密度_____4.5g·cm^{-3}的金属,如_____等。

2. 金属原子在化学反应中容易_____电子,这是由于它的最外层电子数比较____,原子核对最外层电子的吸引力较____。金属单质在化学反应中常作_____剂。排在金属活动性顺序表越前面的金属,其_____性越强,对应的金属离子的_____性越____。

3. 黑色金属主要包括____、____、____等元素。铁碳合金中,碳含量为2%~4.30%的称_____,碳含量为0.03%~2.11%的称____。

4. 铁合金中主要成分是_____,还含有_____、_____、_____等有益元素。铁合金中的有害元素有:_____,允许量为_____,若超标则使铁合金具有_____性;_____,允许量为_____,若超标则使铁合金具有_____性。

5. 铬的重要用途是:① 制不锈钢,其Cr含量为_____;② 制造铬钢,其Cr含量为_____;③ 制电热丝(即镍铬丝,用于电炉),其Cr含量为_____。

6. 锰的主要用途是冶炼各种优异性能的金属材料,在炼钢炉中锰常作_____和_____剂。特种钢(锰钢)的Mn含量为_____,其特性是_____、_____、_____,常用来制造_____、_____和_____等。

7. 有色金属主要包括_____等元素(填3~4种)。具有良好导电导热性的是_____、_____、_____,具有高熔点与耐热性的是_____,具有优异化学稳定性的是_____、_____等。

8. 铝热法是_____,温度可高达_____,化学方程式是_____。此原理可应用于_____。

9. 硫酸铝和明矾溶于水后,水解生成_____,具有吸附性,可吸附水中的杂质,常作_____剂。但是世界卫生组织提出人体每天的摄铝量不应超过每千克体重1mg,如果经常喝铝盐净化过的水或吃含铝盐的食物,如油条、粉丝、凉粉、油饼、易拉罐饮料,或使用铝制品炊具等就会使铝摄入量过多,这将会导致肾衰竭病、骨骼缺钙、记忆力下降、非缺铁性贫血、肝功能障碍、关节炎、支气管炎以及老年痴呆症等。

10. 农业上常用波尔多液防治果树及其他植物的病虫害,该溶液是由_____混合而成的。

11. 贵重金属主要包括_____等元素,而稀土元素包括_____,共_____种元素。

二 选择题 （每题只有1个正确答案）

12. 金属晶体中质点间的作用力是 [　　]
A. 离子键　　　　B. 共价键　　　　C. 金属键　　　　D. 分子间力

13. 电解氧化铝制铝时,必须加冰晶石,它的主要作用是 [　　]
A. 催化剂　　　　B. 还原剂　　　　C. 氧化剂　　　　D. 助熔剂

14. 制取金属活动性顺序在铝前面的金属可选用 [　　]
A. 电解熔融的金属化合物　　　　B. 用适当的还原剂还原
C. 电解金属盐溶液　　　　　　　D. 在空气中焙烧

15. 下列反应原理在金属工业冶炼中无实用价值的是 [　　]
A. 热分解法制金属 Hg($2HgO \xrightarrow{\triangle} 2Hg+O_2\uparrow$)
B. 高温还原法制金属 Mn($4Al+3MnO_2 \xrightarrow{高温} 2Al_2O_3+3Mn$)
C. 电解还原法制金属 Mg($2MgO \xrightarrow{电解} 2Mg+O_2\uparrow$)
D. 高温还原法制金属 Fe($3CO+Fe_2O_3 \xrightarrow{高温} 2Fe+3CO_2\uparrow$)

16. 既能与强酸反应,又能与强碱溶液反应,且反应时都有气体放出的物质是 [　　]
A. Ag　　　　B. Fe　　　　C. Al　　　　D. Cu

17. 下列化合物通过单质与单质的化合而得的是 [　　]
A. $FeCl_2$　　　　B. $FeCl_3$　　　　C. Na_2SO_4　　　　D. Na_2CO_3

18. 向硝酸钠溶液中加入铜粉不发生反应,若加入某盐后则铜粉可以逐渐溶解,符合此条件的盐是 [　　]
A. $ZnSO_4$　　　　B. $NaHCO_3$　　　　C. Na_2SO_4　　　　D. $Fe(NO_3)_3$

19. 在 $FeCl_3$、$CuCl_2$ 和稀 H_2SO_4 的混合液中加入 Fe 粉,待充分反应后,滤出的固体中含有能被磁铁吸引的物质,则反应后溶液中含的阳离子几乎都是 [　　]
A. Cu^{2+}　　　　B. Fe^{3+}　　　　C. H^+　　　　D. Fe^{2+}

20. 下列实验现象无法证实 Fe^{2+} 存在的是 [　　]
A. 加入 KSCN 无明显现象,但加入氯水后立即显红色
B. 通入 Cl_2 溶液变棕黄色,再加入氨水产生红褐色沉淀
C. 加入 NaOH 产生白色沉淀,在空气中很快变为红褐色沉淀
D. 溶液显淡绿色

第八章 化学与材料

21. 铝在人体内积累可使人慢性中毒,1998年世界卫生组织正式将铝确定为"食品污染源之一"而加以控制,在下列使用场合必须加以控制的是 [　　]
① 糖果、香烟内包装　② 电线电缆　③ 牙膏皮　④ 氢氧化铝胶囊(作内服药)
⑤ 明矾净水　⑥ 粉丝、油条、饼干的膨化剂[$Al_2(SO_4)_3$]　⑦ 铝炊具　⑧ 制银粉漆防锈
A. ①③④⑤⑥⑦　　B. ②③④　　C. ⑥⑦⑧　　D. 全部

22. 下列不是钛合金的特殊功能的是 [　　]
A. 记忆功能　　B. 热固性　　C. 超导功能　　D. 吸氢功能

23. 下列金属中,有"抓住气体"本领的是 [　　]
A. Pd　　B. Au　　C. Cr　　D. Mn

24. 下列微粒中,氧化性最强的是 [　　]
A. Fe^{3+}　　B. MnO_4^-　　C. Cu^{2+}　　D. Al^{3+}

25. 下列对稀土元素及其化合物的描述不正确的是 [　　]
A. 稀土元素是比较活泼的金属　　B. 稀土元素能极大地改善金属材料的性能
C. 稀土元素共包含17种元素　　D. 我国稀土资源比较贫乏

三　综合题

26. Fe^{2+}、Fe^{3+} 的检验方法有哪几种?

27. Al^{3+}、Zn^{2+}、Cu^{2+} 如何鉴别?

第二节　无机非金属材料

一　填空题

1. 硅晶体的导电性介于_____和_____之间,是良好的半导体材料,其导电性能随着温度的升高_____。高纯度的硅在电子工业上用来制造_____、_____等半导体元件。

2. 水泥的品质主要取决于它的技术性能,即_____、_____、_____、_____、_____、_____。

3. _____、_____、_____加适量水调和而成的物质叫作混凝土,硬化后强度很大。混凝土和钢筋结合使用,叫_____,其强度更大。

4. 硅藻土表面积很大,_____强,可以作为_____,还可作为过滤器和催化剂的_____以及_____。

5. 玻璃瓶内既可以盛放三大强酸,又可以盛放弱酸,但不能盛放_____酸,其发生反应的化学方程式是_____,该反应可用于刻蚀玻璃、制毛玻璃等。

6. 普通玻璃常带有绿色,这是由于含_____,市场上的变色眼镜片内含有_____。

二、选择题 （每题只有1个正确答案）

7. 下列玻璃中,与普通玻璃的成分相同的是　　　　　　　　　　　　　　[　　]
　A. 变色玻璃　　　　B. 钢化玻璃　　　　C. 光学玻璃　　　　D. 钾玻璃

8. 下列物质中,不属于硅酸盐的是　　　　　　　　　　　　　　　　　　[　　]
　A. 水泥　　　　　　B. 大理石　　　　　C. 玻璃　　　　　　D. 陶瓷

9. 下列材料中,可作水泥原料的是　　　　　　　　　　　　　　　　　　[　　]
　A. 石灰石和黏土　　B. 石英和黏土　　　C. 石英和纯碱　　　D. 高岭土和纯碱

10. 在搪瓷和陶瓷器具表面的釉质中含有极微量的 Pb、Cd 和 Sb 等有毒金属盐类,为了防止中毒,下列食品不能长期盛放其中的是　　　　　　　　　　　　[　　]
　A. 酱油　　　　　　B. 食醋　　　　　　C. 蔗糖　　　　　　D. 食盐

11. 下列反应方程式错误的是　　　　　　　　　　　　　　　　　　　　[　　]
　A. $SiO_2 + H_2O =\!=\!= H_2SiO_3$
　B. $Na_2SiO_3 + CO_2 + H_2O =\!=\!= Na_2CO_3 + H_2SiO_3$（说明碳酸的酸性强于偏硅酸）
　C. $Na_2CO_3 + SiO_2 \xrightarrow{\text{高温}} Na_2SiO_3 + CO_2\uparrow$（玻璃熔炉中的一个反应）
　D. $CaCO_3 + SiO_2 =\!=\!= CaSiO_3 + CO_2\uparrow$（玻璃熔炉中的另一个反应）

12. 以下能把 Na_2CO_3、Na_2SO_4、Na_2SiO_3 三种无色溶液区别开的试剂是　　[　　]
　A. $Ba(OH)_2$ 溶液　B. 紫色石蕊试液　　C. $CaCl_2$ 溶液　　D. 盐酸

13. 下列物质中,其水溶液露置于空气中会变浑浊,加入足量盐酸也不变澄清的是
　　　　　　　　　　　　　　　　　　　　　　　　　　　　　　　　　[　　]
　A. $Ca(OH)_2$　　　B. $CaCl_2$　　　　C. Na_2SiO_3　　　D. $Ba(OH)_2$

14. 根据水泥、玻璃和陶瓷的生产过程,总结出硅酸盐工业的一般特点是:① 原料中均含 Si 元素;② 生成物都含硅酸盐;③ 反应均在固体高温下进行;④ 炉内均发生复杂的物理、化学变化;⑤ 原料中均要加黏土;⑥ 原料中均少不了 $CaCO_3$;⑦ 原料中均应加石膏;⑧ 原料中均要加 Na_2CO_3。其中正确的是　　　　　　　　　　[　　]
　A. ①②③⑦　　　　B. ②③④⑥　　　　C. ③④⑤⑧　　　　D. ①②③④

15. 通常所说的混凝土是一种复合材料,它广泛应用于建造房屋、道路、桥梁等,其主要原料是　　　　　　　　　　　　　　　　　　　　　　　　　　　[　　]
　A. 水泥、沙子、石灰　　　　　　　　　B. 水泥、碎石、沙子
　C. 钢筋、水泥、沙子　　　　　　　　　D. 黏土、水泥、沙子

16. 在制水泥的原料中加入 2%～3% 的石膏($CaSO_4·2H_2O$),其主要作用是[　　]
　A. 作填充剂　　　　　　　　　　　　　B. 调节水泥的硬化速率

C. 作催化剂　　　　　　　　　D. 作膨胀剂

17. 将24g石英和80g石灰石在高温下充分反应,反应后放出的气体在标准状况下的体积是　　　　　　　　　　　　　　　　　　　　　　　[　　]

A. 4.48L　　　　B. 8.96L　　　　C. 11.2L　　　　D. 17.02L

第三节　有机高分子材料

一　填空题

1. 高分子化合物是指＿＿＿＿＿＿＿＿＿＿＿＿＿＿＿＿＿＿＿＿＿的物质。例如,淀粉的相对分子质量从几万到几十万,蛋白质的相对分子质量从几万到几百万,而核蛋白的相对分子质量可高达几千万。通常所说的塑料、橡胶、合成纤维的相对分子质量为＿＿＿＿＿＿＿＿＿,甚至高达＿＿＿＿＿＿＿＿。

2. 高分子化合物又称＿＿＿＿＿＿＿；单体是指＿＿＿＿＿＿＿＿＿＿＿＿＿＿＿＿；在高分子化合物长链中不断重复着的部分被称为＿＿＿＿＿＿＿,也称＿＿＿＿＿＿；高聚物中的链节数(即 n)被称为＿＿＿＿＿＿＿。

3. 高聚物的形成可通过加聚反应,加聚反应中的单体必须具有＿＿＿＿＿＿键。聚合反应 $nCH_2=CH_2 \xrightarrow{催化剂} \text{\textlbrackdbl} CH_2-CH_2 \text{\textrbrackdbl}_n$ 中,单体是＿＿＿＿＿＿＿＿,链节是＿＿＿＿＿＿＿＿,聚合度是＿＿＿,聚合度是个统计平均值。

4. 合成酚醛树脂的反应方程式如下:

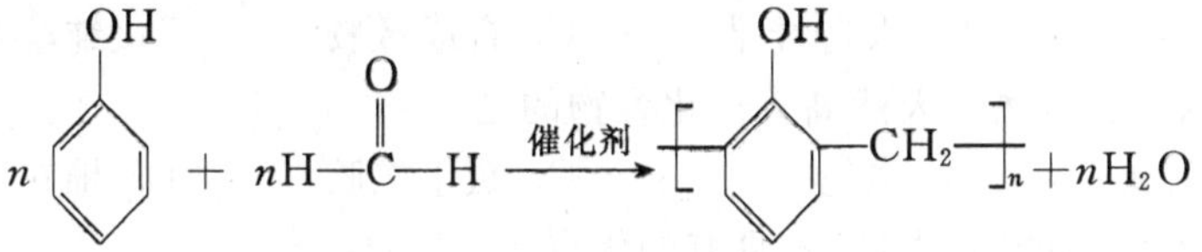

该反应属＿＿＿＿＿＿＿,单体是＿＿＿＿＿＿＿＿,链节是＿＿＿＿＿＿＿＿,聚合度是＿＿＿,产生的小分子是＿＿＿＿。

5. ABS 工程塑料已广泛应用,它是由＿＿＿＿＿＿＿＿＿＿、＿＿＿＿＿＿＿＿＿＿、＿＿＿＿＿＿＿＿＿＿三种单体经过＿＿＿＿＿＿＿＿而形成的。其反应实质是双键处断开发生加成反应,其中 1,3-丁二烯发生的是＿＿＿＿＿＿＿＿反应。

6. 棉、麻等属＿＿＿＿＿＿＿＿纤维,其主要成分是＿＿＿＿＿＿＿；羊毛、蚕丝等属＿＿＿＿＿＿＿＿纤维,其主要成分是＿＿＿＿＿＿＿。因此,在洗涤羊毛、丝绸纺织品时,要注意选用中性洗衣粉,这是因为蛋白质遇碱性易发生水解生成氨基酸,对织物产生严重腐蚀,大幅度缩短其使用寿命。另外,现在市场上出现了一种加酶洗衣粉,此洗衣粉千万不能洗涤羊毛、丝绸织物,因为该洗衣粉内添加了一种碱性蛋白酶,此酶能使蛋白质水解,破坏纤维牢度。

7. 黏合剂又称＿＿＿＿＿＿＿,其中除了含有高分子化合物之外,还含有＿＿＿＿＿＿＿、＿＿＿＿＿＿＿、＿＿＿＿＿及其他附加剂。

8. 下图所示的缩聚产物是一种具有较好耐热性、耐水性和高频电绝缘性的高分子化合物(树脂),由三种单体在一定条件下缩聚(同时还生成水)形成。这三种单体分别是_____、_____和_____。

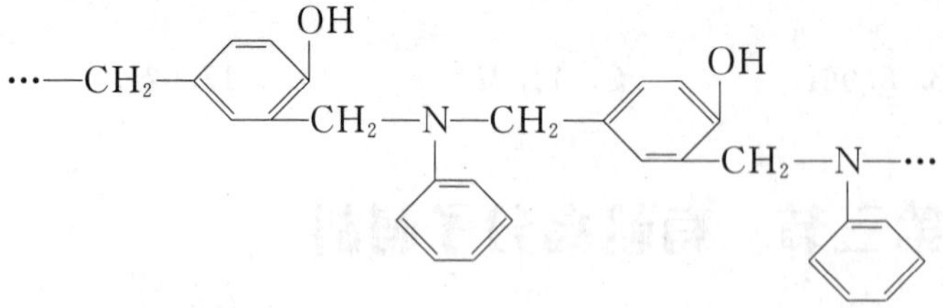

二 选择题（每题只有1个正确答案）

9. 苯酚与甲醛在一定催化剂作用下,可以生成酚醛塑料和水,该反应是 [　　]
   A. 缩聚反应　　B. 加聚反应　　C. 加成反应　　D. 都不是

10. 合成橡胶一般不具有的性能是 [　　]
    A. 高弹性　　B. 绝缘性　　C. 气密性　　D. 阻燃性

11. 下列各种塑料中,可用作高频绝缘材料、化工设备、光学仪器和防震包装物的是 [　　]
    A. 聚乙烯　　B. 聚苯乙烯　　C. 聚氯乙烯　　D. 聚丙烯

12. 硬质聚乙烯塑料在纺织、化工、制药等工业上用作排风、排液管道和盛放化学药剂的容器,主要是利用它的 [　　]
    A. 良好的化学稳定性　　　　B. 良好的绝缘性能
    C. 良好的机械性能　　　　D. 良好的柔韧性

13. 下列物质中,不属于合成材料的是 [　　]
    A. 塑料　　B. 人造纤维　　C. 合成橡胶　　D. 纯羊毛

14. 下列物质中,属于天然高分子化合物的是 [　　]
    A. 毛腈毛线　　B. 涤纶　　C. 氯丁橡胶　　D. 棉花

15. 合成纤维中的"六大纶"不具有的优点是 [　　]
    A. 强度高　　B. 不燃烧　　C. 耐化学腐蚀　　D. 不缩水

16. 工业上生产"的确良"(涤纶)的反应式如下：

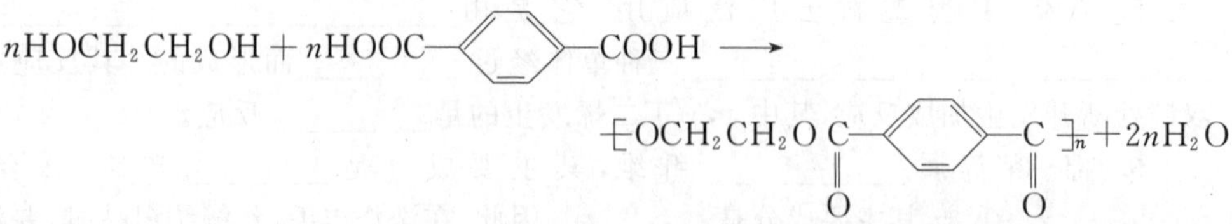

    nHOCH$_2$CH$_2$OH + nHOOC—⟨benzene⟩—COOH ⟶ $\{$OCH$_2$CH$_2$O-C(=O)-⟨benzene⟩-C(=O)$\}_n$ + 2nH$_2$O

则合成涤纶的单体应该是 [　　]
    A. HOCH$_2$—CH$_2$OH（乙二醇）　　B. 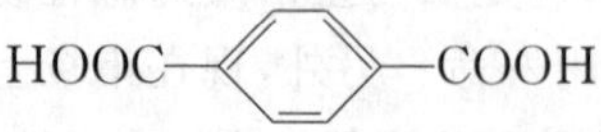 HOOC—⟨benzene⟩—COOH（对苯二甲酸）
    C. 乙二醇和对苯二甲酸　　　　D. 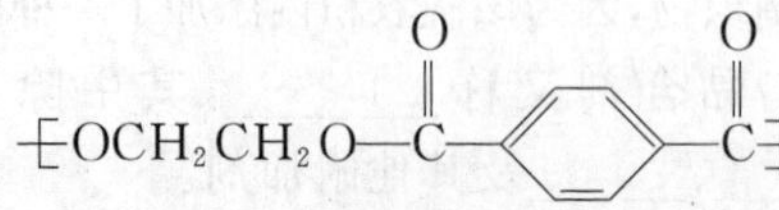 $\{$OCH$_2$CH$_2$O-C(=O)-⟨benzene⟩-C(=O)$\}_n$
    　　　　　　　　　　　　　　　　（聚对苯二甲酸乙二酯）

17. 合成结构简式为 $+CH-CH_2-CH_2-CH=CH-CH_2+_n$（其中第一个CH连苯环）的高聚物（丁苯橡胶），其单体应是 [　　]

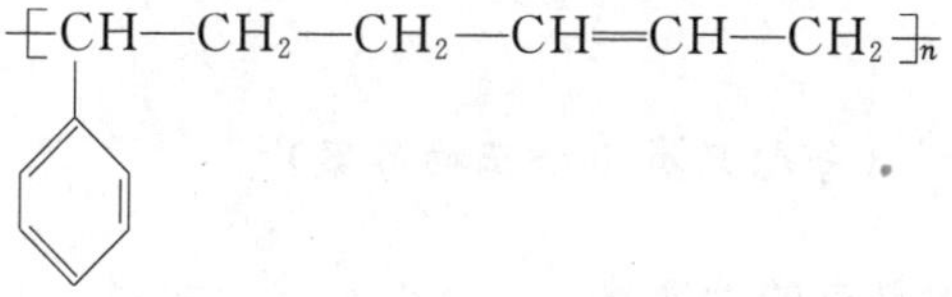

① 苯乙烯　② 1,3-丁二烯　③ 苯丙烯　④ 丙炔　⑤ 2-甲基-2-丁烯

A. ①⑤　　　　B. ①②　　　　C. ②③　　　　D. ③⑤

第四节　复合材料　特殊材料

一 填空题

1. 玻璃钢又叫_____，是由_____和_____复合而成的。它是_____年首先由_____（填国家名）研制出来的一种复合材料，也是现代的第____代复合材料。

2. 复合薄膜的基本材料有_____、_____、_____和_____等。用单层塑料薄膜包装饮料，保存期为_____天；改用聚苯乙烯-聚偏二氯乙烯-聚苯乙烯复合薄膜包装袋，保存期为_____个月，使用复合薄膜可以延长食品的保存期限。用复合薄膜包装食品，还有一个优点是_____，将食品加热以后再食用。

3. 用于包装化肥、农药、水泥、饮料、食盐、砂糖等的重包装复合薄膜要具有_____的特点，它是由_____复合而成的。

4. 碳纤维增强塑料是以_____、_____和_____等为原料，在 $1000℃\sim 3000℃$ 下炭化而成的。碳纤维的直径极细，只有 $7\mu m$ 左右，但它的强度却异常的高，用它制造的飞机比用铝合金、钛合金制造的飞机总重量可减轻_____，这有利于提高飞行速度。

5. 在元素周期表中的金属和非金属分界线附近可寻找到_____材料，常用的是_____及化合物_____等。该种材料的共同特点是具有_____作用。它已广泛用于无线电工业，并且渗透到人们的日常生活之中。

6. 感光性高分子也称"光敏性高分子"，是一种在彩电荧光屏及大规模集成电路中应用较广的新型高分子材料，其结构简式如下：

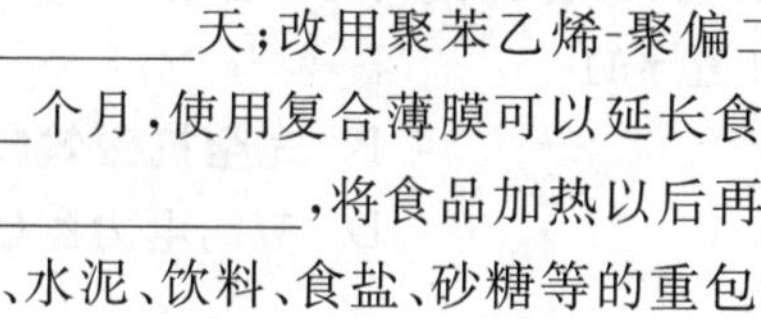

$+CH_2-CH+_n$
　　　　|
　　　　O
　　　　|
　　O=C-CH=CH-⬡

（1）已知它是由两种小分子经酯化后聚合而成的，写出这两种小分子的结构简式：

① _____，② _____。

（2）该高聚物可使溴水_____，因为含_____。

二、选择题 （每题只有1个正确答案）

7. 复合材料一般具有的性能是 　　　　　　　　　　　　　　　[　　]
   ① 强度高　② 质量轻　③ 耐高温　④ 耐腐蚀
   A. ①②　　　　B. ③④　　　　C. ①②③　　　　D. ①②③④

8. 复合材料最重要的应用领域是 　　　　　　　　　　　　　　[　　]
   A. 高分子分离膜　B. 人类人工器官　C. 宇宙航空　D. 新型药物

9. 铯、铷元素位于周期表ⅠA族，铯、铷材料具有的特性是 　　　[　　]
   A. 压敏　　　　B. 气敏　　　　C. 光敏　　　　D. 声敏

10. 以下有关功能高分子材料用途的说法错误的是 　　　　　　　[　　]
    A. 高分子分离膜可用于海水淡化
    B. 高分子分离膜可用于浓缩天然果汁、乳制品加工、酿酒等
    C. 传感膜能够把电能转化为化学能
    D. 热电膜能够把热能转化为电能

11. 电磁悬浮列车具有安全、稳定、快速、无噪音、振动小、减少污染等优点，日本及我国上海已经使用，它主要利用超导的 　　　　　　　　　　　　　[　　]
    A. 零电阻效应　　　　　　　B. 完全抗磁效应
    C. 超导材料都是合金　　　　D. 节约电力省钱

本章综合练习题

一、填空题

1. 常用的焊锡是_____合金，熔化时易附着于_____，常用于_____；黄铜是_____合金，用于制造_____零件；生铁和钢是_____合金。

2. 常见的沙子、水晶、玛瑙，它们的主要成分都是_____。

3. 普通陶瓷是用_____、_____、_____等天然原料制成的。

4. 制造普通水泥和普通玻璃所需的共同原料是_____。制造水泥还要用大量的_____，制造玻璃还要用_____、_____和_____。

5. 人造纤维的原料为_____；合成纤维的原料为_____，如_____等。

6. 工程塑料是指_____，_____，可代替金属材料作为工程材料使用的塑料，主要品种有_____、_____等。

7. _____、_____、_____、_____和_____等材料都是有机高分子材料。

8. 橡胶的主要原料是生橡胶，生橡胶包括_____胶和_____胶，再加入各种配合剂，经过_____交联才能使用。

9. 铁能跟氧气反应，但是在常温下氧气又可以用钢瓶保存和运输。铁与氧气发生反应必须达到的条件是_____，反应的产物是_____。

第八章 化学与材料

10. 写出用纯净的 Al_2O_3、MnO_2 为原料制取金属锰的化学方程式：第一步是 _____
_____，第二步是 _____，
此步也可称为 _____ 法。

11. 氧化铝陶瓷是一种重要的结构材料，工业上用它来制坩埚、高温炉管，这是利用了它的 _____ 性能；它可用来制造刚玉球磨机，这又是利用了它的 _____ 性能。

12. 在制造玻璃的过程中，如果加入某些金属氧化物，可制成有色玻璃。例如，加入 _____ 后的玻璃呈蓝色，加入 _____ 后的玻璃呈红色。

13. 硅橡胶中某一种耐高温橡胶是由二甲基二氯硅烷经过两步反应所得的：

$$nCH_3-\underset{\underset{CH_3}{|}}{\overset{\overset{Cl}{|}}{Si}}-Cl \xrightarrow{①} nHO-\underset{\underset{CH_3}{|}}{\overset{\overset{CH_3}{|}}{Si}}-OH \xrightarrow{②} \cdots-\underset{\underset{CH_3}{|}}{\overset{\overset{CH_3}{|}}{Si}}-O-\underset{\underset{CH_3}{|}}{\overset{\overset{CH_3}{|}}{Si}}-O-\cdots$$

其合成过程的反应类型是：① _____、② _____。所得低分子是 _____。

二、选择题（每题只有1个正确答案）

14. 下列属于稀有金属的是 [ ]
A. 钛　　　B. 钨　　　C. 钒　　　D. 都是

15. 稀土元素是指 [ ]
A. 钪、钇和镧系元素　　　B. 钪、钇和锕系元素
C. 过渡元素　　　　　　　D. 镧系元素和锕系元素

16. 镁铝合金的强度和硬度 [ ]
A. 低于镁　　　　　　　　B. 高于铝
C. 低于铝而高于镁　　　　D. 无法判断

17. 下列金属中，常用高温还原法制备的是 [ ]
A. K　　　B. Al　　　C. Pb　　　D. Hg

18. 地壳中含量最高的金属元素是 [ ]
A. Mg　　　B. Al　　　C. Si　　　D. Fe

19. 下列固体物质吸水显蓝色的是 [ ]
A. $FeSO_4$　　B. $FeCl_3$　　C. $CuSO_4$　　D. $Al_2(SO_4)_3$

20. 与NaOH溶液反应能生成沉淀，该沉淀又能溶于过量的NaOH溶液的是 [ ]
A. $MgSO_4$　　B. $Al_2(SO_4)_3$　　C. $CuSO_4$　　D. $FeCl_3$

21. 分别与足量稀硫酸反应，得到等质量的氢气，所需质量最小的金属是 [ ]
A. Al　　　B. Mg　　　C. Zn　　　D. Fe

22. 为了检验某 $FeCl_2$ 溶液是否变质，可向试样溶液中加入 [ ]
A. NaOH溶液　　B. 铁片　　C. KSCN溶液　　D. Cl_2 水

23. 用铜锌合金制成的假金元宝欺骗行人的事件屡有发生，下列鉴别方法中，不易区别其真伪的是 [ ]
A. 测定密度　　B. 放入硝酸中　　C. 试金石　　D. 观察外表

24. 下列各溶液中,必须保存在棕色瓶中的是 　　　　　　　　　　　　　　[　　]
　　A. 盐酸　　　　　B. NaOH　　　　　C. $CuCl_2$　　　　D. $KMnO_4$

25. 要除去硫酸锌溶液中的少量杂质 Cu^{2+},可采用的物质是 　　　　　　[　　]
　　A. 氧化锌　　　　B. 锌粉　　　　　C. NaOH　　　　　D. 铁屑

26. 黑色固体 A,不溶于水而溶于足量盐酸中得到蓝色溶液,把 NaOH 溶液加到该溶液中生成蓝色沉淀,再加热可使蓝色沉淀变为黑色。A 可能是 　　　　[　　]
　　A. MnO_2　　　B. FeO　　　　　C. CuO　　　　　D. FeS

27. 下列物质中,不能用金属和酸直接反应来制备的是 　　　　　　　　　[　　]
　　A. $MgCl_2$　　B. $Al_2(SO_4)_3$　　C. $Fe(NO_3)_3$　　D. $CuCl_2$

28. 实验室常用的铬酸洗液,其主要成分是 　　　　　　　　　　　　　　[　　]
　　A. $K_2Cr_2O_7$ 和浓硫酸　　　　　　B. $K_2Cr_2O_7$ 和浓硝酸
　　C. $K_2Cr_2O_7$ 和浓盐酸　　　　　　D. K_2CrO_4 和 NaOH

29. 下列各组离子不能共存,且能发生氧化还原反应使溶液呈绿色的是 　　[　　]
　　A. Na^+、K^+、OH^-、AlO_2^-　　　　B. Na^+、H^+、$Cr_2O_7^{2-}$、SO_3^{2-}
　　C. H^+、Al^{3+}、Cl^-、SO_4^{2-}　　　　D. Cu^{2+}、Fe^{2+}、SO_4^{2-}、Cl^-

30. 用 $KMnO_4$ 消毒过的器皿常有棕色沉淀物生成,该沉淀物应该是 　　[　　]
　　A. $MnSO_4$　　B. K_2MnO_4　　C. MnO_2　　　　D. $KMnO_4$

31. 光纤通信是一种现代化的通信手段,制造光导纤维的主要原料是 　　　[　　]
　　A. Na_2SiO_3　　B. $CaCO_3$　　　C. SiO_2　　　　D. Al_2O_3

32. 下列关于制取水泥和玻璃的共同特点的叙述错误的是 　　　　　　　　[　　]
　　A. 原料中均有 $CaCO_3$　　　　　　B. 反应都在高温下进行
　　C. 可用同样设备完成生产　　　　　D. 都发生复杂的物理化学变化

33. 钢化玻璃的重要用途之一是制造汽车车窗,它受撞击后是粉碎性破损,而且碎片断口不锋利,故不易伤人。钢化玻璃是用普通玻璃经过高温后骤冷而制得,那么生产钢化玻璃的主要原料应是 　　　　　　　　　　　　　　　　　　　　　　　[　　]
　　A. 纯碱、石灰石、石英、硼酸盐　　B. 纯碱、石灰石、石英
　　C. 碳酸钾、石灰石、石英、氯化铅　　D. 水玻璃、石灰石、石英

34. 下列说法正确的是 　　　　　　　　　　　　　　　　　　　　　　　[　　]
　　A. 高分子化合物一定是由单体发生加聚反应生成的
　　B. 形成一种高分子化合物的单体一定只有一种
　　C. 高分子化合物可由单体发生加聚反应生成,也可由单体发生缩聚反应生成
　　D. 发生缩聚反应生成高分子化合物时,其单体一定不止一种

35. 一次性使用的聚苯乙烯产品带来的环境污染问题相当严重,因为这种材料难以分解。最近研制出一种容易降解的材料,其结构简式为 $-[-O-CH(CH_3)-C(=O)-]_n-$,称为聚乳酸。下列说法正确的是 　　　　　　　　　　　　　　　　　　　　　　　[　　]
　　A. 它是一种纯净物

B. 该物质具有羧酸的性质

C. 该高聚物由单体 $CH_3-\underset{\underset{OH}{|}}{CH}-COOH$ 发生缩聚反应而制得

D. 该高聚物降解后不产生任何气态物质

36. 下列属于硅酸盐材料的是　　　　　　　　　　　　　　　　　　　　　　[　]
   A. 玻璃钢　　　　B. 大理石　　　　C. 玻璃　　　　D. 有机玻璃

37. 硬质聚乙烯塑料在建筑上用作地板、墙板,这是利用它的　　　　　　　　[　]
   A. 良好的化学稳定性　　　　　　　B. 良好的绝缘性能
   C. 良好的机械性能　　　　　　　　D. 耐化学腐蚀性

38. 塑料食品袋的封口是利用塑料的　　　　　　　　　　　　　　　　　　[　]
   A. 化学性质活泼　B. 软化点低　　C. 受热易分解　　D. 比较柔软

39. 下列材料中,属于塑料的是　　　　　　　　　　　　　　　　　　　　[　]
   A. 有机玻璃　　　B. 聚丙烯腈　　C. 水玻璃　　　　D. 钢化玻璃

40. 当前,我国环境保护亟待解决的"白色污染"问题指的是　　　　　　　　[　]
   A. 石灰的白色污染　　　　　　　　B. 工厂的白色烟尘
   C. 聚乙烯等塑料垃圾　　　　　　　D. 白色建筑废料

三、判断题(正确的在括号内打"√",错误的打"×")

41. 白铁皮是锌和铁的合金,而不是镀锌铁。　　　　　　　　　　　　　　(　)
42. 常温下,可用铁制容器盛放浓硫酸、浓 HNO_3。　　　　　　　　　　　(　)
43. 密度 $4.5 g \cdot cm^{-3}$ 是重金属与轻金属的分界线。　　　　　　　　　　(　)
44. 金属被锻打成型、锤压成片、抽拉成丝时,金属键将被破坏。　　　　　　(　)
45. 合金中不存在金属键。　　　　　　　　　　　　　　　　　　　　　　(　)
46. 氧化钛是一种重要的白色颜料,常用于油漆中。　　　　　　　　　　　(　)
47. 24K 的黄金表示含量为 100% 的金。　　　　　　　　　　　　　　　　(　)
48. 玻璃是一种没有固定熔点的非晶体材料。　　　　　　　　　　　　　　(　)
49. 普通玻璃带绿色,是因为熔制玻璃时原料中含有亚铁杂质。　　　　　　(　)
50. 水泥不能久存其原因是它能吸收空气中的水分而逐渐硬化失效。　　　　(　)
51. 高分子材料是以高分子化合物为主要成分的材料。　　　　　　　　　　(　)
52. 凡是能够黏合各种物品的物质都可称为胶黏剂。　　　　　　　　　　　(　)
53. 塑料聚甲基丙烯酸甲酯的商品名称叫有机玻璃。　　　　　　　　　　　(　)
54. 玻璃钢是一种耐腐蚀的特种钢。　　　　　　　　　　　　　　　　　　(　)
55. 烧蚀材料是由一些玻璃纤维增强的酚醛树脂或环氧树脂构成的。　　　　(　)
56. 硒属于半导体材料,位于周期表金属与非金属元素分界处。　　　　　　(　)
57. 在超低温下,电阻为零的材料称为超导材料。　　　　　　　　　　　　(　)

本章自测试卷

A卷

一、填空题

1. 金属占化学元素总数的 4/5，在工业上根据其颜色将金属分为_____和_____两大类。Au、Ag、Pt 应该属于_____金属。金属冶炼的本质是_____。

2. 在金属铝、铁、铜、锌、钠中，根据下列要求填空：
(1) 能和氢氧化钠溶液反应生成氢气的有_____。
(2) 能从金属氧化物中被碳或一氧化碳还原出来的金属有_____。
(3) 阳离子不水解的是_____。
(4) 高价金属的阳离子有明显的氧化性的有_____。
(5) 常温下与浓硝酸能产生钝态的有_____。

3. 工业上把 $ZnCl_2$ 用于金属焊接时除去金属表面的氧化物，这是利用了它的_____。在制作印刷电路板时用 $FeCl_3$ 酸性溶液腐蚀铜，这是利用了它的_____。生活中可用 $KMnO_4$ 对餐具进行消毒，这是利用了它的_____。用 $K_2Cr_2O_7$ 可对汽车司机酒后开车进行检查，这是利用了它的_____，当颜色从橙红色变为_____时证明司机饮用了酒。

4. 有 8 瓶溶液分别含有 Mg^{2+}、Cu^{2+}、Fe^{3+}、Fe^{2+}、Zn^{2+}、Al^{3+}、Cr^{3+}、MnO_4^- 等离子，鉴别如下：
(1) 溶液呈绿色的是_____，呈紫红色的是_____，呈蓝色的是_____。
(2) 加入 KSCN 溶液呈血红色的是_____。
(3) 加入过量 NaOH 溶液产生白色沉淀，久置沉淀不变色的是_____，久置若变为红褐色则一定是_____。
(4) 加入 $NH_3·H_2O$ 溶液，适量产生白色沉淀，过量沉淀消失，则是_____；加入 $NH_3·H_2O$ 溶液，适量产生白色沉淀，过量沉淀不消失，则是_____。

5. 敞口盛放的水玻璃在空气里久放后会变质，写出相关的化学方程式：_____。长期存放的水玻璃会凝聚，原因是发生了水解反应，其反应方程式为_____。变色硅胶是常用的干燥剂，它由_____和_____组成，不含水时呈_____，当吸收水后则失效变为_____。失效的硅胶置于烘箱中，在 105℃烘干 2 小时后，则又变成____色硅胶，又可重新作干燥剂使用。

6. 制造普通玻璃的主要原料是_____、_____、_____。制备过程的主要反应有：
① _____，② _____。由于原料中_____用量较多，所以普通玻璃主要是由_____等成分熔化在一起而成，它属于_____，_____熔点。

第八章 化学与材料

7. PTB是一种性能良好的材料，其结构简式如下：

$$\left[-C(=O)-C_6H_4-C(=O)-O-(CH_2)_6-O- \right]_n$$

它是由单体_____、_____（写名称）通过_____反应合成制得的，得到的低分子是H_2O。

二、选择题（每题只有1个正确答案）

8. 某溶液中加入KSCN溶液，溶液立即变为血红色，则溶液中一定含有 [　]
A. Fe^{3+} B. Fe^{2+} C. Zn^{2+} D. Cu^{2+}

9. 下列金属中，常用热分解法制备的是 [　]
A. Na   B. Al   C. Zn   D. Hg

10. 石灰石是许多工业的原料之一，下列物质在制备时不需要石灰石的是 [　]
A. 玻璃   B. 水泥   C. 生石灰   D. 硅酸

11. 既能与盐酸反应，又能与氢氧化钠溶液反应的两性化合物是 [　]
A. ZnO   B. $NaHCO_3$ C. Al   D. $NH_3 \cdot H_2O$

12. 下列溶液中，当滴加适量稀盐酸时有白色沉淀生成，过量则沉淀消失的是 [　]
A. $AlCl_3$ B. $NaAlO_2$ C. $AgNO_3$ D. Na_2CO_3

13. 下列各组离子在酸性溶液中能大量共存，并且溶液是无色透明的是 [　]
A. Fe^{3+}、Mg^{2+}、MnO_4^-、SO_4^{2-}
B. Fe^{3+}、Na^+、I^-、NO_3^-
C. NH_4^+、Mg^{2+}、Cl^-、SO_4^{2-}
D. Na^+、K^+、SO_4^{2-}、CO_3^{2-}

14. 盛装下列试剂的瓶子，可以用橡胶塞的是 [　]
A. 氯仿   B. NaOH溶液   C. $KMnO_4$溶液   D. 溴水

15. 下列物质中，常用于制食品袋的是 [　]
A. 聚氯乙烯   B. 聚乙烯   C. 酚醛树脂   D. 聚苯乙烯

16. 丙烯在一定条件下加聚，形成的高分子结构是 [　]
A. $\left[-CH(CH_3)-CH_2- \right]_n$
B. $\left[-CH_2-CH_2-CH_2- \right]_n$
C. $\left[-CH(CH_3)=CH_2- \right]_n$
D. $\left[-CH_3-CH-CH_2- \right]_n$

17. 下列物质中，属于复合材料的是 [　]
A. 玻璃钢   B. 纤维素   C. 淀粉   D. 硝酸纤维

18. 下列产品中，若出现破损，不可以进行热修补的是 [　]
A. 聚氯乙烯凉鞋   B. 电木插座   C. 自行车内胎   D. 聚乙烯塑料膜

19. 下列说法正确的是 [　]
A. 只有热塑性高分子材料才可能是塑料
B. 用于包装食品的塑料通常是聚氯乙烯
C. 有机玻璃是一种透光性好的塑料制品

D. 塑料在自然环境下容易分解

20. 下列有关天然橡胶的说法不正确的是 [ ]
A. 硫化后的天然橡胶遇汽油能发生溶胀
B. 天然橡胶日久会老化,实质上是发生了氧化反应
C. 天然橡胶加工时要进行硫化,实质上是将线型材料转变为体型材料
D. 天然橡胶是具有网状结构的高分子化合物

21. 丁腈橡胶 $\left[\begin{array}{c}CH_2-CH=CH-CH_2-CH_2-CH\\|\\CN\end{array}\right]_n$ 具有优良的耐油、耐高温性能,合成丁腈橡胶的原料是 [ ]
① $CH_2=CH-CH=CH_2$ ② $CH_3-C\equiv C-CH_3$ ③ $CH_2=CH-CN$
④ $CH_3-CH=CH$ ⑤ $CH_3-CH=CH_2$ ⑥ $CH_3-CH=CH-CH_3$
　　　|
　　　CN

A. ③⑥　　　B. ②③　　　C. ①③　　　D. ④⑤

22. 化学工业中通常所说的"三大合成材料"是指 [ ]
① 合成橡胶　② 涂料　③ 塑料　④ 合成纤维　⑤ 胶黏剂　⑥ 复合材料
A. ①④⑥　　　B. ②③⑤　　　C. ②③⑥　　　D. ①③④

23. 下列天然纤维中,有一种化学成分与其他三种不同,这种物质是 [ ]
A. 棉花　　　B. 羊毛　　　C. 木材　　　D. 草类

24. 下列物质中,不属于合成材料的是 [ ]
A. 塑料　　　B. 人造棉　　　C. 胶黏剂　　　D. 丁苯橡胶

25. 下列各种高分子材料的研究方向中,不适合未来发展方向的是 [ ]
A. 使高分子材料具有仿生能力
B. 使高分子材料向具有特殊的物理、化学功能的方向发展
C. 使高分子材料更加坚固,不易分解
D. 使农用塑料薄膜能选择性透过特定波长的光

26. 下列关于材料用途的说法不正确的是 [ ]
A. 高温结构陶瓷可用于制涡轮叶片、发动机部件
B. 氧化铝陶瓷不可以用于制耐高温设备
C. 聚四氟乙烯可作不粘锅内衬
D. 光导纤维可用于传像、照明等

三、综合题

27. 有机玻璃是一种合成塑料,化学名称为聚甲基丙烯酸甲酯,它可以由丙酮

($CH_3-\overset{\overset{O}{\|}}{C}-CH_3$)、氢氰酸(HCN)、甲醇($CH_3OH$)为原料通过以下途径合成:

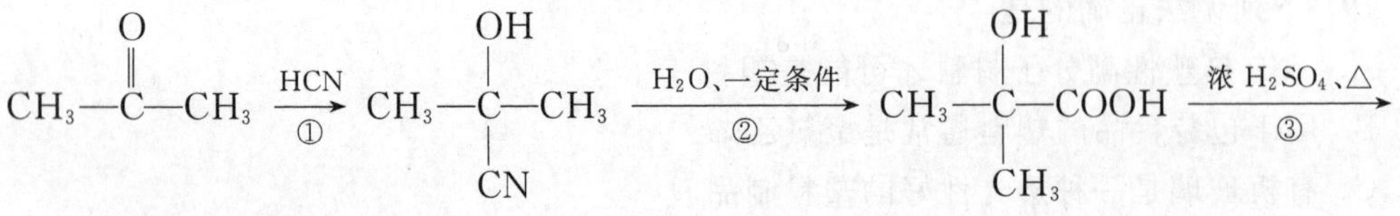

$CH_3-\overset{\overset{O}{\|}}{C}-CH_3 \xrightarrow[①]{HCN} CH_3-\overset{\overset{OH}{|}}{\underset{CN}{C}}-CH_3 \xrightarrow[②]{H_2O、一定条件} CH_3-\overset{\overset{OH}{|}}{\underset{CH_3}{C}}-COOH \xrightarrow[③]{浓 H_2SO_4、\triangle}$

第八章 化学与材料

$$CH_2=\underset{CH_3}{C}-COOH \xrightarrow[④]{CH_3OH、浓 H_2SO_4} CH_2=\underset{CH_3}{C}-COOCH_3 \xrightarrow[⑤]{一定条件} {+CH_2-\underset{COOCH_3}{\overset{CH_3}{C}}}_n$$

(1) 指出反应类型：① _____，③ _____，④ _____。

(2) 写出⑤的化学反应方程式：_____。
该反应为_____，生成物为_____。

28. 聚四氟乙烯的耐热性和化学稳定性都超过其他塑料，号称"塑料王"。其在工业上有许多用途，合成路线如下：

氯仿　　二氟一氯甲烷　　四氟乙烯　　聚四氟乙烯

| A | → | B | →热分解 | C | → | D |

(1) 在方框中填入相应物质的结构简式。

(2) 已知 B ⟶ C 的反应方程式：$2CHClF_2 \xrightarrow{\triangle} CF_2=CF_2 + 2HCl$。写出下列化学反应方程式：

C ⟶ D：_____。

(3) 聚四氟乙烯的主要用途是_____
_____。

B 卷

一、填空题

1. 一切金属都具有_____结构。金属内部包含着_____、_____、_____。

2. 铝的下列用途是由它的哪些性质决定的？
   (1) 家用铝锅：_____；　(2) 导线：_____；
   (3) 做盛放浓硝酸的容器：_____；　(4) 包装铝箔：_____。

3. 通常把_____和_____的混合物叫作铝热剂。在工业上常用铝热剂来冶炼_____金属，如_____。

4. 在地壳里，硅的含量居_____位，化合态的硅几乎全部以_____和_____的形式存在于各种矿物和岩石里。

5. 制造普通水泥和普通玻璃所需的共同原料是_____。制造水泥还要用大量的_____，制造玻璃还要用_____。

6. 塑料是_____的一类庞大的高分子合成材料的总称。它是以_____为基本原料，加上适量的_____和_____塑制而成的。

7. 纤维可分为_____和_____两大类。化学纤维又可分为_____和_____。人造纤维的原料为_____；合成纤维的原料为_____、_____、_____。

8. 氧化铝和氢氧化铝既可与_____反应，又可以与_____反应。它们是典型的

_____氧化物和氢氧化物。

二、判断题(正确的在括号内打"√",错误的打"×")

9. 金属键是金属单质特有的化学键,合金中不存在金属键。（　　）
10. 金属在常温下是固体,其密度大于水,不溶于水,能导电、导热,有金属光泽。（　　）
11. 白铁皮是锌和铁的合金。（　　）
12. 锌和盐酸、氢氧化钠溶液反应,都能生成盐和氢气。（　　）

三、选择题(每题只有1个正确答案)

13. 制取活动性在铝前面的金属时可选用的方法是　　　　　　　　　　　[　　]
    A. 在空气中焙烧　　　　　　　　B. 用氢气还原
    C. 电解电解质溶液　　　　　　　D. 电解熔融的化合物
14. 电解氧化铝制铝时,必须加入冰晶石,它的主要作用是　　　　　　　[　　]
    A. 催化剂　　　B. 还原剂　　　C. 氧化剂　　　D. 助熔剂
15. 下列金属中,常温下不与浓硝酸反应,也不与氢氧化钠溶液反应的是　[　　]
    A. Al　　　　　B. Zn　　　　　C. Fe　　　　　D. Cu
16. 塑料变硬、开裂,橡胶发黏等高聚物的性能遭破坏的过程属于　　　　[　　]
    A. 化学稳定性差　B. 老化　　　C. 可塑性　　　D. 热固性
17. 常用于制生活用品和餐具的塑料是　　　　　　　　　　　　　　　　[　　]
    A. 聚乙烯　　　B. 聚苯乙烯　　C. 脲醛树脂　　D. 酚醛树脂
18. 下列物质中,属于合金的是　　　　　　　　　　　　　　　　　　　　[　　]
    A. 黄金　　　　B. 白银　　　　C. 钢　　　　　D. 水银
19. 下列微粒中,氧化性最强的是　　　　　　　　　　　　　　　　　　　[　　]
    A. Na^+　　　B. Cu^{2+}　　C. Fe^{2+}　　D. Al^{3+}

C 卷

一、填空题

1. 合金是由_____和其他_____所形成的固体物质,如常用的焊锡是_____合金,_____是铁碳合金。
2. 硫酸铝和明矾溶于水后,水解生成_____,具有吸附性,可吸附水中的杂质,作_____剂。
3. 超导材料的两大特点是_____和_____。
4. 橡胶有_____和_____两类。它的主要特点是具有_____、_____、_____以及一定的强度。

二、判断题(正确的在括号内打"√",错误的打"×")

5. 金属冶炼的本质是使矿石中的金属离子获得电子,还原成游离的金属。（　　）
6. 在制造印刷电路时用 $FeSO_4$ 溶液处理铜膜,可以使铜溶解。（　　）
7. 铝热法能达到3000℃高温,可焊接铁轨,可从某些金属氧化物中把难熔金属冶炼出来。（　　）

8. 晶体硅是良好的半导体材料。 ( )

三、选择题(每题只有1个正确答案)

9. 在无色溶液中滴加稀盐酸有白色沉淀生成,继续滴加稀盐酸,沉淀又消失,此无色溶液是 [ ]

 A. $AlCl_3$ B. $NaAlO_2$ C. $AgNO_3$ D. $ZnCl_2$

10. 下列物质中,能和盐酸反应,而不能和氢氧化钠溶液反应的物质是 [ ]

 A. $(NH_4)_2CO_3$ B. Fe   C. ZnO   D. Al

11. 硬质聚乙烯塑料的下列用途各是利用了它的哪些性质?
(1) 纺织、化工、制药工业上用于制排风和排液管道、盛放化学药剂的容器 [ ]
(2) 建筑工地上用作地板、墙板 [ ]

 A. 良好的化学稳定性   B. 良好的绝缘性能   C. 良好的机械性能

12. 常温下,下列试剂能用铝制容器盛放的是 [ ]

 A. 浓盐酸   B. 浓硝酸   C. 稀硝酸   D. 稀硫酸

13. 下列离子中,既能与酸又能与碱反应的是 [ ]

 A. Al^{3+} B. Fe^{3+} C. AlO_2^- D. HCO_3^-

第九章 化学与能源

第一节 认识能源

一 填空题

1. 能源意为_____,是自然界中能够直接利用或通过转换提供_____的物质资源,它包含在一定条件下能够提供某种形式能量的_____或_____,也指可以从中获得_____等形式能量的资源。
2. 按获取方式,能源可以分为_____和_____。
3. 按被利用程度,能源可以分为_____和_____。
4. 按能否再生,能源可以分为_____和_____。
5. 按对环境的污染情况,能源可以分为_____和_____。

二 选择题 （每题只有1个正确答案）

6. 下列能源中,属于常规能源的是 [　　]
   A. 天然气　　　　B. 太阳能　　　　C. 氢能　　　　D. 化学能源
7. 下列能源中,属于清洁能源的是 [　　]
   A. 煤炭　　　　B. 汽油　　　　C. 氢能　　　　D. 柴油

第二节 化石燃料和能源危机

一 填空题

1. 煤是由_____和_____所组成的复杂混合物。构成煤的主要元素除碳外,还有____、____、____、____、____等。煤可分为无烟煤、烟煤、褐煤三大类。它们的碳含量分别是_____、_____、_____。泥煤的碳含量是_____,不属于煤范畴。

第九章 化学与能源

2. 天然气的主要成分是_____,煤气的主要成分是_____。

3. 煤经过干馏可得到_____、_____和_____等。

4. 把煤隔绝空气加强热,使它_____的过程叫作煤的干馏。加热后煤分解生成_____、_____、_____。

5. 焦炭的主要成分是____,它是冶炼钢铁的主要_____剂,也是制造_____和_____的重要原料。

6. 石油加工处理的两个重要环节是_____和_____。把重油中_____,即把重质油转化为轻质油的过程叫作裂化。工业上裂化石油有_____和_____两种方法,常用的催化剂是_____和_____等。

7. 一般城市中使用的管道煤气,它的主要成分是_____,天然气的主要成分是_____。将使用管道煤气的炉灶改为使用天然气,其进风口应该_____(填写"增大"或"减小"),否则可能产生的不良后果是_____。

二 选择题 (每题只有1个正确答案)

8. 下列四种类型的煤中,发热量最高的是　　　　　　　　　　　　　　　[　　]
   A. 无烟煤　　　　B. 烟煤　　　　C. 褐煤　　　　D. 泥煤

9. 煤炭直接燃烧的热利用率一般为　　　　　　　　　　　　　　　　　[　　]
   A. 10%～20%　　B. 20%～50%　　C. 40%～70%　　D. 70%以上

10. 煤、石油和天然气中所含的最基本的元素是　　　　　　　　　　　　[　　]
    A. O　　　　　　B. C　　　　　C. C和H　　　　D. C,H,O,S,N,P

11. 煤的干馏是　　　　　　　　　　　　　　　　　　　　　　　　　　[　　]
    A. 煤的燃烧过程　　　　　　　　　B. 在空气中加热的过程
    C. 隔绝空气加强热使煤分解的过程　　D. 一个物理变化过程

12. 石油的主要成分是　　　　　　　　　　　　　　　　　　　　　　　[　　]
    A. 烷烃、烯烃　　　　　　　　　　B. 烷烃、环烷烃、芳香烃
    C. 烷烃、环烷烃　　　　　　　　　D. 烷烃、环烷烃、烯烃

13. 下列石油的分馏产品中,沸点范围最高的是　　　　　　　　　　　　[　　]
    A. 煤油　　　　　B. 石蜡　　　　C. 柴油　　　　D. 汽油

14. 输送石油的管道或贮存原油的油罐,如不慎泄漏着火,不可能采用的灭火措施是　　　　　　　　　　　　　　　　　　　　　　　　　　　　　　[　　]
    A. 设法阻止石油喷出　　　　　　　B. 设法降低火焰温度
    C. 设法使火焰隔绝空气　　　　　　D. 设法降低石油的着火点

15. 通常用来衡量一个国家的石油化学工业发展水平的标志是　　　　　　[　　]
    A. 乙烯的产量　　　　　　　　　　B. 合成纤维的产量
    C. 石油的产量　　　　　　　　　　D. 硫酸的产量

16. 某人坐在空调车内跟在一辆卡车后面,观察到这辆卡车在启动、刹车时排出浓的

黑烟，由此推断这辆卡车所使用的燃料是　　　　　　　　　　　　　　　[　　]
　　A. 酒精　　　　B. 汽油　　　　C. 柴油　　　　D. 液化石油气

17. 过去为了提高汽油的抗震性能，往往在汽油中加入抗震剂四乙基铅[$Pb(C_2H_5)_4$]。近年来，我国许多城市禁止使用含铅汽油，其主要原因是　　[　　]
　　A. 提高汽油燃烧效率　　　　　　B. 避免铅污染大气
　　C. 降低汽油成本　　　　　　　　D. 铅资源短缺

18. 干气是较难液化的天然气，它的主要成分是　　　　　　　　　　　　[　　]
　　A. CO　　　　B. CH_4　　　　C. H_2O　　　　D. C_2H_6

19. 下列物质中，具有固定熔、沸点的是　　　　　　　　　　　　　　　[　　]
　　A. 液化石油气　　B. 铺路用的沥青　　C. 轴承润滑油　　D. 甲苯

第三节　化学电源

一　填空题

1. 电能是最重要的_____次能源。
2. 把_____能直接转化为____能的装置称为化学电源。

二　选择题　（每题只有1个正确答案）

3. 铅蓄电池在放电时起原电池作用，在放电时的反应是 Pb＋PbO_2＋2H_2SO_4 $\xrightarrow{放电}$ 2$PbSO_4$＋2H_2O。下列有关铅蓄电池的推断错误的是　　　　　　　[　　]
　　A. 放电时，Pb 为负极，PbO_2 为正极
　　B. 放电时，正极上的反应为 PbO_2＋4H^+＋SO_4^{2-}＋2e^- ⟶ $PbSO_4$＋2H_2O
　　C. 放电时，只有正极表面生成 $PbSO_4$，负极表面没有生成 $PbSO_4$
　　D. 放电时，H_2SO_4 浓度会降低

4. 有一种纽扣微型电池，其电极分别是 Ag_2O 和 Zn，电解液是 KOH 溶液，所以俗称银锌电池，该电池的电极反应式为 Zn＋2OH^-－2e^- ⟶ $Zn(OH)_2$，Ag_2O＋H_2O＋2e^- ⟶ 2Ag＋2OH^-。下列有关银锌电池的说法正确的是　　　　　　　　　　　　[　　]
　　① Zn 为负极，Ag_2O 为正极　② 放电时，正极附近 pH 上升　③ 放电时，负极附近溶液 pH 降低　④ Zn 发生氧化反应，Ag_2O 发生还原反应　⑤ 纽扣微型电池的放电原理同电解原理
　　A. ①⑤　　　　B. ①②④　　　　C. ①②③⑤　　　　D. ①②③④

5. 随着人们环保意识的不断提高，废电池必须进行集中处理的问题，被提到了议事日程，其首要原因是　　　　　　　　　　　　　　　　　　　　[　　]
　　A. 利用电池外壳的金属材料

B. 防止电池中汞、镉和铅等重金属离子对土壤和水源的污染
C. 不使电池中渗漏的电解液腐蚀其他物品
D. 回收其中石墨电极

第四节　其他能源

一、填空题

1. 氢能就是_____而释放出的化学能。
2. 燃料电池是一种将_____直接转变为电能的装置。
3. 氢燃料电池的构造是：负极连续有_____输入，正极连续有_____输入，电极用_____制成，电解质溶液为_____。
4. 核聚变反应是两个或两个以上_____结合成一个_____的反应，同时_____很大的能量。
5. 太阳向_____能量称为太阳能。太阳能是一种_____、_____、_____、_____的自然能源。

二、选择题　（每题只有1个正确答案）

6. 下列有关核能的说法错误的是　　　　　　　　　　　　　　　　[　　]
   A. 氢弹是轻核聚变释放出的原子能
   B. 原子弹是重核裂变释放出的原子能
   C. 核能只能用于现代化战争中
   D. 核能可以应用于和平建设中（建立核电站）

7. 下列说法错误的是　　　　　　　　　　　　　　　　　　　　　[　　]
   A. 每一个 U-235 的核在裂变时能放出 200MeV 的能量
   B. 1kg U-235 全部裂变时产生的原子能相当于 2500t 左右优质煤燃烧时放出的能量
   C. 核裂变能已应用于原子能发电站和各种类型的核反应堆
   D. 轻核聚变能比同质量的重核裂变所释放的核能要小

8. 下列说法错误的是　　　　　　　　　　　　　　　　　　　　　[　　]
   A. 燃料电池可以把化学能转化为电能
   B. 太阳能的利用均是物理变化
   C. 氢能是清洁能源，前程似锦
   D. 浙江秦山、广东大亚湾核电站的建成，大大缓解了华东区和珠江地区用电紧张问题

本章综合练习题

一、填空题

1. (1) 煤干馏的条件是 _____，煤干馏后的主要产物是 _____。

   (2) 煤的气化是指 _____；煤的液化是指 _____。把煤气化和液化的好处有 _____。

2. 石油主要是由各种 _____组成的混合物。石油炼制的主要目的有两个：一是将这些混合物进行一定程度的 _____，其方法叫 _____；二是将碳原子数较多的烃转变成 _____。如把重油变成轻油的过程叫 _____；而在1000℃左右条件下,将轻油进一步变成化工原料乙烯或丙烯的过程叫 _____。

3. 把下列各物质的工业制备方法填写在括号内：

   (1) 煤——焦炭（　　　）　　　煤 $\xrightarrow[加热]{隔绝空气}$ C

   (2) 煤——甲烷（　　　）　　　$C+H_2O \xrightarrow{高温} CO+H_2$；$CO+3H_2 \xrightarrow{催化剂} CH_4+H_2O$

   (3) 煤——甲醇（　　　）　　　$CO+2H_2 \xrightarrow{催化剂} CH_3OH$

   (4) 石蜡——汽油（　　　）　　$C_{16}H_{34} \xrightarrow[加热、加压]{催化剂} C_8H_{18}+C_8H_{16}$

   (5) 汽油——乙烯（　　　）　　汽油 $\xrightarrow[1000℃]{催化剂}$ 乙烯+丙烯等

二、选择题（每题只有1个正确答案）

4. 下列过程不属于化学变化的是　　　　　　　　　　　　　　　　　　　　　　　　　[　　]
   A. 干馏　　　　B. 分馏　　　　C. 裂化　　　　D. 裂解

5. 石油在空气中燃烧,产生大量废气。下列废气中,对大气造成严重污染并导致酸雨的有毒气体是　　　　　　　　　　　　　　　　　　　　　　　　　　　　　　　　[　　]
   ① 浓烟中有大量炭粒　② 氮的氧化物　③ 碳的氧化物　④ 硫的氧化物
   A. ③⑤　　　　B. ②③④　　　C. ②④　　　　D. ①②④

6. 下列有关煤的叙述不正确的是　　　　　　　　　　　　　　　　　　　　　　　　　[　　]
   A. 煤是仅由有机物组成的复杂混合物
   B. 煤是工业上获得芳香烃的一种重要来源
   C. 煤的干馏属于化学变化
   D. 通过煤的干馏,可以得到焦炭、煤焦油、粗氨水和焦炉气等产品

7. 煤的干馏和石油的分馏,两种变化在本质上的差别是　　　　　　　　　　　　　　　[　　]
   A. 加热的温度不同　　　　　　　　　B. 前者要隔绝空气,后者不必要隔绝空气
   C. 得到的产品不同　　　　　　　　　D. 干馏是化学变化,分馏是物理变化

8. 在申办2008年奥运会期间,北京提出了"绿色奥运"的口号,为改善北京空气质

量,将冬季燃煤取暖改用天然气作燃料取暖。上述措施不能达到的目的是 [ ]
A. 减少硫氧化物排放量　　　　B. 减少氮氧化物排放量
C. 防止烟尘污染　　　　　　　D. 降低对臭氧层的破坏

9. 为了减少大气污染,许多城市推广使用汽车清洁燃料。目前使用的清洁燃料主要有两类,一类是压缩天然气(CNG),另一类是液化石油气(LPG)。这两类燃料的主要成分都是 [ ]
A. 碳水化合物　　B. 氢气　　C. 碳氢化合物　　D. 醇类

10. 下列各组变化中,前者属于物理变化,后者属于化学变化的是 [ ]
A. 风化、裂化　B. 渗析、盐析　C. 分馏、干馏　D. 水解、裂解

11. 据报道,锌电池可能取代目前广泛使用的铅蓄电池,因为锌电池容量更大,而且没有铅污染,其电池总反应式为 $2Zn+O_2 = 2ZnO$。下列叙述正确的是 [ ]
A. 锌为正极,空气进入负极反应　　B. 负极反应:$Zn-2e^- \longrightarrow Zn^{2+}$
C. 正极发生氧化反应　　　　　　　D. 电解液肯定是强酸

本章自测试卷

A 卷

一、填空题

1. 煤是由 _____ 和 _____ 所组成的复杂 _____。煤根据碳的质量分数可分为 _____、_____ 和 _____ 等。煤中除了主要含有 _____ 元素外,还含有少量的 _____。

2. 原油是 _____ 色黏稠液态 _____ 物,有 _____ 气味,比水 _____。

3. 煤在燃烧时能释放出大量的 _____ 和 _____、_____ 气体,这些气体是造成酸雨的罪魁,大量 _____ 气体的产生是全球气温变暖的祸首。

4. 锌锰干电池以 _____ 作负极,电极反应式是 _____。

5. 铅蓄电池在充电时,相当于 _____ 池,其能量转化是把 _____ 能转化为 _____ 能。

6. 氢能以高效、清洁、安静、无污染而被誉为 _____ 能源。

7. 核能是原子核 _____ 放出的能量。

二、选择题(每题只有1个正确答案)

8. 成煤的原始物质主要是 [ ]
A. 矿物　　B. 植物　　C. 动物　　D. 微生物

9. 天然气的主要成分是 [ ]
A. CH_4　　B. C_2H_6　　C. C_3H_8　　D. H_2

10. 铅蓄电池的单体电压通常为 [ ]
A. 1.5V　　B. 2.0V　　C. 6V　　D. 8V

11. 煤高温干馏的产物中,可用作燃料的是 [ ]
A. 煤焦油　　B. 粗苯　　C. 焦炭　　D. 粗氨水

12. 下列物质中,作为燃料燃烧时对空气无污染的是 [ ]
   A. 汽油　　　B. 煤　　　C. 沼气　　　D. 氢气
13. 下列说法正确的是 [ ]
   A. 分馏、干馏都是物理变化　　B. 分馏、干馏都是化学变化
   C. 分馏是物理变化,干馏是化学变化　　D. 分馏是化学变化,干馏是物理变化
14. 城市大气中铅污染的主要来源是 [ ]
   A. 铅的冶炼　　B. 铅制品的生产
   C. 铅蓄电池的生产和使用　　D. 使用含铅汽油
15. 下列关于石油组成的叙述正确的是 [ ]
   A. 石油只含碳、氢两种元素,是多种烃的混合物
   B. 石油主要含碳、氢两种元素,还含有少量的硫、氧、氮等元素
   C. 石油是液态的物质,只含液态烃
   D. 石油为有机混合物,原油中根本不含无机物泥土、水、盐等
16. 若使用铅蓄电池作为12V直流电源为某仪器供电,需要单体组数为 [ ]
   A. 2　　　B. 4　　　C. 6　　　D. 8
17. 银锌电池广泛用作各种电子仪器的电源,它的充电和放电过程可以表示为 $2Ag+Zn(OH)_2 \underset{放电}{\overset{充电}{\rightleftharpoons}} Ag_2O+Zn+H_2O$。此电池放电时,作负极的物质是 [ ]
   A. Ag　　　B. $Zn(OH)_2$　　　C. Ag_2O　　　D. Zn
18. 在海湾战争期间,科威特大批油井被炸着火。下列灭火措施中,不能用于油井灭火的是 [ ]
   A. 设法阻止石油喷射　　B. 设法降低火焰温度
   C. 用水灭火　　D. 封闭井口
19. 某石油燃烧时,产生 CO_2、H_2O 和 SO_2,该石油中肯定含有的元素是 [ ]
   A. C、O、S　　B. H、O、S　　C. C、H、S、O　　D. C、H、S
20. 下列物质中,具有固定沸点的是 [ ]
   A. 石油　　　B. 石蜡　　　C. 汽油　　　D. 苯
21. 工业上获得芳香烃的主要途径之一是 [ ]
   A. 石油的裂化　　B. 煤的干馏　　C. 石油的分馏　　D. 石油的裂解

三、判断题(正确的在括号内打"√",错误的打"×")
22. 化石燃料(煤、石油、天然气)属常规能源,而核能、水能则不是。　　(　)
23. 太阳能、氢能、海洋能是无污染的新能源,但化学电源则不属于。　　(　)
24. 碳和氢是煤、石油的两大组成元素。　　(　)
25. 核聚变比核裂变释放的能量更大。　　(　)
26. 天然气的主要成分是 CH_4,而液化石油气的主要成分则是 C_3H_8、C_4H_{10}、C_3H_6、C_4H_8 等混合烃。　　(　)
27. 干电池属一次性电池,电压为1.5V,废电池可任意丢弃。　　(　)
28. 蓄电池可充、放电,反复使用数百次,铅蓄电池属酸性蓄电池。　　(　)

29. 碱性蓄电池的使用寿命比酸性蓄电池长。　　　　　　　　　　　(　　)
30. 核聚变反应产物没有放射性污染。　　　　　　　　　　　　　　(　　)
31. 太阳能的利用方式主要是光热转化或光电转化。　　　　　　　　(　　)

B 卷

一、**判断题**（正确的在括号内打"√"，错误的打"×"）
1. 一次能源不可再生，二次能源可以再生。　　　　　　　　　　　(　　)
2. 化石能源是非再生能源。　　　　　　　　　　　　　　　　　　(　　)
3. 在干电池中，负极输出电子，发生氧化反应。　　　　　　　　　(　　)
4. 蓄电池充电时，阴极流出电子，发生还原反应。　　　　　　　　(　　)
5. 天然气和液化石油气的组成相同。　　　　　　　　　　　　　　(　　)
6. 石油是各种烃组成的混合物。　　　　　　　　　　　　　　　　(　　)
7. 煤是有机物和无机物组成的混合物。　　　　　　　　　　　　　(　　)

二、**选择题**（每题只有1个正确答案）
8. 煤炭直接燃烧的热利用率一般为　　　　　　　　　　　　　　　[　　]
   A. 10%～20%　　　B. 20%～50%　　　C. 40%～70%　　　D. 70%以上
9. 下列能源属于清洁能源的是　　　　　　　　　　　　　　　　　[　　]
   A. 煤炭　　　　　B. 汽油　　　　　C. 氢能　　　　　D. 焦炭
10. 石油的主要组成是　　　　　　　　　　　　　　　　　　　　　[　　]
    A. 芳香烃　　　　B. 烷烃　　　　　C. 烯烃　　　　　D. 炔烃
11. 组成汽油的分子中含碳原子数为　　　　　　　　　　　　　　　[　　]
    A. 5～6个　　　　B. 5～11个　　　C. 10～15个　　　D. 11～16个
12. 普通干电池中的负极材料是　　　　　　　　　　　　　　　　　[　　]
    A. 锌　　　　　　B. 锰　　　　　　C. 石墨　　　　　D. 铜
13. 工业上生产氢气最简单的方法是　　　　　　　　　　　　　　　[　　]
    A. 电解水　　　　　　　　　　　　B. 太阳能制氢法
    C. 水煤气分离法　　　　　　　　　D. 微生物法
14. 核电站发展中最棘手的事情是　　　　　　　　　　　　　　　　[　　]
    A. 核燃料的制备　　　　　　　　　B. 核反应堆的控制
    C. 核废物的处理　　　　　　　　　D. 核反应的引发

三、**简答题**
15. 石油的分馏和裂化本质上有什么不同？

16. 核电站的工作原理是什么?

17. 石油和煤相比,它们的成因和成分有何异同?

18. 原煤、石油液化气、柴草都是我国的家用能源,试比较它们的优缺点。

第十章 化学与环境

第一节 环境与环境问题

一 填空题

1. 环境可分为_____和_____，环境保护中的环境主要指_____。
2. 自然环境是指_____的一切自然形成的物质和能量。它包括_____、_____、_____、_____等。
3. 根据污染物性质可将环境污染分为_____、_____和_____。
4. 化学污染物可概括为五大类：_____、_____、_____、_____和_____。

二 选择题

5. 下列物质属于化学污染物的是　　　　　　　　　　　　　　　　　　　[　　]
　　A. 粉尘　　　　　B. 电磁波　　　　　C. 甲基汞　　　　　D. 寄生虫
6. 20世纪90年代，国际上提出"绿色化学"是预防污染的基本手段之一。下列各项属于绿色化学的是　　　　　　　　　　　　　　　　　　　　　　　　　　　[　　]
　　A. 治理污染点　　　　　　　　　　B. 杜绝污染源
　　C. 处理废弃物　　　　　　　　　　D. 减少毒物排放

第二节 大气污染及其防治

一 填空题

1. 排入大气的污染物种类很多，依照污染物的来源可分为_____污染源、_____污染源、_____污染源、_____污染源；根据污染物存在的形态，可分为_____污染物和

_____污染物。

2. 大气污染的危害主要体现在对_____的危害、对_____的危害、对_____的危害和对_____的影响。大气污染物主要有_____、_____、_____、_____、_____、_____等。

3. 若大气污染物是从_____,进入大气后其性质没有发生变化,则称其为____次污染物。

4. 颗粒物又称_____,是大气中的_____或_____颗粒状物质。在大气污染控制中,根据大气中粉尘(或烟尘)颗粒的大小,将其分为_____、_____和_____等。

5. 造成大气污染的硫氧化物主要是_____和_____(其中以_____为主);氮氧化物主要是_____和_____。

6. 由污染源排入大气的_____和_____等在阳光(紫外线)的照射下,可发生_____,从而生成二次污染物。

7. 一氧化氮是大气污染物之一。目前有一种治理方法是在400℃左右、有催化剂存在的情况下,用氨把一氧化氮还原为氮气和水。请写出该反应的化学方程式:_____。

8. 目前科学工作者正在研究将 Na_2SO_3 吸收法作为治理 SO_2 污染的一种新方法:
① 用 Na_2SO_3 水溶液吸收 SO_2。
② 加热吸收液,使之重新生成 Na_2SO_3,同时得到含高浓度 SO_2 的水蒸气。
试写出上述两步反应的化学方程式:
(1) _____。
(2) _____。

9. 地球大气层的平流层下部存在着微量的臭氧和氧原子。该臭氧层能吸附太阳的有害的紫外线辐射。可是人为的大气污染物会破坏臭氧层,如超音速飞机排放物含 NO 和 NO_2,与 O_3 可发生 $O_3+NO \longrightarrow NO_2+O_2$,$O+NO_2 \longrightarrow NO+O_2$ 的反复循环反应,其总反应方程式为_____。由此可见,氮的氧化物在破坏臭氧层过程中起了_____作用。

二 选择题 （每题只有1个正确答案）

10. 地球表面的大气中二氧化碳的含量不断增加的后果主要是 [ ]
A. 产生酸雨　　　B. 产生温室效应　　C. 破坏臭氧层　　D. 产生光化学作用

11. 下列各组气体中,都能造成大气污染的是 [ ]
A. CO_2、N_2　　B. N_2、NO_x　　C. NO_x、SO_2　　D. Cl_2、O_2

12. "飘尘"是物质燃烧时产生的粒状飘浮物,颗粒很小(直径小于 10^{-7} m),不易沉降。它与空气中的 SO_2、O_2 接触时,SO_2 会部分转化为 SO_3,使空气酸度增加。飘尘所起的主要作用是 [ ]
A. 催化作用　　B. 还原作用　　C. 吸附作用　　D. 氧化作用

第十章 化学与环境

13. 酸雨被称为"空中死神",雨、雪、霜、雹等大气降水被称为酸雨时,pH 应小于 [ ]
　　A. 6.9　　　B. 6.0　　　C. 5.6　　　D. 4

14. 吸烟者从香烟中吸入三种主要毒素,除烟碱(尼古丁)和致癌物焦油外,还有一种不易被人注意的有毒物质是 [ ]
　　A. CO　　　B. CO_2　　　C. NO　　　D. SO_2

15. 近年来,大量建筑装潢材料进入家庭,调查发现,经过装修的居室中由装潢材料缓慢释放出来的化学污染物浓度过高,影响人的健康,这些污染物中最常见的是 [ ]
　　A. CO　　　　　　　　　　B. SO_2
　　C. 臭氧　　　　　　　　　D. 甲醛、甲苯等有机物蒸气

16. 常见的污染物分为一次污染物和二次污染物,二次污染物是排入环境中的一次污染物在物理、化学因素或微生物作用下,发生变化所生成的新污染物。如反应 $2NO+O_2 \Longrightarrow 2NO_2$ 中,二氧化氮为二次污染物。下列三种气体:① 二氧化硫 ② 二氧化氮 ③ 硫化氢,其中能生成二次污染物的是 [ ]
　　A. 只有①②　　B. 只有②③　　C. 只有①③　　D. ①②③

17. 为了降低硫氧化物造成的空气污染,有一种方法是在含硫燃料(如煤)中加入生石灰,这种方法称为"钙基固硫"。采用这种方法在燃料燃烧过程中的"固硫"反应为 [ ]
　　A. $2CaO+2S \Longrightarrow 2CaS+O_2$　　　B. $S+O_2 \Longrightarrow SO_2$
　　C. $CaO+SO_2 \Longrightarrow CaSO_3$　　　D. $2CaSO_3+O_2 \Longrightarrow 2CaSO_4$

18. 下列物质中,不属于"城市空气质量日报"报道的是 [ ]
　　A. 二氧化硫　　B. 氮氧化物　　C. 二氧化碳　　D. 可吸入颗粒物

19. 近年来,我国许多城市禁止使用含铅汽油(汽油中加抗震剂四乙基铅),其主要原因是(提示:人体每100mL血液中含铅 $80\mu g$ 即有中毒症状) [ ]
　　A. 提高汽油燃烧效率　　　B. 降低汽油成本
　　C. 避免污染大气　　　　　D. 铅资源短缺

20. 控制酸雨的根本措施是 [ ]
　　A. 减少温室气体的产生量　　　B. 尽量减少矿物燃料的使用量
　　C. 净化燃烧装置,回收利用硫和氮　　D. 采用太阳能、风能、核能、氢能等

21. 下列情况可能引起大气污染的是 [ ]
① 机动车排放的尾气　② 煤的燃烧　③ 水的蒸发　④ 工业废气的任意排放　⑤ 秸秆燃烧　⑥ 燃放鞭炮
　　A. ①③　　B. ②③　　C. ①②　　D. ①②④⑤⑥

22. 引发洛杉矶光化学烟雾事件的污染物是 [ ]
　　A. 硫氧化物、烟尘及金属氧化物颗粒
　　B. 硫氧化物和硫酸盐类气溶胶
　　C. PAN、臭氧、醛类等
　　D. 以烟尘和二氧化硫为主

第三节 水污染及其防治

一 填空题

*1. 造成水体的_____、_____、_____恶化的物质叫作水体污染物。按水体污染物的化学性质，可分为_____和_____；按污染物的毒性，可分为_____和_____。

2. 无毒无机物质主要指排入水体中的_____。它主要引起水体中酸、碱、盐浓度超过正常量致使水质变坏，故又称_____。

3. 最典型的无机有毒物质是_____。

4. 耗氧有机物是指水体中含有的大量_____、_____、_____、_____等有机物。这类物质本身_____（填写"有毒"或"无毒"）性，但在分解时需消耗水中大量的_____，从而使水质恶化。

5. 水体的富营养化现象在江河湖泊中称为_____，在海洋上则称为_____。

6. 有毒有机物质主要指_____、_____、_____、_____等，它们的共同特点是_____或_____。

7. 植物营养物主要来自_____和_____。

8. 汞蒸气有毒。人在汞蒸气浓度为 $10^{-5} kg \cdot m^{-3}$ 的空气中停留 1~2 天就会出现汞中毒的症状。因此，必须采取措施防止汞中毒。

(1) 万一把汞洒出，可以在溅洒有汞滴处撒一层硫黄粉，这时发生的反应是_____。

(2) 室内有汞蒸气时应进行通风以降低汞蒸气浓度。通风口应装在墙体的____部。

9. 水体污染防治的基本方法有_____、_____和_____三种。

二 选择题 （每题只有1个正确答案）

10. 能引起水源污染的是 [　　]
① 天然水跟空气、岩石、土壤等长期接触　② 工业生产中废水、废气、废渣的排放　③ 水生动物、植物的繁殖　④ 城市生活污水的排放和农药、化肥的不合理使用　⑤ 雷雨闪电时形成的含氮化合物
A. ②④　　　B. ①②④⑤　　　C. ②③④　　　D. ①②③④⑤

11. 大气和饮水被污染时，可能造成人的牙齿和骨质变松，引起这种污染的元素是 [　　]
A. I　　　B. F　　　C. Hg　　　D. S

12. 酚类化合物属于 [　　]
A. 无毒无机物质　B. 有毒无机物质　C. 无毒有机物质　D. 有毒有机物质

13. 含硫废水的处理方法通常是 [　　]
   A. 物理法　　B. 中和法　　C. 氧化还原法　　D. 混凝法
14. 下列物质中,能够损害细胞中氧化酶,引起全身细胞缺氧而窒息死亡的是 [　　]
   A. 砷　　B. 铅　　C. 汞　　D. 氰化物
15. 下列物质污染水体后,会造成藻类大量繁殖、溶解氧降低、鱼类死亡的是 [　　]
   A. "五毒"物质　　　　　　B. 酸、碱、盐类物质
   C. 植物营养物　　　　　　D. 滴滴涕
16. 我国某些城市和地区严禁生产和销售含磷洗涤剂。含磷洗涤剂主要是添加了三聚磷酸钠,禁止使用的原因是 [　　]
   A. 三聚磷酸钠会引起"白色污染"
   B. 三聚磷酸钠会使含较多 Ca^{2+}、Mg^{2+} 的水形成沉淀,从而堵塞下水管道
   C. 三聚磷酸钠会造成自然水质的富营养化,使水生植物大量繁殖,水质变坏
   D. 三聚磷酸钠价格昂贵,使用成本高
17. 石油泄漏会引起污染,石油燃烧产物也会造成大气污染。下列物质中,不是石油燃烧产生的是 [　　]
   A. H_2S　　B. NO　　D. SO_2　　D. NO_2
18. 为了防止水污染,下列措施可以采用的是 [　　]
   ① 控制水中所有动植物生长　② 不任意排放工业废水　③ 禁止使用农药、化肥
   ④ 生活污水经净化处理后再排放　⑤ 控制 SO_2 和 NO_x 的排放,防止酸雨的形成
   A. ①②④　　B. ①③⑤　　C. ②③④　　D. ②④⑤
19. 传统饮用水的消毒剂是氯气。20 世纪 80 年代初科研人员在英国某城调查发现,儿童白血病发病率升高是源于饮用了氯气消毒的饮用水,这是因为 [　　]
   A. 氯气有氧化性,作用于正常细胞而癌化
   B. 氯水中的次氯酸具有杀菌性,氧化了正常细胞,异化为癌细胞
   C. 氯气有毒,杀死正常细胞,不杀灭癌细胞
   D. 氯气作用于水中有机物,生成有机氯化合物而致癌
20. 饮用水的消毒剂有多种,其中杀菌能力强且不会影响水质的理想消毒剂是 [　　]
   A. 液氯　　B. 二氧化氮　　C. 漂白粉　　D. 臭氧
21. 洪涝地区欲将河水转化为可饮用水,有以下处理过程:① 化学沉降(加明矾)、② 消毒杀菌(用漂白粉)、③ 自然沉降、④ 加热煮沸,其中较合理的顺序是 [　　]
   A. ②①④③　　B. ③②①④　　C. ③①②④　　D. ③①④②
22. 日本的"水俣病事件"是世界八大公害事件之一,其主要污染物是 [　　]
   A. 甲基汞　　B. 多氯联苯　　C. 镉　　D. 高温废水
23. 水体污染主要来自:① 农业生产中农药、化肥的大量使用;② 工业"三废"的排放;③ 水生生物的生长;④ 空气、岩石、土壤与水的接触;⑤ 生活"三废"的排放。其中主要污染水体的是 [　　]
   A. ③④⑤　　B. ②④⑤　　C. ①②⑤　　D. ②③④⑤

24. 下列物质在水中积聚可导致水体富营养化的是 [　　]
　　A. 无机酸盐　　B. 酚类化合物　　C. 植物营养物　　D. 病原微生物

第四节　固体废弃物的处理与利用

一　填空题

1. 从管理角度通常把固体废弃物分为 _____、_____、_____、_____、_____、_____ 等几种类型。

2. 固体废弃物对环境的危害极大，主要表现为 _____、_____ 和 _____。

3. 固体废弃物的一般处理方法有 _____、_____、_____。

二　选择题

4. 下列固体废弃物的处理方法不合理的是 [　　]
　　A. 填埋　　　B. 焚化　　　C. 倒入大海　　D. 热解

5. 当前我国环保亟待解决的"白色污染"，通常指的是 [　　]
　　A. 冶炼厂的白色烟尘　　　　B. 石灰窑的白色粉末
　　C. 聚乙烯等塑料垃圾　　　　D. 白色建筑材料

本章综合练习题

一、填空题

1. 依照污染物的来源，大气污染源可概括为 _____、_____、_____、_____ 四个方面。

2. 大气污染对全球性生态的影响主要体现在 _____、_____ 和 _____ 三方面。

3. 光化学烟雾最早发现于 _____（填国家名）的 _____（填城市名），因此又名 _____ 烟雾。光化学烟雾的特征是 _____，_____，_____。

4. 通过污染食品，对人体造成危害的农药主要有 _____、_____、_____。

5. 某河道两旁有甲、乙两厂，它们排放的工业废水中含 K^+、Ag^+、Fe^{3+}、Cl^-、OH^-、NO_3^- 六种离子。

（1）甲厂的废水明显呈碱性，故甲厂废水中所含的三种离子是 ____、____、____。

（2）乙厂的废水中含有另外三种离子。如果加一定量 ____（利用置换反应），可以回收其中的金属 ____，而且水体不被二次污染。

（3）另一种设想是将甲厂和乙厂的废水按适当的比例混合，可以使废水中的

第十章 化学与环境

_____（填写离子符号）转化为沉淀。经过滤后的废水主要含_____，可用来浇灌农田。

二、选择题（每题只有1个正确答案）

6. 每年的"国际保护臭氧层日"是　　　　　　　　　　　　　　　　　　[　　]
A. 6月1日　　　B. 9月10日　　　C. 9月16日　　　D. 6月5日

7. 目前排入大气中的二氧化碳逐年增加，其对人类影响最大的是　　　　　[　　]
A. CO_2 浓度适度增加，可提高粮食的产量：$6CO_2 + 12H_2O \xrightarrow[\text{日 光}]{\text{叶绿体}} C_6H_{12}O_6 + 6H_2O + 6O_2$
B. 使石灰岩大量溶解而破坏自然风光
C. 使空气中氧气含量下降，导致人类窒息而灭亡
D. 使地球温度升高，冰川融化，破坏生态平衡

8. 酸雨是指雨、雪、霜、雹等大气降水的 pH 小于　　　　　　　　　　　[　　]
A. 5.6　　　　　B. 1.0　　　　　C. 3.2　　　　　D. 7.0

9. 下列方法中，不是低浓度 SO_2 治理方法的是　　　　　　　　　　　　[　　]
A. 催化还原法　　B. 氨法　　　　C. 钠碱法　　　D. 钙碱法

10. 下列物质在水中积聚到一定程度会引起水体富营养化的是　　　　　　[　　]
A. 植物营养物　　B. 酸性废水　　C. 纤维素　　　D. PCB

11. 日本四日市哮喘病事件的主要污染物是　　　　　　　　　　　　　　[　　]
A. 二氧化硫和烟尘　　　　　　　B. 多氯联苯
C. 硫氧化物和硫酸盐　　　　　　D. 镉

12. 目前，世界各国处理城市固体废弃物的主要方法是　　　　　　　　　[　　]
A. 焚化法　　　　　　　　　　　B. 填埋法
C. 堆肥法　　　　　　　　　　　D. 压制成金属材料

13. 水体污染中，危害最严重的污染物是　　　　　　　　　　　　　　　[　　]
A. 酸碱性物质　　B. 重金属　　　C. 有机物　　　D. 热污染

14. 下列污染事件不属大气污染的是　　　　　　　　　　　　　　　　　[　　]
A. 震惊世界的伦敦烟雾事件
B. 美国联合碳化物公司印度博帕尔市农药厂剧毒气体泄漏事件
C. 50年代日本的水俣病事件
D. 日本四日市哮喘病事件

15. 甲、乙、丙、丁在常温下为四种气体，它们都是大气污染物。其中甲的水溶液是一种无氧酸，乙是形成酸雨的主要物质，丙可以跟甲发生氧化还原反应，丁能与血红蛋白作用而使人体中毒。甲、乙、丙、丁依次为　　　　　　　　　　　　　　[　　]
A. HBr, SO_2, Cl_2, CO　　　　　B. H_2S, SO_3, Cl_2, NO
C. H_2S, SO_2, Cl_2, O_2　　　　　D. HCl, NO_2, Cl_2, NO

16. 生活污水和某些工业废水中经常含有一定量的植物营养物质，过量的这些元素成为水中微生物和藻类的营养，造成水体的"富营养化"，在海湾常出现赤潮，致使水生生

物死亡,水质恶化。造成这种现象的元素是 [　　]

　A. O、C　　　　B. S、N　　　　C. N、P　　　　D. P、K

17. 环境问题已成为制约社会发展和进步的严重问题,下列说法正确的是 [　　]

① 臭氧层的主要作用是吸收紫外线　② 温室效应将导致全球气候变暖　③ 酸雨主要是空气受到硫的氧化物和氮的氧化物污染所致　④ 光化学烟雾主要是由汽车排放的尾气引起的

　A. 只有①②　　B. 只有②③　　C. 只有①②③　　D. ①②③④

18. 室内空气污染的重要来源之一是现代生活中所使用的化工产品,如家具、墙纸、化纤地毯、塑料地板、书报、油漆等都会不同程度地释放出某种有害气体,该气体是 [　　]

　A. 甲醛　　　　B. 二氧化碳　　C. 一氧化碳　　D. 甲烷

本章自测试卷

A卷

一、填空题

1. 造成环境污染的主要原因有_____、_____和_____三个方面。

2. "酸雨"一词是由英国的_____首先提出的,酸雨又被称为"_____",它是指pH小于____的雨、雪、霜、雹等大气降水,其形成过程是一种复杂的_____和_____现象。

3. 能使地球大气增温的_____称为"温室气体",主要的温室气体有_____、_____等,其中_____的增加是造成全球变暖的主要原因。

4. 1982年,英国考察队在南极上空首次发现了一个面积接近于美国大陆的"_____",臭氧层耗损主要是消耗_____的化学物质引起的,其中破坏臭氧层最严重的是_____类物质和_____。

5. 按照化学性质,水体污染物可分为_____和_____;按其毒性,又可分为_____和_____。常见的水体污染物有_____、_____、_____、_____、_____等。

6. _____、_____、_____是三种量大、影响面广的大气污染物。

二、选择题(每题只有1个正确答案)

7. 下列商品中,不能称为"绿色商品"的是 [　　]

　A. 无铅汽油　　B. 无磷洗衣粉　　C. 无氟冰箱　　D. 无碘食盐

8. 下列情况可能引起水污染的是 [　　]

① 农业生产中农药、化肥使用不当　② 生活中大量使用含磷洗涤剂　③ 工业生产中废气、废液、废渣排放不当　④ 生活污水的任意排放　⑤ 石油在运输过程中因泄漏流入江河　⑥ 原子核反应废料的任意排放

　A. ①③⑤⑥　　B. ①③④⑤　　C. ①②③⑥　　D. 全部都是

9. 下列大气污染物中,能与人体中血红蛋白结合而引起中毒但又不易察觉出来的气

第十章 化学与环境

体是 [ ]
  A. SO_2 B. CO_2 C. NO_2 D. CO

10. 光化学烟雾对人体最明显的影响是 [ ]
  A. 诱发癌症   B. 呼吸道刺激   C. 导致耳聋   D. 眼刺激

11. 当前,水体污染中极为普遍的污染物质是 [ ]
  A. 有机农药   B. 酚类化合物   C. 石油类   D. 热污染

12. 水体污染的"五毒"一般是指 [ ]
  A. 氯、磷、砷、锑、铋   B. 酚、氰、汞、铬、砷
  C. 汞、镉、铅、铬、砷   D. 酸、碱、NO_3^-、F^-、CN^-

13. 下列物质中,能引起细胞代谢紊乱、神经系统损伤的是 [ ]
  A. 砷   B. 铅   C. 汞   D. 镉

14. 在装有空调的房间中工作较长时间后,有时会感到呼吸不畅,精神倦怠,其原因是室内 [ ]
  A. 氧气含量减少   B. 二氧化碳含量增高
  C. 负氧离子减少   D. 阳离子减少

三、判断题(正确的在括号内打"√",错误的打"×")

15. 依照与污染源的关系,大气污染物可分为一次污染物和二次污染物。( )
16. 水体污染物是指造成水体的水质、生物质、底质质量恶化的物质。( )
17. 无毒有机物质主要是指植物营养物。( )
18. 造成环境污染的主要原因有化学原因和生物原因两个方面。( )
19. 植树绿化是防治大气污染的措施之一。( )
20. CO主要来自矿物燃料不完全燃烧和机动车尾气的排放。( )
21. 碳水化合物、蛋白质、脂肪都属于耗氧有机物质。( )
22. 垃圾是完全不可利用的废物。( )

四、综合题与计算题

23. 环境污染有各种分类方法,请将相关内容连线。

按环境要素可分为　　　　　　化学污染、生物污染、物理污染
按人类活动可分为　　　　　　大气污染、水体污染、土壤污染
按造成污染的原因可分为　　　工业环境污染、城市环境污染、农业环境污染

24. 将下列环境问题与所对应的原因进行连线。

　　环境问题　　　　　　　　产生原因
(1) 酸雨　　　　　　　A. CO_2 浓度不断上升
(2) 水土流失　　　　　B. 大量使用塑料包装袋
(3) 温室效应　　　　　C. 工业上大量排放 SO_2
(4) 臭氧层被破坏　　　D. 大量使用农药和化肥
(5) 白色污染　　　　　E. 乱砍滥伐森林
(6) 土壤污染　　　　　F. 大量使用氟利昂制品
(7) 水华、赤潮现象　　G. 水体富营养化(N、P超标)

25. 在寒冷季节,室内生煤炉取暖时,若没装好烟囱,烟气不能充分排出,则可能会发生煤气中毒,出现头痛、疲乏、四肢无力或恶心等症状,严重时可出现呕吐、昏迷甚至死亡。煤气中毒实质上是什么中毒?发生中毒的机理何在?

26. 经常在游泳池游泳的人,可能会发现其牙齿受到不同程度的腐蚀,您知道这是为什么吗?

27. 从废定影液中回收银:先加入 Na_2S 溶液发生反应 $2[Ag(S_2O_3)_2]^{3-}+S^{2-}=\!=\!=Ag_2S\downarrow+4S_2O_3^{2-}$;过滤后向沉淀中加足量盐酸,再加足量 Fe 粉至无沉淀物为止,主要发生的反应为 $Ag_2S+2HCl+Fe\xrightarrow{\triangle}2Ag+FeCl_2+H_2S\uparrow$。现取定影液 100mL,经反应后得气体 150mL(标准状况下),通过 NaOH 溶液后剩余 38mL,则废液中 $[Ag(S_2O_3)_2]^{3-}$ 的物质的量浓度为_____。

B 卷

一、判断题(正确的在括号内打"√",错误的打"×")

1. 《中华人民共和国环境保护法》中所指的环境明确是自然环境。( )

2. 人类对环境的改造能力越强,环境就越受人类控制,人类获得的资源就越多。( )

3. 环境保护工作就是环境污染控制技术。( )

4. 我国大气污染主要是煤烟型的污染。( )

5. 一氧化碳是引起温室效应的主要气体。( )

6. 酸雨是指 pH 小于 7 的降水。( )

7. 地球是一个水球,所以水是用之不竭的。( )

8. 水域中有了污染物,就造成水体污染。( )

二、选择题(每题只有 1 个正确答案)

9. 下列做法不会造成大气污染的是 [ ]
 A. 含硫煤的燃烧　　　　　　B. 焚烧树叶
 C. 燃烧 H_2　　　　　　　　D. 燃放烟花爆竹

10. 下列气体不会对大气造成污染的是 [ ]
 A. N_2　　B. CO　　C. SO_2　　D. NO_2

11. 地球上可供人们直接利用的淡水数量占总水量的 [ ]
 A. 20%　　B. 10%　　C. 不到 1%　　D. 50%

12. 下列做法中,不能解决环境污染问题的是 [ ]
 A. 把污染严重的企业迁到农村
 B. 回收与处理废气、废水、废渣等,减少污染物的排放

第十章 化学与环境

C. 采用新工艺,减少污染物的排放

D. 人人都重视环境问题,从自身做起,设法减少废物

13. 下列有关环境污染的说法不正确的是 [ ]

A. 环境污染主要是指大气污染、水污染、土壤污染、食品污染及噪声等

B. 大气污染物主要指 CO、SO_x、NO_x、C_mH_n 及颗粒物等

C. 大气中 CO_2 浓度的增加,是造成酸雨的主要原因

D. 从保护环境考虑,未来最理想的燃料是氢气

14. 引起水俣病事件和痛痛病事件的污染物分别是 [ ]

A. 汞和镉 B. 氰化物和铬 C. 铜和砷 D. 硒和镍

15. 大气中的颗粒物是一种 [ ]

A. 污染源 B. 污染物 C. 固定组成 D. 飘尘

16. 大气污染的危害主要是引起 [ ]

A. 呼吸道疾病 B. 眼病 C. 皮肤病 D. 痛痛病

17. 水体中有机物的耗氧降解过程主要是通过什么完成的 [ ]

A. 生物 B. 化学反应 C. 生物化学反应 D. 物理作用

18. 人类大部分疾病与下列哪种污染有关 [ ]

A. 细菌感染 B. 大气污染 C. 水体污染 D. 固废污染

19. 破坏臭氧层的化学排放物是 [ ]

A. 氟化氢 B. 氟氯烃类 C. 碘化钠 D. KBr

20. 城市空气中的铅污染主要来自 [ ]

A. 汽油废气 B. 煤炭燃烧 C. 垃圾焚烧 D. 塑料焚烧

21. 二噁英最易生成的条件是 [ ]

A. 焚烧塑料废弃物 B. 炼制油脂

C. 喷洒农药的过程 D. 汽车排放的尾气

三、填空题

22. SO_2 不但本身污染大气,它在大气中经尘粒催化,与水、氧气作用,形成危害更大的酸雨。与酸雨有关的化学反应方程式是_____,_____ _____。

23. 环境可分为_____环境和_____环境。造成环境污染的主要因素是_____。当前面临的三大全球性环境问题是_____、_____和_____。环境保护是我国的一项_____。为了未来,人类必须选择_____发展的道路,建立和谐共处的绿色文明。

四、综合题

24. 为什么说不在公共场所吸烟是一种良好的社会公德?

25. 分析一下居室中存在哪些环境问题,列举一些污染物的名称。

26. 什么是水体污染？简述主要的水体污染物。

27. 日常生活中，有一些不良的饮食习惯，如吃隔夜的白菜，吃油炸得过焦的食物等，试分析这样做有什么危害。

28. 请你结合家乡的实际，谈谈环境污染的危害，并写一篇"我当环保局局长"的竞选报告或演讲稿。

29. 举出一些行业中的污染实例，浅谈治理方法。

30. 大气污染的防治措施有哪些？

31. 各举一例，说明水体污染治理的三种基本方法。

32. 为什么固体废弃物又可称为"放错地点的原料"？

参考答案

基 础 篇

第一章 物质结构 元素周期律

第一节 原子结构

一、填空题

1. 原子核、核外电子;质子、中子。
2. 填表:

1	+1
1	中性
1/1836	−1

3. 质量数(A)。 4. 质子数,核外电子数。 5. 质子数、中子数、同一种、原子、同一、同一。
6. 核电荷数(即质子数)相同的同一类原子的。2,4。 △7. 质量数;质子数;原子个数;元素正、负化合价;阳、阴离子所带的电荷数。 8. 12,10。 9. $_1^1H$、$_1^2H$、$_1^3H$(或 H、D、T)。
10. 填表:

		$_{19}^{39}K^+$	$_{17}^{37}Cl^-$
13	8	19	17
13	10		
27	16	39	37
14	8		
13	8		

11. n,1,2,3,…,K,L,M,…。愈远,愈高。 12. ① $2n^2$;② 8;③ 18。

△13. 填表：

	17	2	8	8	(+17 2 8 8
Mg²⁺					(+12 2 8
	10	2	8		(+10 2 8
S	16				(+16 2 8 6

14. (+19 2 8 8 1。

二、选择题

题号	15	16	17	18	*19	*20	21	22	23	24	△25	26
答案	B	A	C	C	C	D	C	CD	BC	D	AC	D

第二节　碱金属　卤素

一、填空题

1. 锂、钠、钾。最强，+1，AOH。强。　2. 活泼，煤油。软，镊子。$2K+2H_2O=\!=\!=2KOH+H_2\uparrow$，$2Na+2H_2O=\!=\!=2NaOH+H_2\uparrow$。钾。　3. HClO（或次氯酸），$Cl_2+H_2O=\!=\!=HCl+HClO$。　4. $2Cl_2+2Ca(OH)_2=\!=\!=CaCl_2+Ca(ClO)_2+2H_2O$，次氯酸钙。　5. 白，淡黄，黄。　6. 氟、氯、溴、碘，7，活泼，得到，-1。

二、选择题

题号	7	8	9	10	11	12	13	14	*15	*16	17	18	19	20	21	22
答案	B	D	C	C	C	C	C	A	C	A	B	C	B	C	D	A

题号	23	24	*25	26	27	28
答案	B	C	D	B	C	D

三、综合题

29. 填表：

	黄绿色气体	深红棕色液体	紫黑色固体
	浅黄绿色	红棕色	棕黄色
	浅黄色	黄色	紫红色

参考答案

第三节 元素周期律 元素周期表

一、填空题

1. 1,8,大,小。 2. 周期性,周期性,元素周期律。 3. 7,7。短周期,长周期。 4. 碱金属,稀有气体,周期数。 5. 18,16。7,ⅠA,ⅡA,ⅢA,…,ⅦA;7,ⅠB,ⅡB,ⅢB,…,ⅦB;最外层电子数。 6. 失去,阳。愈强。 7. 金属,非金属。

△8. 填表:

11	Na			(+11) 2 8 1
	Cl	3	ⅦA	(+17) 2 8 7
20		4	ⅡA	(+20) 2 8 8 2

9. 减弱;增强。 10. 减弱;两性,酸,碱。 11. 卤素,减弱。I_2。I_2。最外层电子数,电子层数。 12. 金属,非金属。 13. 减弱,减弱,增强,增强。 14. 增强,增强;减弱,减弱。 15. 主族,主族序数−8。

△16. 填表:

(+12) 2 8 2		(+16) 2 8 6	
	3		3
	ⅢA		ⅦA
镁 Mg	铝 Al	硫 S	氯 Cl
+2	+3	+6	+7
		−2	−1
MgO	Al_2O_3	SO_3	Cl_2O_7
$Mg(OH)_2$	$Al(OH)_3$	H_2SO_4	$HClO_4$
碱性	两性	酸性	酸性

二、选择题

题号	17	18	19	*20	21	22	*23	24	25	26	*27	*28	29	30	*31	*32
答案	C	D	AB	BC	C	AD	A	C	B	A	CD	C	AD	C	D	C

题号	*33
答案	D

第四节 化学键

一、填空题

1. 直接相邻的原子间强烈的相互作用。共价键、离子键、金属键。 2. 阴、阳离子,静电作用。原子和原子,共用电子对。 *3. 极性共价键,非极性共价键。单,空轨道。 4. 金属,非金属,失去和得到,阴、阳。离子。 5. (1) ① $[:\overset{..}{\underset{..}{F}}\overset{×}{}]^-Ca^{2+}[\overset{×}{\underset{..}{F}}:]^-$。② $Na^+[\overset{..}{\underset{..}{S}}\overset{×}{}]^{2-}Na^+$。 (2) ① $×Mg× + 2·\overset{..}{\underset{..}{Cl}}: \longrightarrow [:\overset{..}{\underset{..}{Cl}}\overset{×}{}]^-Mg^{2+}[\overset{×}{\underset{..}{Cl}}:]^-$。② $×Ba× + ·\overset{..}{\underset{..}{S}}· \longrightarrow Ba^{2+}[\overset{..}{\underset{..}{S}}\overset{×}{}]^{2-}$。 6. (1) ① $N≡N$。② $H—Cl$。③ $O=C=O$。④ $H—\underset{H}{\overset{H}{C}}—H$。 *(2) ① $H\overset{×}{:}\overset{..}{\underset{..}{O}}\overset{×}{:}\overset{..}{\underset{..}{Cl}}:$。② $H\overset{×}{:}\overset{..}{\underset{..}{O}}\overset{×}{:}H$。③ $H\overset{×}{:}\overset{..}{\underset{..}{O}}\overset{×}{:}\overset{..}{\underset{..}{O}}\overset{×}{:}H$。④ $H\overset{×}{:}C::C\overset{×}{:}H$。 7. (1) 离子键。(2) 共价键。(3) 共价键。(4) 离子键。(5) 共价键。 *8. K_2S;CO_2、H_2O、N_2;$NaOH$;CO_2;H_2O。 9. KCl、$CaCl_2$、K_2S、CaS。 10. $Na^+[\overset{..}{\underset{..}{Cl}}:]^-$ 和 $Mg^{2+}[\overset{..}{\underset{..}{S}}\overset{×}{}]^{2-}$。 *11. 不对称,对称。 *12. HF、H_2O、NH_3、PH_3。 *13. (1) 非极性分子。(2) 极性分子。(3) 极性分子。(4) 非极性分子。 *14. 晶体。离子晶体、原子晶体、分子晶体。离子;共价;分子间力。 *15. SiO_2,CO_2;SiO_2,KCl,CO_2。不发生,分子间。

二、选择题

题号	16	*17	18	19	20	21	22	23	24	*25	*26	*27	*28	*29	*30	*31	*32
答案	D	D	B	C	D	BC	AC	D	B	C	A	C	D	B	B	B	B

本章综合练习题

一、填空题

1. 17,20,37;(+17)2 8 7。第三,ⅦA。Cl_2O_7,$HClO_4$,$H\overset{×}{:}\overset{..}{\underset{..}{Cl}}:$。 2. (1) 钠(Na),钾(K),镁(Mg),铝(Al),碳(C),氧(O),氯(Cl),溴(Br),氩(Ar)。氩(Ar),钾(K)。(2) $NaOH$,$Al(OH)_3$。(3) K、Na、Mg。(4) H_2O,$2H_2O+2K=\!=\!=2KOH+H_2\uparrow$。(5) $Na× + ·\overset{..}{\underset{..}{Br}}: \longrightarrow Na^+[\overset{..}{\underset{..}{Br}}\overset{×}{}]^-$。(6) 18。 3. (1) C,H。(2) Cl,S,P,N,P。(3) K,Na,Ca。(4) O,Mg,$Mg^{2+}[\overset{..}{\underset{..}{O}}\overset{×}{}]^{2-}$。 4. (1) Na (+11)2 8 1,C (+6)2 4,N (+7)2 5,Cl (+17)2 8 7。(2) 离子,共价。$2Na_2O_2+2CO_2=\!=\!=2Na_2CO_3+O_2$。(3) $NaOH$,H_2CO_3,HNO_3,$HClO_4$。 5. >,>。 6. +1,$[\overset{..}{\underset{..}{Cl}}\overset{..}{\underset{..}{O}}\overset{×}{}]^-$。 7. 32,16,S,三,ⅥA,$SO_2$,$SO_3$,$H_2S$,*极性。 8. NaOH 溶液,$MgSO_4+2NaOH=\!=\!=Mg(OH)_2\downarrow+Na_2SO_4$,$Al_2(SO_4)_3+6NaOH(适量)=\!=\!=2Al(OH)_3\downarrow+3Na_2SO_4$,$Al(OH)_3+NaOH(过量)=\!=\!=NaAlO_2+2H_2O$。

二、选择题

题号	9	10	11	12	13	*14	15	16	*17	18	19	20	*21
答案	C	C	AC	AB	A	B	CD	CD	A	B	C	A	CD

题号	*22	23				24	25	*26				
答案	C	(1)C	(2)C	(3)A	(4)B	D	D	F	G	D	C	B	A	E

本章自测试卷

A卷

一、填空题

1. $^1H, ^2H, ^3H, ^{16}O, ^{17}O, ^{18}O, ^{35}Cl, ^{37}Cl;3$。 2. 32。 3. $K_2S;*NH_3;*H_2;Na_2O_2$。 4. 相等,减弱,减小,增强,增强。 5. R_2O_5,+5,酸;VA。 6. 减弱。HF。 *7. 非极性;极性。

二、判断题

8. ×。 9. ×。 10. ×。 11. √。 12. ×。 13. √。 14. √。 15. √。

三、选择题

题号	*16	17	18	19	20	21	22	23	24
答案	B	B	A	C	C	B	C	D	D

四、综合题

25. >。 26. 离子,离子键,非极性共价。 27. $Cl_2+H_2O \rightleftharpoons HClO+HCl$。 28. 钠,氯,离子,金属,非金属。 29. $Ca^{2+}[\overset{..}{\underset{..}{S}}]^{2-}$。第四、第三, ⅡA、ⅥA。 30. (1) 氮(N)。(2) 第二,ⅤA。(3) :N⋮⋮N: 。(4) HNO_3。

B卷

一、选择题

题号	1	2	3	4	5	6	7
答案	C	A	C	C	B	D	D

二、综合题

8. >。 9. 17,18,17。35。 ⊕17 2 8 7 。第三、ⅦA。Cl_2O_7, $HClO_4$,HCl。 10. XWZY,XWZ,XWZY。$[:\overset{..}{\underset{..}{Cl}}:]^-Mg^{2+}[:\overset{..}{\underset{..}{Cl}}:]^-$。

C卷

一、判断题

1. ×。 *2. ×。 3. √。 *4. ×。 5. √。 *6. √。 7. ×。 *8. ×。 9. √。 10. ×。 *11. ×。

二、选择题

题号	12	13	14	*15	16	*17	18	19
答案	C	D	D	C	D	B	B	C	A	D

三、综合题

20. 氮(N)。 21. (1) A>B。(2) A>B。(3) A>B。

22. (1)填表:

三	ⅥA	−2
三	ⅦA	−1
三	0	
四	ⅠA	+1
四	ⅡA	+2

(2) $K^+[\overset{..}{\underset{..}{\times}}\overset{..}{S}\overset{..}{\underset{..}{\times}}]^{2-}K^+$,$Ca^{2+}[\overset{..}{\underset{..}{\times}}\overset{..}{S}\overset{..}{\underset{..}{:}}]^{2-}$,$K^+[\overset{..}{\underset{..}{:}}\overset{..}{Cl}\overset{..}{\underset{..}{:}}]^-$,$[\overset{..}{\underset{..}{:}}\overset{..}{Cl}\overset{..}{\underset{..}{:}}]^-Ca^{2+}[\overset{..}{\underset{..}{:}}\overset{..}{Cl}\overset{..}{\underset{..}{:}}]^-$。(3)均为离子晶体。 **23.** (1) Cl。(2) Al。(3)可能形成的盐有 4 种:Na_2S、Al_2S_3、$NaCl$、$AlCl_3$。

第二章 物质的量 溶液

第一节 物质的量

(一)物质的量和摩尔质量

一、填空题

1. 物质的量,mol(摩尔)。 **2.** 阿伏加德罗常数(即 6.02×10^{23})个,N_A,6.02×10^{26},1000mol。 **3.** 摩尔质量,M_B,$g\cdot mol^{-1}$。数值相同,单位不同。 **4.** 53.5,53.5$g\cdot mol^{-1}$,107g,2,3。 *5.** 20,18%。
6. 填表:

23		1	6.02×10^{23}
98	98		6.02×10^{23}
17		0.1	6.02×10^{22}
2	4	2	

7. 不相等,不相等,相等。 **8.** 22。14:11,2:1,2:1。 **9.** 135$g\cdot mol^{-1}$,64。铜,Cu。 *10.** +3。
11. (1) $M(g\cdot mol^{-1})$。(2) $M/N_A(g)$。(3) $\dfrac{1}{M}\cdot N_A$(个)。 **12.** 1:2。 *13.** 14.9,20.2。
*14.** 62$g\cdot mol^{-1}$,16。ⅥA,氧,O。 *15.** 1.15,3.01×10^{22},0.05。

二、选择题

题号	16	17	18	19	20	*21	22	23	24	25	26	27	28	29	*30	*31
答案	A	D	A	C	B	B	C	C	A	C	C	D	C	C	D	B	C

三、计算题

32. (1) $n(NaCl)\cdot M(NaCl):n(MgCl_2)\cdot M(MgCl_2)=3\times58.5:2\times95=351:380$。
(2) $m(NaCl)=12\times58.5g=702g$,$m(MgCl_2)=8\times95g=760g$。
33. $m(O_2)=2.657\times10^{-26}kg\times1.204\times10^{24}\approx3.2\times10^{-2}kg$,即 32g。
*34.** A 液(1L):$n(Mg^{2+})=(0.5+0.35)mol=0.85mol$,$n(SO_4^{2-})=(0.5+0.4)mol=0.9mol$,
$n(Cl^-)=0.35\times2mol=0.7mol$。
B 液(1L):$n(Mg^{2+})=0.85mol$,$n(SO_4^{2-})=(0.85+0.05)mol=0.9mol$,$n(Cl^-)=0.7mol$。

由此可见，A 液与 B 液属同样的溶液。

35. 设生成的 H_2 的物质的量为 x，消耗 H_2SO_4 的质量为 y。

$$Fe + H_2SO_4 = FeSO_4 + H_2\uparrow$$
$$56g \quad 98g \qquad\qquad 1mol$$
$$5.6 \quad y \qquad\qquad\qquad x$$

$x = \dfrac{5.6g \times 1mol}{56g} = 0.1mol, y = \dfrac{5.6g \times 98g}{56g} = 9.8g$。

答：生成氢气 0.1mol，消耗 H_2SO_4 9.8g。

36. $m(C) = 1mol \times 12g \cdot mol^{-1} = 12g, m(H) = 2 \times \dfrac{36g}{18g \cdot mol^{-1}} \times 1g \cdot mol^{-1} = 4g, m(O) = 32g - 12g - 4g = 16g$。

*37. 设原混合物中 NaCl 的物质的量为 x，$MgCl_2$ 的物质的量为 y。

$$NaCl + AgNO_3 = AgCl\downarrow + NaNO_3 \qquad MgCl_2 + 2AgNO_3 = 2AgCl\downarrow + Mg(NO_3)_2$$
$$1mol \qquad\qquad 1mol \qquad\qquad\qquad\qquad 1mol \qquad\qquad 2mol$$
$$x \qquad\qquad\qquad x \qquad\qquad\qquad\qquad\qquad y \qquad\qquad\qquad 2y$$

$$\begin{cases} 58.5g \cdot mol^{-1} \cdot x + 95g \cdot mol^{-1} \cdot y = 248.5g \\ 143.5g \cdot mol^{-1} \cdot (x+2y) = 717.5g \end{cases}$$

解得 $x = 1mol, y = 2mol$。

所以 $m(NaCl) = 1mol \cdot 58.5g \cdot mol^{-1} = 58.5g, m(MgCl_2) = 2mol \cdot 95g \cdot mol^{-1} = 190g$。

（二）气体摩尔体积

一、填空题

1. 22.4。

2. 填表：

1.51×10^{23}	0.25	0.5		0.089
	0.50	16	11.2	1.429
6.02×10^{23}	1.0		22.4	3.170

3. 相同数目，阿伏加德罗。 **4.** 6.02×10^{23}，$2:1,2:1$。11.2。 **5.** $3:4,1:1,15:16,3:4$。
6. $2;1.28g;1120$。 ***7.** $4:1,1.29g \cdot L^{-1}$。 **8.** 4.48。 ***9.** 2,32。相等。

二、选择题

题号	10	11	12	13	14	15	16	17	18	19
答案	A	B	D	C	D	D	A	A	C	B

三、计算题

20. (1) $m(O_2) = \dfrac{V}{V_m} \cdot M = \dfrac{1.12}{22.4} \times 32g = 0.05 \times 32g = 1.6g$。

$n(O) = \dfrac{m}{M} \cdot N_A = \dfrac{1.6}{16} \times 6.02 \times 10^{23} = 6.02 \times 10^{22}$（个）。

* (2) $m = \dfrac{1 \times 25\%}{22.4} \times 2g + \dfrac{1 \times (1-25\%)}{22.4} \times 32g = 1.1g$。

21. $m(NH_3) = n(NH_3) \cdot M(NH_3) = \dfrac{448L}{22.4L \cdot mol^{-1}} \times 17g \cdot mol^{-1} = 340g$。

$m(H_2O) = V \cdot \rho = 1000\text{mL} \times 1\text{g} \cdot \text{mL}^{-1} = 1000\text{g}$。

$w(NH_3) = m(NH_3)/[m(NH_3) + m(H_2O)] \times 100\% = 340\text{g}/(340\text{g} + 1000\text{g}) \times 100\% = 25.4\%$。

*22.（1）设三种金属均为1mol。

$2Na \sim H_2$　　$Mg \sim H_2$　　$2Al \sim 3H_2$

2mol　1mol　　　1mol　1mol　　　2mol　3mol

1mol　$\frac{1}{2}$mol　　1mol　1mol　　　1mol　$\frac{3}{2}$mol

等物质的量的三种金属产生 H_2 的体积比为 1:2:3。

（2）设三种金属均为1g。

$2Na \sim H_2$　　$Mg \sim H_2$　　$2Al \sim 3H_2$

46g　2g　　　　24g　2g　　　　54g　6g

1g　$\frac{2}{46}$g　　1g　$\frac{2}{24}$g　　1g　$\frac{6}{54}$g

三种金属均为1g时，产生 H_2 的体积比为 $\frac{2}{46}:\frac{2}{24}:\frac{6}{54} = 36:69:92$。

*23. 设混合前 CO 和 CO_2 的物质的量为 $n(CO)$ 和 $n(CO_2)$。

$\begin{cases} n(CO) \times 28\text{g} \cdot \text{mol}^{-1} + n(CO_2) \times 44\text{g} \cdot \text{mol}^{-1} = 25\text{g} \\ [n(CO) + n(CO_2)] \times 22.4\text{L} \cdot \text{mol}^{-1} = 16.8\text{L} \end{cases}$

解得 $\begin{cases} n(CO) = 0.5\text{mol} \\ n(CO_2) = 0.25\text{mol} \end{cases}$

所以　$V(CO) = 0.5\text{mol} \times 22.4\text{L} \cdot \text{mol}^{-1} = 11.2\text{L}$；

$m(CO) = 0.5\text{mol} \times 28\text{g} \cdot \text{mol}^{-1} = 14\text{g}$；

$V(CO_2) = 16.8\text{L} - 11.2\text{L} = 5.6\text{L}$；

$m(CO_2) = 25\text{g} - 14\text{g} = 11\text{g}$。

第二节　溶液组成的表示

一、填空题

1. 单位体积,质量,ρ_B,$g \cdot L^{-1}$,$mg \cdot L^{-1}$,$m(g)/V(L)$。　2. 单位体积(V),物质的量(n),c_B,$mol \cdot L^{-1}$,n_B/V,mol(摩尔),L(升)。　3. $40g \cdot L^{-1}$,$1mol \cdot L^{-1}$。　4. 49g;0.5mol,49g。　5. $9g \cdot L^{-1}$,$0.15mol \cdot L^{-1}$。4.5g。　6. $0.01mol \cdot L^{-1}$。0.095。　7. 20mL。　8. $\frac{m}{MV}$。　9. 5%;$51g \cdot L^{-1}$,$1.12mol \cdot L^{-1}$。　10. $95g \cdot mol^{-1}$;24;$0.6mol \cdot L^{-1}$。　11. $12.1mol \cdot L^{-1}$;$12.1mol \cdot L^{-1}$;$1.21mol \cdot L^{-1}$,20.2。　*12. 0.7。　13. ① NaOH 应放在干燥的烧杯中称量。② 移动过的游码未拨回原处。③ 托盘天平只能称准至 0.1g，称不出 1.00g。④ 烧杯和玻璃棒未洗涤，洗涤液也应转入容量瓶中。⑤ NaOH溶液应冷却后再转移至容量瓶中。⑥ 容量瓶中的溶液未摇匀。⑦ 配好的溶液应及时转移到有胶塞的试剂瓶中。　△14.（1）13.6mL。（2）15,偏低。（3）烧杯,使产生的热量能迅速散发掉。（4）冷却至室温,玻璃棒,500mL容量瓶,加入容量瓶。

二、选择题

题号	15	16	17	18	19	20	21	22	23	24	25	*26	27	28	29	30	31	32	*33	*34
答案	B	D	D	D	D	C	A	D	B	C	A	AB	B	C	A	C	A	D	D	C

三、计算题

35. 根据 $c_浓 \cdot V_浓 = c_稀 \cdot V_稀$，得：

$$c_浓 = \frac{1000 \times 1.84 \times 98\%g}{98g \cdot mol^{-1}}/1L = 18.4 mol \cdot L^{-1}, V_稀 = \frac{1.84 \times 54.35}{1}mL = 1000mL。$$

△**36.** (1) 质量分数 $w = \frac{100 \times 1.84 \times 98\%}{100 \times 1.84 + 400 \times 1} \times 100\% = 30.877\%$。

(2) 质量浓度 $\rho_B = \frac{1000 \times 1.225 \times 30.877\%g}{1L} = 378.24 g \cdot L^{-1}$。

(3) 物质的量浓度 $c(H_2SO_4) = \frac{\rho_B}{M} = \frac{378.24 g \cdot L^{-1}}{98g \cdot mol^{-1}} = 3.86 mol \cdot L^{-1}$。

37. 解法1：设原溶液的质量为 x。

$0.22x = 0.14(x+100g)$，$x = 175g$。

$c(NaNO_3) = \frac{175g \times 22\%}{85g \cdot mol^{-1}} \times \frac{1}{0.15L} = 3.0 mol \cdot L^{-1}$。

解法2：设溶质的质量为 x。

$\frac{x}{\frac{x}{22\%}+100g} = 0.14$，$x = 38.5g$。

$c(NaNO_3) = \frac{38.5g}{85g \cdot mol^{-1}} \times \frac{1}{0.15L} = 3.0 mol \cdot L^{-1}$。

*第三节 胶体溶液

一、填空题

1. 分子离子、胶体、粗，$10^{-9} \sim 10^{-7}$。 2. 胶粒带电，胶粒的溶剂化作用。 3. 电泳。 4. 加热、加电解质、加负胶体、电泳。A,C,D。 *5. ABCG。 *6. 盐酸量太少，没有足够的硅酸胶粒生成，无法凝结。 *7. 布朗运动、丁达尔现象、凝聚、电泳。 8. SO_4^{2-}，凝聚，正。 *9. 格雷哈姆，胶体。渗析，很快，很慢，透过。 10. 相对较大的比表面，吸附离子。正电荷，非金属氧化物、金属硫化物、负电荷。 *11. 金属氧化物，玻璃，光学性能。血细胞，血浆，血液渗析，血清纸上电泳。脱水，胶体，牛奶、豆浆、豆腐。

二、选择题

题号	12	13	14	15	16	17	18	19	20	*21	*22	*23	*24
答案	B	C	C	C	C	B	D	A	D	C	D	B	B

第三章 化学反应速率 化学平衡

第一节 化学反应速率

一、填空题

1. 增大；增大；增大（正催化剂）；减小。 2. ①②③。 3. 0.45，0.25。

二、选择题

题号	4	5	6	△7	8	9	10	11	12
答案	A	A	C	B	D	C	A	D	B

三、计算题

13.

	$2SO_2(g)$	$+O_2(g)$	$\rightleftharpoons 2SO_3(g)$
$c_{始}/(mol \cdot L^{-1})$	2	4	0
$\Delta c/(mol \cdot L^{-1})$	1.5	0.75	1.5
$c_{末}/(mol \cdot L^{-1})$	0.5	3.25	1.5

$v(SO_2) = \dfrac{\Delta c}{\Delta t} = \dfrac{1.5 mol \cdot L^{-1}}{3min} = 0.5 mol \cdot L^{-1} \cdot min^{-1}$。

$c(SO_2) = 0.5 mol \cdot L^{-1}$。

$c(O_2) = 3.25 mol \cdot L^{-1}$。

第二节 化学平衡

一、填空题

1. 同一,正、逆两个,$\rightleftharpoons$,不可逆。 2. $v_正 = v_逆$,动态。 3. (1)减小生成物浓度,正反应方向;生成物浓度,反应物。(2)向着气体体积缩小的方向;向着气体体积增大的方向移动。不能使化学平衡。 4. (1)正向,增强。(2)逆向,NH_4^+。(3)不移动。 5. 减小,减小。 6. 正向,增大,增强。

二、选择题

题号	7	8	9	*10	*11	12	13	14	15	16	17	18	19	*20
答案	B	D	B	C	C	D	A	B	B	A	A	A	B	B	C

三、综合题

21. 逆:化学平衡研究的对象是可逆反应。
    等:正、逆反应速率相等,即 $v_正 = v_逆$。
    定:反应混合物中各组分的浓度保持不变。
    动:反应不断进行,仍保持 $v_正 = v_逆 > 0$ 的动态平衡。
    变:平衡是暂时的、相对的,条件改变平衡移动。

22.

题号	(1)	(2)	(3)	(4)
温度升高	逆向移动	逆向移动	正向移动	逆向移动
压强增大	逆向移动	正向移动	不移动	正向移动

23. 增大 O_2 浓度,如迅速通风、人工呼吸、送医院进高压氧舱治疗,使平衡逆向移动。

第二、三章综合练习题

一、填空题

1. 物质的量。(1) $N_总/N_A$。(2) m/M。(3) $c_B \cdot V$。(4) $V_总/22.4$。 2. (1)一个分子的质量。(2)该分子的物质的量。(3)标准状况下的密度。(4)一个分子的质量。 *3. 5.3g。 4. 1.17, 0.97。 $C_2H_5OH(l) + 3O_2(g) \longrightarrow 2CO_2(g) + 3H_2O(l) + 1366.2 kJ$。 5. 反应速率,$mol \cdot L^{-1} \cdot s^{-1}$,平衡常数。 6. $0.2 mol \cdot L^{-1} \cdot s^{-1}$;$0.6 mol \cdot L^{-1} \cdot s^{-1}$;$0.4 mol \cdot L^{-1} \cdot s^{-1}$。$1.2 mol \cdot L^{-1}$,$1.2 mol \cdot L^{-1}$。 1.4。 7. (1) $K_c = \dfrac{c^2(NO) \cdot c(O_2)}{c^2(NO_2)}$。 (2) 0.3。 (3)升温,扩大容器体积。

参考答案

*8. 填表：

增大	向右移动	不变	增加
增大	向右移动	不变	增加
增大	向左移动	减小	减少
增大	不变	不变	不变

二、判断题

9. √。 **10.** ×。 **11.** √。 **12.** ×。 **13.** ×。 **14.** √。 **15.** √。 **16.** ×。

三、选择题

题号	17	18	19	20	21	22	23	24	*25	26	27	28	29	30
答案	D	C	D	B	B	C	A	A	D	A	D	C	C	C

四、综合题与计算题

*31. (1) B。 (2) C。 (3) A。 (4) D。

*32. 已知 SO_2 占 75%，$m(SO_2):m(O_2)=75:25=3:1$，所以 $n(SO_2):n(O_2)=3/64:1/32=3:2$。

故混合气体的平均相对分子质量 $=\dfrac{3\times 64+2\times 32}{5}=51.2$。

$\rho=51.2g/22.4L=2.3g\cdot L^{-1}$。

*33. 设碳酸钠晶体的分子式为 $Na_2CO_3\cdot xH_2O$，参加反应的 Na_2CO_3 的物质的量为 y。

1mol $Na_2CO_3\cdot xH_2O$ 相当于 1mol Na_2CO_3 参加反应。

$$Na_2CO_3+2HCl=\!=\!=2NaCl+H_2O+CO_2$$

$\quad 1 \qquad\qquad 2$

$\quad y \qquad\quad 22.5\times 0.2\times 10^{-3}\text{mol}$

$y=\dfrac{22.5\times 0.2\times 10^{-3}\text{mol}}{2}=2.25\times 10^{-3}\text{mol}$

设 $Na_2CO_3\cdot xH_2O$ 的摩尔质量为 M。

$\dfrac{6.44g}{M}\times\dfrac{25mL}{250mL}=2.25\times 10^{-3}\text{mol}$，$M=286g\cdot mol^{-1}$。

已知 $M(Na_2CO_3)=106g\cdot mol^{-1}$，则 $x=\dfrac{286g\cdot mol^{-1}-106g\cdot mol^{-1}}{18g\cdot mol^{-1}}=10$。

碳酸钠晶体的化学式为 $Na_2CO_3\cdot 10H_2O$。

*34. $2NO_2$（棕红色）$\rightleftharpoons N_2O_4$（无色）。

(1) 达到平衡后，颜色变浅。因为增大压力，平衡向右移动，N_2O_4 的含量增加，故颜色变浅。

(2) 再次达到平衡后，颜色变深。因为减小压力，平衡向左移动，NO_2 含量增加，故颜色变深。

第二、三章自测试卷

A 卷

一、填空题

1. 31564，8.5×10^{26}；1531，9.2×10^{26}。 **2.** (1) $\dfrac{c^2(NH_3)}{c(N_2)\cdot c^3(H_2)}$。 (2) 正反应方向（或右）。

(3) 逆反应方向（或左）。 (4) 正反应方向（或右）。 (5) 不。 (6) $0.1mol\cdot L^{-1}\cdot s^{-1}$。 **3.** 增大，增大。

4. 生成物方向；吸热方向；气体体积减小方向；不。 **5.** 放；浅。 ***6.** $0.05mol\cdot L^{-1}\cdot min^{-1}$

$2X+3Y\longrightarrow 2Z$。

二、判断题

7. ×。 8. √。 9. ×。 10. √。 11. √。 12. ×。 13. √。 14. ×。 15. √。

三、选择题

题号	16	17	18	19	20	21	22	23	24	25	26	27	28	29	30	31	32	33
答案	D	A	B	C	A	D	A	D	D	B	C	D	C	A	D	B	A	B

四、计算题

34. $n=\dfrac{m}{M}=\dfrac{4}{40}\text{mol}=0.1\text{mol}$。$c(\text{NaOH})=\dfrac{n}{V}=\dfrac{0.1}{0.5}\text{mol}\cdot\text{L}^{-1}=0.2\text{mol}\cdot\text{L}^{-1}$。

35. $c(\text{HCl})_{浓}=\dfrac{1000\times1.2\times36.5\%}{36.5}\text{mol}\cdot\text{L}^{-1}=12.0\text{mol}\cdot\text{L}^{-1}$。

    $c_{浓}\cdot V_{浓}=c_{稀}\cdot V_{稀}$，$c(\text{HCl})_{稀}=\dfrac{12\times10}{300}\text{mol}\cdot\text{L}^{-1}=0.4\text{mol}\cdot\text{L}^{-1}$。

36. 设 $c(\text{HCl})$ 为 x。

    $\text{HCl}+\text{NaOH}=\text{NaCl}+\text{H}_2\text{O}$

    　　1　　　1

    $0.02\text{L}\cdot x$　$0.1\text{mol}\cdot\text{L}^{-1}\times0.02\text{L}$

    $x=\dfrac{0.1\text{mol}\cdot\text{L}^{-1}\times0.02\text{L}}{0.02\text{L}}=0.1\text{mol}\cdot\text{L}^{-1}$。

B 卷

一、判断题

1. ×。 2. ×。 3. ×。

二、选择题

题号	4	5	6	7	8	9	10	11	12	13
答案	D	A	A	D	A	D	B	D	D	A

三、综合题

14. 相；不相；相；不相；1∶1。

15.

①	做电泳实验	阴极附近颜色变深
②	做丁达尔现象实验	可见光路
③	用 $Fe(OH)_3$ 胶体做电泳实验	颜色变深的一极为阴极，即所连电池的负极，另一极为正极

16. 134.4L。 17. (1) 放。变大，变大。(2) 固。(3) 气，气。 (4) 不，缩短。

C 卷

一、判断题

1. ×。 2. ×。 3. √。 4. ×。

二、选择题

题号	5	6	7	8	9	10	11	12	13	14	15	16	17
答案	D	C	D	C	B	A	D	D	B	C	B	B	A

三、综合题与计算题

18. 在三种溶液中各加入一种带负电荷胶粒的胶体溶液,胶体聚沉最快的是 $AlCl_3$ 溶液,Na_2CO_3 溶液次之,最后是 KNO_3 溶液。或用 pH 试纸测定溶液的酸碱性(pH),中性者为 KNO_3,酸性者为 $AlCl_3$,碱性者为 Na_2CO_3。 19. 3,132,$1.806×10^{24}$,6。 20. 3∶4,6∶11,3∶4。 21. 12.5g,$3.01×10^{22}$。 22. (1)增大,正向。 (2)变大,变大,正向。 (3)变大,逆反应,变大。 (4)均变大,不,不变。

第四章 电解质溶液

第一节 电解质的电离

一、填空题

1. $c(H^+)=c(OH^-)$;$c(H^+)>c(OH^-)$;$c(H^+)<c(OH^-)$。 2. 右、左、左。 3. 7.35~7.45,7.35,7.45,0.4。 4. 6;11。 5. 红、浅、同离子效应。 6. 极弱,H^+、OH^-。$c(H^+)$,$c(OH^-)$,离子积常数。 *7. 2,红;3.1~4.4。 *8. 4.4~8。 *9. 3.1~4.4。 10. (1) $NH_3·H_2O \rightleftharpoons NH_4^+ + OH^-$。 (2) $NaHCO_3 = Na^+ + HCO_3^-$。 (3) $NaHSO_4 = Na^+ + H^+ + SO_4^{2-}$。 (4) $CH_3COOH \rightleftharpoons CH_3COO^- + H^+$。 (5) $H_2CO_3 \rightleftharpoons H^+ + HCO_3^-$;$HCO_3^- \rightleftharpoons H^+ + CO_3^{2-}$。

二、选择题

题号	11	12	13	14	15	*16	*17	18	19	20	21	*22
答案	B	D	D	B	A	D	B	C	D	C	C	AC

三、判断题

23. ×。 24. √。 25. ×。 26. ×。 27. √。 28. ×。

四、计算题

29. HCl 是强电解质,$c(HCl)=c(H^+)=0.01\ mol·L^{-1}=1×10^{-2}\ mol·L^{-1}$。
$pH=-\lg c(H^+)=-\lg(1×10^{-2})=2$。

30. NaOH 是强电解质,$c(OH^-)=0.01\ mol·L^{-1}=1×10^{-2}\ mol·L^{-1}$。
$c(H^+)=\dfrac{K_w}{c(OH^-)}=\dfrac{1×10^{-14}}{1×10^{-2}}=1×10^{-12}\ mol·L^{-1}$。
$pH=-\lg c(H^+)=-\lg(1×10^{-12})=12$。

31. $pH=1$,$c(H^+)=1×10^{-1}\ mol·L^{-1}$,稀释100倍后,$c(H^+)=1×10^{-3}\ mol·L^{-1}$。
$pH=-\lg c(H^+)=-\lg(1×10^{-3})=3$。

*32. $pH=13$,$c(H^+)=1×10^{-13}\ mol·L^{-1}$,$c(OH^-)=\dfrac{K_w}{c(H^+)}=\dfrac{1×10^{-14}}{1×10^{-13}}=1×10^{-1}\ mol·L^{-1}$。

稀释100倍后,$c(OH^-)=1×10^{-3}\ mol·L^{-1}$,$c(H^+)=\dfrac{K_w}{c(OH^-)}=\dfrac{1×10^{-14}}{1×10^{-3}}=1×10^{-11}\ mol·L^{-1}$。
$pH=-\lg c(H^+)=-\lg(1×10^{-11})=11$。

第二节 溶液中的离子反应

一、填空题

1. 离子之间。离子之间的互换,沉淀,弱电解质,气体。 2. (1) $Zn+2H^+ = Zn^{2+} + H_2\uparrow$。
(2) $NH_4^+ + OH^- \xrightarrow{\triangle} NH_3\uparrow + H_2O$。 (3) $CH_3COOH + OH^- = CH_3COO^- + H_2O$。 (4) $SO_4^{2-} + 2NH_4^+ + 2OH^- + Ba^{2+} \xrightarrow{\triangle} BaSO_4\downarrow + 2NH_3\uparrow + 2H_2O$。

二、选择题

题号	3	4	5	6	7	8	9
答案	D	A	B	D	C	C	C

第三节 盐类水解

一、填空题

1. 离子,H^+ 或 OH^-,弱电解质,中和反应。 2. Na_2CO_3、$NaHCO_3$、NH_4Cl、$(NH_4)_2SO_4$,$NaCl$、KNO_3。

二、选择题

题号	3	4	5	6	7	8	9	10	11	12
答案	A	B	C	B	D	A	A	B	C	B

三、简答题

13. 不一样,$NaCl$ 不水解,呈中性;NH_4Ac 强烈水解,由于 $K_{HAc} = K_{NH_3 \cdot H_2O}$,所以呈中性。
14. Na_2CO_3 的水解反应为 $CO_3^{2-} + H_2O \rightleftharpoons HCO_3^- + OH^-$,$HCO_3^- + H_2O \rightleftharpoons H_2CO_3 + OH^-$。因水解是吸热反应,热水能促进水解,产生的 OH^- 较多,而碱能洗去油污。 15. $Al_2(SO_4)_3$ 是强酸弱碱生成的盐,Na_2CO_3 是强碱弱酸生成的盐,它们都能够水解,$Al_2(SO_4)_3$ 溶液呈酸性,Na_2CO_3 溶液呈碱性。当两种溶液混合后,Al^{3+} 与 CO_3^{2-} 结合生成白色沉淀,同时发生中和,致使溶液中 H_2CO_3 和 $Al(OH)_3$ 浓度增大,随后,H_2CO_3 发生分解,产生无色气体 CO_2,而 $Al(OH)_3$ 则以白色沉淀析出。

*第四节 配位化合物

一、填空题

1. 金属阳离子,中性分子,阴离子;其他离子。 2. 离子键,配位键。 3. (1) 硫酸四水合铜(Ⅱ)。(2) 六氰合铁(Ⅲ)离子。(3) $K_4[Fe(CN)_6]$。(4) $[Cu(NH_3)_4]^{2+}$。 *4. (1) $[Co(NH_3)_6]Cl_3$;(2) $[Co(NH_3)_5 \cdot Cl]Cl_2$。

二、选择题

题号	5	6	7	8
答案	D	A	A	D

三、综合题

9. 填表:

Pt^{4+}、6	Pt^{4+}、6	Pt^{4+}、6
$[Pt(NH_3)_6]Cl_4$	$[Pt(NH_3)_4Cl_2]Cl_2$	$[Pt(NH_3)_2Cl_4]$

*10. 第一种:$[Co(NH_3)_5Br]SO_4$,配位数为 6;第二种:$[Co(NH_3)_5SO_4]Br$,配位数为 6。

第五节 氧化还原反应

一、填空题

1. 氧化;还原;氧化,还原。 *2. MnO_2,$MnCl_2$;2,还原,酸的。

二、选择题

题号	3	4	5	6
答案	C	D	A	B

参考答案

*第六节 原电池

一、填空题

1. (1)隔离。(2)隔离。(3)电化学保护。

二、选择题

题号	2	3	4	*5
答案	C	C	B	B

本章综合练习题

(一)电解质溶液

一、填空题

1. 11,3。 2. H^+,OH^-,水的离子积,1×10^{-14}。 *3. $NaHCO_3$ 与胃酸(HCl)作用产生 CO_2 气体,使胃壁膨胀,能够加剧胃穿孔。

二、判断题

4. ×。 5. ×。 6. ×。 7. √。 8. ×。 9. ×。 10. √。 11. ×。 12. √。
13. ×。 14. ×。 15. ×。 16. ×。 17. ×。 18. ×。 19. ×。 20. ×。

三、选择题

题号	21	22	23	24	25	*26	27	28	29	30	31	32	33	34	35	36	37	38	39	40
答案	C	B	B	D	A	C	C	C	D	D	A	C	C	C	D	B	B	B	B	A

四、综合题

41. 醋酸(弱电解质)与氨水(弱电解质)反应生成醋酸铵(强电解质),因自由离子浓度增大而导电能力增强,灯光变亮。反应方程式:$CH_3COOH + NH_3 \cdot H_2O \rightleftharpoons CH_3COONH_4 + H_2O$。 42. 由于 $FeCl_3$ 的水解反应是吸热反应,加热能促进水解,水解平衡正向移动,颜色加深。离子方程式:$Fe^{3+} + 3H_2O \rightleftharpoons Fe(OH)_3$(红褐色)$+ 3H^+$。

43. $Ba(OH)_2$ 是二元强碱,$c(OH^-) = 2c[Ba(OH)_2] = 0.01 \text{mol} \cdot L^{-1} = 1\times10^{-2} \text{mol} \cdot L^{-1}$。

所以 $c(H^+) = \dfrac{K_w}{c(OH^-)} = \dfrac{1\times10^{-14}}{1\times10^{-2}} = 1\times10^{-12}$ (mol·L^{-1})。

$pH = -\lg c(H^+) = -\lg(1\times10^{-12}) = 12$。

44.

向右	减	增
向左	增	减
向左	减	增

45. $H_2SO_4 < HCl < HAc < NH_4Cl < NaCl < NH_3 \cdot H_2O < NaOH$。 46. 由于 $(NH_4)_2SO_4$ 为强酸弱碱盐,土壤长期使用该化肥后,因为 $(NH_4)_2SO_4$ 水解产生的 $NH_3 \cdot H_2O$ 被植物吸收后剩下了 H_2SO_4,使土壤酸化,施用消石灰可以中和之。

*(二)配位化合物

一、判断题

1. ×。 2. ×。 3. √。 4. ×。

二、选择题

题号	5	6	7	8	9
答案	C	B	A	C	C

（三）氧化还原反应　*原电池

一、填空题

1. 还原，升高，失去，氧化，氧化；氧化，降低，得到，还原，还原。　2. 灰锰氧，氧化性。

二、判断题

3. √。　4. ×。　5. ×。　6. √。　7. ×。　8. ×。　9. √。

三、选择题

题号	10	11	12	13	*14	15	16	17	18	19	*20	21	22	23
答案	B	C	C	D	D	D	C	A	B	D	C	A	C	C

四、综合题

24. $\overset{-2}{S}$ 为最低价，只能作还原剂；$\overset{0}{S}$，$\overset{+4}{S}$ 为中间价，既可作氧化剂又可作还原剂；$\overset{+6}{S}$ 为最高价，只能作氧化剂。

*25. A. 负极 Fe：$Fe-2e^- \longrightarrow Fe^{2+}$，正极 C：$2H^+ +2e^- \longrightarrow H_2\uparrow$；

B. 负极 Zn：$Zn-2e^- \longrightarrow Zn^{2+}$，正极 Fe：$2H^+ +2e^- \longrightarrow H_2\uparrow$。

本章自测试卷

一、填空题

1. 酸，碱，强酸强碱，中。中性，碱性，酸性。红色，加深。　2. H_2SO_4（浓），Cu；Cu，H_2SO_4（浓）。
3. 血红色，配合物。　4. 六氰合铁(Ⅱ)酸钾，CN^-，Fe^{2+}，6。　5. 负。　6. 不易。

二、选择题

题号	7	8	9	10	11	12	13	14	15	16	17	18	19	20	21	22	23
答案	D	C	B	B	D	B	A	D	D	A	C	D	B	B	A	A	D

三、判断题

24. ×。　25. ×。　26. ×。　27. ×。　28. ×。　29. √。　30. √。

四、计算题

31. (1) H_2SO_4 是强电解质，$c(H^+)=2c(H_2SO_4)=2\times 0.005 \text{mol}\cdot L^{-1}=1\times 10^{-2} \text{mol}\cdot L^{-1}$。
$pH=-\lg[c(H^+)]=-\lg(1\times 10^{-2})=2$。

(2) KOH 是强电解质，$c(KOH)=c(OH^-)=0.01 \text{mol}\cdot L^{-1}=1\times 10^{-2} \text{mol}\cdot L^{-1}$。

$c(H^+)=\dfrac{K_w}{c(OH^-)}=\dfrac{1\times 10^{-14}}{1\times 10^{-2}}=1\times 10^{-12} (\text{mol}\cdot L^{-1})$。

$pH=-\lg c(H^+)=-\lg(1\times 10^{-12})=12$。

(3) $pH=3$，$c(H^+)=1\times 10^{-3} \text{mol}\cdot L^{-1}$，$n(H^+)=1\times 10^{-3}V$ mol。

$pH=4$，$c(H^+)=1\times 10^{-4} \text{mol}\cdot L^{-1}$，$n(H^+)=1\times 10^{-4}V$ mol。

混合后，$n(H^+)=(1\times 10^{-3}V+1\times 10^{-4}V)$ mol，

$c(H^+)=\dfrac{(1\times 10^{-3}+1\times 10^{-4})V}{2V}=5.5\times 10^{-4}(\text{mol}\cdot L^{-1})$，

$pH=-\lg c(H^+)=-\lg(5.5\times 10^{-4})=3.3$。

参考答案

第五章 烃

第一节 有机化合物概述

一、填空题

1. 共价,共价化合物。 2. 烃、烃的衍生物,开链烃、环烃;官能团。 3. 化学性质和分类。

二、选择题

题号	4	5	6	7	8
答案	B	C	B	C	C

第二节 烷烃

一、填空题

1. 无水醋酸钠、碱石灰,$CH_3COONa + NaOH \xrightarrow{\triangle} Na_2CO_3 + CH_4\uparrow$。 2. 稳定;不变,不变。
3. CH_4,淡蓝色,安静。5%～15%,爆炸。 4. $NaOH,CO_2$,浓H_2SO_4,H_2O,不可。
5. $CH_4 \xrightarrow{1000℃～1400℃} C + 2H_2\uparrow$。作黑色颜料、橡胶填充剂,生产油墨、墨汁等。 6. C_2H_6,C_3H_8。
$C_nH_{2n+2},H,—C_nH_{2n+1}$,乙基。 7. CH_2。 8. $CH_3—CH_2—CH_2—CH_2—CH_3$,

$\begin{matrix}H_3C\\\diagdown\\CH—CH_2—CH_3\\\diagup\\H_3C\end{matrix}$,分子式($C_5H_{12}$),结构,同分异构。 9. 5,$CH_3—CH_2—CH_2—CH_2—CH_2—CH_3$,

$CH_3—CH_2—CH_2—CH_2—CH_3$, $CH_3—CH_2—CH_2—CH_2—CH_3$, $CH_3—CH_2—CH—CH_2—CH_3$,
$|$ $|$ $||$
CH_3 CH_3 CH_3CH_3

CH_3
$|$
$CH_3—C—CH_2—CH_3$。
$|$
CH_3

二、选择题

题号	10	11	12	13	14	15	16	17	18	19
答案	B	D	D	C	B	D	BD	C	C	B

第三节 烯烃和炔烃

一、填空题

1. C_2H_4,$H:\overset{..}{\underset{..}{C}}::\overset{..}{\underset{..}{C}}:H$,$H—\overset{H}{\underset{|}{C}}=\overset{H}{\underset{|}{C}}—H$,2对。 2. 乙醇、浓$H_2SO_4$,1:3,170℃,分子内脱水。

3. 褪去,褪色,加成,$CH_2=CH_2 + Br_2 \xrightarrow{H_2O} \underset{\underset{Br}{|}}{CH_2}—\underset{\underset{Br}{|}}{CH_2}$,单。 4. 聚合。低,高,几万到几十万,单。

5. 同分异构,1,2和1,4。 6. 乙炔,乙烯,乙烷;乙炔,乙烷。

二、选择题

题号	7	8	9	10	11	12	13	14	15	16	*17	*18	19
答案	B	BC	C	D	C	C	B	B	C	D	C	D	D

第四节 脂环烃和芳香烃

一、填空题

1. 脂环烃、芳香烃。C_6H_6, ⬡ ,芳香。 2. 无、特殊气、不、液、有。 3. 相,不相,单、双键, ⬡ , ⬡ ,凯库勒。 4. 母体,H,$C_nH_{2n-6}(n\geqslant 6)$。 5. 紫、苯、无、水。小,易,难。 6. 乒乓球碎片溶解;食盐不溶解。 7. 较易,较难。 8. 萘, ,$C_{10}H_8$。

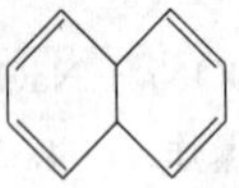

二、选择题

题号	9	10	11	12	13	*14	15	16	17	18
答案	D	B	B	BD	B	A	B	B	D	CD

第六章 烃的衍生物

第一节 卤代烃

一、填空题

1. 卤素原子。—X,R—X。(烃基,卤素原子)。 2. 卤素,烃类。2-甲基-1-溴丙烷,氯乙烯,氯苯。 3. 不,易。香,有。 *4. (1)升高;降低。(2)减小;减小。 5. 2-溴丙烷。$CH_3—CH—CH_3 + H_2O$
　　　　　　　　　　　　　　　　　　　　　　　　|
　　　　　　　　　　　　　　　　　　　　　　　　Br

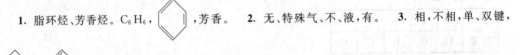

液体分层现象消失;

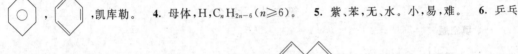

△6. 填表:

$CH_2=CH_2$	消去反应
$CH_2—CH_2$ |　　| Br　Br	加成反应
$CH_2—CH_2$ |　　| OH　OH	取代反应 (水解反应)

7. 3，邻二氯苯，间二氯苯，对二氯苯。 8.（1）NaBr+H$_2$SO$_4$ $\xrightarrow{\triangle}$ NaHSO$_4$+HBr，CH$_3$CH$_2$OH+HBr $\xrightarrow{\triangle}$ CH$_3$CH$_2$Br+H$_2$O。（2）浓H$_2$SO$_4$将HBr氧化生成Br$_2$。（3）冷凝反应产生的溴乙烷。 9. 产生白色沉淀，Ag$^+$+Cl$^-$═══AgCl↓；溶液分层，CH$_3$CH$_2$CH$_2$Cl不溶于水；产生白色沉淀，CH$_3$CH$_2$CH$_2$Cl+H$_2$O $\xrightarrow{NaOH}$ CH$_3$CH$_2$CH$_2$OH+HCl，HCl+AgNO$_3$═══AgCl↓+HNO$_3$。

二、选择题

题号	10	11	12	13	14	15	16
答案	A	B	D	A	B	D	D

第二节 醇 酚 醚

一、填空题

1. —OH。羟基。 2. CH$_3$CH$_2$OH。C$_n$H$_{2n+1}$OH。 3. 分子内脱水，CH$_2$═CH$_2$。CH$_3$CH$_2$OH $\xrightarrow[170℃]{浓H_2SO_4}$ CH$_2$═CH$_2$↑+H$_2$O。 4. 甲醇和乙醇；乙醇；丙三醇；甲醇。 5.（1）错，2-甲基-2-丙醇。(2)错,3-甲基-2-丁醇。(3)错,1,3-丙二醇。 6. 铜丝表面变黑，表面又恢复亮红色，催化。2Cu+O$_2$ $\xrightarrow{\triangle}$ 2CuO，C$_2$H$_5$OH+CuO $\xrightarrow{\triangle}$ CH$_3$CHO+Cu+H$_2$O。 7. ① CH$_2$═CH$_2$+H$_2$O $\xrightarrow[\triangle]{催化剂}$ CH$_3$CH$_2$OH，加成。② CH$_3$CH$_2$OH $\xrightarrow[170℃]{浓H_2SO_4}$ CH$_2$═CH$_2$↑+H$_2$O，消去。③ CH$_3$CH$_2$OH+CH$_3$COOH $\xrightarrow[\triangle]{浓H_2SO_4}$ CH$_3$COOC$_2$H$_5$+H$_2$O，酯化。④ 2CH$_3$CH$_2$OH+O$_2$ $\xrightarrow[\triangle]{Cu或Ag}$ 2CH$_3$CHO+2H$_2$O，氧化。⑤ 2CH$_3$CH$_2$OH+2Na───2CH$_3$CH$_2$ONa+H$_2$↑（缓慢），置换。⑥ C$_2$H$_5$OH+HOC$_2$H$_5$ $\xrightarrow[140℃]{浓H_2SO_4}$ C$_2$H$_5$OC$_2$H$_5$+H$_2$O，分子间脱水。 8. 丙三醇，乙醇。 9. 苯环、羟基。羟基、苯环上的侧链；羟基、苯环直接。 10. 石炭酸，酸性。无色晶有，强烈腐蚀，消毒。 11. 羟基，较易。 12. 液体浑浊。浑浊渐渐消失，形成无色透明溶液；浑浊很快消失，形成无色透明溶液，

C$_6$H$_5$OH+NaOH───C$_6$H$_5$ONa+H$_2$O。溶液重新变浑浊，C$_6$H$_5$ONa+CO$_2$+H$_2$O───C$_6$H$_5$OH+NaHCO$_3$。 13.（1）C$_6$H$_5$OH+NaOH───C$_6$H$_5$ONa+H$_2$O。(2) C$_6$H$_5$OH+3Br$_2$───2,4,6-三溴苯酚↓+3HBr。 14.（1）C$_6$H$_5$CH$_2$OH。 (2) 邻甲基苯酚，间甲基苯酚，对甲基苯酚。

(3) 苯-O-CH_3 结构 (苯环连OCH₃)

二、选择题

题号	15	16	17	18	19	20	21	22	23	24	25	26	27	28	29	30	31	32	33
答案	B	D	C	D	A	B	B	D	D	AC	B	C	B	AD	A	C	B	D	C

三、综合题

34. 略。

第三节 醛 酮

一、填空题

1. $\overset{|}{\underset{|}{C}}=O$，羰基。H,R(烃)。R(烃基)。 2. $R-\overset{O}{\overset{\|}{C}}-H$，$-\overset{O}{\overset{\|}{C}}-H$，醛。醇,羧酸,银镜(限脂肪醛)和斐林。 3. 乙醛,互溶,无,有刺激性,轻,挥发,燃烧。 4. 碳氧双,加成,还原,乙醇。氧化。 5. 蚁醛,37%～40%的甲醛,福尔马林。0.1%～0.5%的甲醛,消毒。 6. (1) $2CH_3CH_2OH + O_2 \xrightarrow{Cu 或 Ag} 2CH_3CHO + 2H_2O$。 (2) $2CH_3CHO + O_2 \xrightarrow{醋酸锰} 2CH_3COOH$。脱氢,加氧。 7. 洁净试管中放入2%的$AgNO_3$溶液,2%的稀氨水。 8. 乙醛。(1) $CH_3CHO + 2Ag(NH_3)_2OH \xrightarrow{\triangle} CH_3COONH_4 + 2Ag\downarrow + 3NH_3 + H_2O$。(2) $CH_3CHO + 2Cu(OH)_2 \xrightarrow{\triangle} CH_3COOH + Cu_2O\downarrow + 2H_2O$。① 水浴加热；② 小心直接加热至沸腾。 9. 乙醇,乙酸,乙醇,甲醛。 10. $CH_3-\overset{O}{\overset{\|}{C}}-CH_3$，同分异构。 11. 溶剂,不能发生。 12. 氧化,丙酸。 13. 试管没有洗干净或加热不均匀。 14. 它有杀菌、防腐功能。 15. O_2，$CH_2=CH_2$，$CuCl_2$，$PdCl_2$。

二、选择题

题号	16	17	18	19	20	21	22	23	24	25	26	27	28	29
答案	C	B	B	B	C	D	B	B	D	D	C	A	C	D	A

第四节 羧酸 酯

一、填空题

1. 烃基、羧基。R—COOH。Ar—COOH。羧基$(-\overset{O}{\overset{\|}{C}}-OH)$，酸的通性。 2. 弱,强,$CH_3COOH \rightleftharpoons CH_3COO^- + H^+$。 3. (1) $CH_3COOH + NaOH \rightarrow CH_3COONa + H_2O$。(2) $Mg + 2CH_3COOH \rightarrow (CH_3COO)_2Mg + H_2\uparrow$。(3) $CH_3COOH + NaHCO_3 \rightarrow CH_3COONa + CO_2\uparrow + H_2O$。(4) $2CH_3COOH + Cu(OH)_2 \rightarrow (CH_3COO)_2Cu + 2H_2O$。 4. 浓$H_2SO_4$,酯化(或取代)。乙酸,乙醇。$CH_3CH_2COOH + H^{18}OCH_3 \underset{\triangle}{\overset{浓硫酸}{\rightleftharpoons}} CH_3CH_2CO^{18}OCH_3 + H_2O$。 5. 酯化。在酸或碱存在的条件下水浴加热,相应的酸和醇。增大,正向。 6. (1) ①处。(2) ②处。(3) ③处。

7. $CH_3-\underset{OH}{\overset{|}{CH}}-COOH + 2Na \rightarrow CH_3-\underset{ONa}{\overset{|}{CH}}-COONa + H_2\uparrow$。 8. 饱和$Na_2CO_3$,分液漏斗,乙酸乙酯。浓$H_2SO_4$,乙酸。 9. A. CH_3CH_2CHO,丙醛。B. CH_3CH_2COOH,丙酸。C. CH_3COOCH_3,乙酸甲酯。D. $HCOOC_2H_5$,甲酸乙酯。 10. (1) $CH_2=CH_2 + H_2O \xrightarrow[\triangle]{催化剂} CH_3CH_2OH$。

(2) $2CH_3CH_2OH + O_2 \xrightarrow[\triangle]{催化剂} 2CH_3CHO + 2H_2O$。 (3) $2CH_3CHO + O_2 \xrightarrow{催化剂} 2CH_3COOH$。

(4) $CH_3CH_2OH + CH_3COOH \underset{\triangle}{\overset{浓H_2SO_4}{\rightleftharpoons}} C_2H_5-\overset{\overset{O}{\|}}{C}-O-CH_3 + H_2O$。

二、选择题

题号	11	12	13	14	15	16	17	18	19	20	21	22	23
答案	B	D	A	A	C	D	C	D	B	B	A	D	B

第五节　胺类化合物

一、填空题

1. H,烃基。脂肪胺,芳香胺或苯胺,氨基。 2. (1) 取代或硝化。(2) 还原。 3. 苯胺(C₆H₅NH₂),弱碱,苯胺+HCl→苯胺盐酸盐(或 C₆H₅NH₂·HCl)。 4. 苯胺+3Br₂→2,4,6-三溴苯胺↓+3HBr。 5. 染料,炸药,药物,香料。 6. 戊二胺。

二、选择题

题号	7	8	9	10	11	12
答案	C	D	B	D	D	D

四、综合题

13. 略。 14. 略。

第五、六章综合练习题

一、填空题

1. 水、有机溶剂。 2. (1) 天然气。增大,不能充分燃烧,生成有害的CO气体,污染空气。(2) 冬天严寒季节,丁烷凝结为液体,使管道内气流不畅。 3. (1) 2,2,4-三甲基戊烷,互为同系物。(2) 汽车排放的尾气中有含铅的化合物,造成空气污染。 4. $CH_3-CH_2-CH_2-\underset{Cl}{\overset{}{C}}H-CH_3$,

$CH_3-\underset{CH_3}{\overset{}{C}}H-CH_2-CH_2-Cl$, $CH_3-CH_2-\underset{Cl}{\overset{}{C}}H-CH_2-CH_3$, $CH_3-\underset{CH_3}{\overset{}{C}}H-\underset{}{CH}-CH_2-Cl$。

$CH_3-CH_2-CH_2-\underset{Cl}{\overset{}{C}}H-CH_3$。 5. (1) C_6H_{12}。(2) 环己烷结构式,环己烷。 6. A. ⑥⑧。B. ③④⑥

⑦ 8. C. ③ D. ① E. ④⑤⑦ F. ② 。 *7. (1) 三氯苯酚 + ClCH₂COOH ⟶ 三氯苯氧乙酸 + HCl。 (2) 三氯苯酚 + 三氯苯酚 ⟶ 二噁英 + 2HCl。 *8. (1) 萃取(或萃取分液),分液漏斗。(2) C_6H_5ONa, $NaHCO_3$。(3) $C_6H_5ONa + CO_2 + H_2O \longrightarrow C_6H_5OH + NaHCO_3$。(4) $CaCO_3$。过滤。(5) NaOH 水溶液、CO_2。 *9. (1) bc。 (2) $HOOC-\underset{OH}{\underset{|}{CH}}-CH_2-COOH$ ($HOOC-\underset{CH_2OH}{\underset{|}{CH}}-COOH$ 也正确)。 (3) $HOOC-CH=CH-COOH + Br_2 \longrightarrow HOOC-\underset{Br}{\underset{|}{CH}}-\underset{Br}{\underset{|}{CH}}-COOH$ ($HOOC-\underset{CH_2}{\overset{\|}{C}}-COOH + Br_2 \longrightarrow HOOC-\underset{CH_2Br}{\underset{|}{\overset{Br}{\overset{|}{C}}}}-COOH$ 也正确)。 $CH_3-COO-\underset{CH_3}{\underset{|}{CH}}-COOH$。 (2) $CH_3\underset{OH}{\underset{|}{CH}}COOH \xrightarrow{浓 H_2SO_4} H_2C=CHCOOH + H_2O$。 *10. (1) $CH_3-\underset{OH}{\underset{|}{CH}}-COOH$, $CH_3-\underset{OH}{\underset{|}{CH}}-COOC_2H_5$, *11. 硝化,取代,氧化,酯化,酯交换,还原,酸化或成盐。 *12. (结构图), 14, $C_{14}H_{20}O$。

二、选择题

题号	13	14	15	*16	17	18	19	20	21	22	23	*24	*25	*26
答案	C	D	D	C	C	C	B	C	B	C	B	B	D	A

三、判断题

27. ×。 28. √。 29. √。 30. ×。 31. ×。 32. √。 33. √。 34. ×。 35. √。 36. ×。 37. ×。 38. ×。 39. √。 40. √。

四、综合题

41. (1) (C)、(c)。 (2) (F)、(d)。 (3) (D)、(a)。 (4) (B)、(f)。 (5) (A)、(b)。 (6) (E)、(e)。

42. (1) $CH_3CHO + H_2 \xrightarrow[\triangle]{Ni} CH_3CH_2OH$, $CH_3CH_2OH \xrightarrow[170℃]{浓 H_2SO_4} CH_2=CH_2\uparrow + H_2O$, $CH_2=CH_2 + HCl \longrightarrow CH_3CH_2Cl$。 (2) $CH_4 + Br_2 \xrightarrow{光} CH_3Br + HBr$, $CH_3Br + H_2O \xrightarrow[\triangle]{NaOH} CH_3OH +$

HBr,$2CH_3OH+O_2 \xrightarrow{Cu}{\triangle} 2HCHO+2H_2O$，$HCHO+2Cu(OH)_2 \xrightarrow{\triangle} HCOOH+Cu_2O\downarrow+2H_2O$。

(3) $HC\equiv CH+HCl \xrightarrow{催化剂} CH_2=CHCl$，$nCH_2=CHCl \xrightarrow{催化剂} \text{—}[CH_2\text{—}CH]_n\text{—}$ 。 43. ① 取
                                                                                                              $|$
                                                                                                              Cl

少量的丙醇、丙醛、丙酮于三支试管中，分别加入一小块金属钠，有氢气放出的是丙醇，反应式：$2CH_3CH_2CH_2OH+2Na\longrightarrow 2CH_3CH_2CH_2ONa+H_2\uparrow$。② 另取少量的丙醛、丙酮于两支试管中，分别加入少量新配制的 $Cu(OH)_2$ 溶液，在酒精灯上加热，有砖红色沉淀生成的为丙醛，反应式：$CH_3CH_2CHO+2Cu(OH)_2 \xrightarrow{\triangle} CH_3CH_2COOH+Cu_2O\downarrow(红色)+2H_2O$。

第五、六章自测试卷

A 卷

一、填空题

1. $C_{15}H_{32}$，C_8H_{16}，C_9H_{16}、C_8H_{14}。 2. 氧化，加成。聚合。 3. 2,2,3-三甲基丁烷。

$CH_3\text{—}\underset{\underset{CH_3}{|}}{CH}\text{—}\underset{\underset{CH_3}{|}}{\overset{\overset{C_2H_5}{|}}{C}}\text{—}CH_2\text{—}CH_2\text{—}CH_3$。 4. 乙炔，$HC\equiv CH$。 5. $H_2C=CH_2$。 6. (1) C>A>B。

(2) $CH_3CH_2CH_2OH$，CH_3CH_2CHO，CH_3CH_2COOH。 7. B，AC，BC，D。 *8. $CH_2=CH_2$，CH_3CH_2OH，CH_3CHO。

二、选择题

题号	9	10	11	12	13	14	15	16	*17	18	19	20	21	22	23
答案	C	B	C	C	D	C	A	C	C	A	C	D	C	B	A

三、判断题

24. ×。 25. √。 26. ×。 27. ×。 28. √。

四、综合题与计算题

29. (1) 邻-CH_2ONa、NaO、ONa、$COONa$ 取代的苯环。 (2) CH_2OH、NaO、ONa、$COONa$ 取代的苯环。 (3) CH_2OH、HO、OH、$COONa$ 取代的苯环。

30. (1) (D)，(e)；(2) (B)，(b)；(3) (A)，(a)；(4) (E)，(c)；(5) (C)，(d)。 31. A. 甲酸乙酯 $HCOOC_2H_5$；B. 甲酸 $HCOOH$；C. 乙醇 CH_3CH_2OH；D. 乙醛 CH_3CHO；E. 乙酸 CH_3COOH。

32. CH_4 的相对分子质量为16，设气态烃的相对分子质量为 x。

$$\frac{16}{x}=\frac{0.64}{2.24}, x=\frac{16\times 2.24}{0.64}=56。$$

B 卷

一、判断题

1. ×。 2. ×。 3. ×。 4. ×。 5. ×。 6. √。 7. ×。 8. √。

二、选择题

题号	9	10	11	12	13	14	15	16	17	18
答案	B	B	C	A	D	B	C	A	C	B

三、综合题

19.

A	B	C	D	E
$CH_2=CH_2$	CH_3CH_2Br	CH_3CH_2OH	CH_3CHO	CH_3COOH

(1) $CH_2=CH_2 + HBr \xrightarrow{催化剂} CH_3CH_2Br$

(2) $CH_3CH_2Br + NaOH \xrightarrow[\triangle]{H_2O} CH_3CH_2OH + NaBr$

(3) $2CH_3CH_2OH + O_2 \xrightarrow[\triangle]{Cu} 2CH_3CHO + 2H_2O$

(4) $CH_3CHO + 2Ag(NH_3)_2OH \xrightarrow{\triangle} CH_3COONH_4 + 3NH_3 + 2Ag\downarrow + H_2O$

(5) $CH_3COONH_4 + HCl \longrightarrow CH_3COOH + NH_4Cl$

C卷

一、判断题

1. ✗ 2. ✗ 3. ✗ 4. ✓ 5. ✗ 6. ✓

二、选择题

题号	7	8	9	10	11	12
答案	B	B	C	D	BD	CD

三、综合题

13. (1) ① 各取少量,向其中滴加石蕊试液,溶液呈红色的是 CH_3COOH。② 向剩下的两种物质中滴加托伦试剂,水浴加热后,有银镜出现的是 CH_3CHO,无明显现象的是 CH_3CH_2OH。(2) ① 各取少量,向其中加入小块金属钠,有气泡出现的是 CH_3CH_2OH,无明显现象的是 CH_3CH_2Br 和 $CH_3CH_2NH_2$。② 向剩下的两种物质中滴加硝酸银的乙醇溶液,加热,有浅黄色沉淀($AgBr$)出现的是 CH_3CH_2Br,无明显现象的是 $CH_3CH_2NH_2$。或向剩下的两种物质中滴加酚酞溶液,溶液呈红色的是 $CH_3CH_2NH_2$,无明显现象的是 CH_3CH_2Br。(3) 各取少量,分别滴加 $FeCl_3$ 溶液,显紫色的为苯酚,无现象的为苯胺。(4) 各取少量,分别滴加托伦试剂,有银镜生成的是苯甲醛,无现象的为苯甲醇和苯甲醚;再向无现象的两种物质中滴加紫色 $KMnO_4$ 溶液,紫色褪去的为苯甲醇,无现象的为苯甲醚。

14.

A	B	C
CH_3CH_2COOH	$HCOOC_2H_5$	CH_3COOCH_3

$2CH_3CH_2COOH + Na_2CO_3 \longrightarrow 2CH_3CH_2COONa + CO_2\uparrow + H_2O$

$HCOOC_2H_5 + H_2O \xrightarrow[\triangle]{NaOH} HCOOH + C_2H_5OH$

$HCOOH + 2Ag(NH_3)_2OH \xrightarrow{\triangle} (NH_4)_2CO_3 + 2NH_3 + 2Ag\downarrow + H_2O$

$CH_3COOCH_3 + H_2O \xrightarrow[\triangle]{NaOH} CH_3COOH + CH_3OH$

参考答案

第一～六章综合测试卷

A卷

一、选择题

题号	1	2	3	4	5	6	7	8	9	10	11	12	13	14	15	16	17	18	19	20
答案	C	C	C	C	C	A	B	B	C	B	C	D	A	B	C	A	C	B	B	D

题号	21	22	23	24	25
答案	C	B	C	B	C

二、填空题

26. (1)右(或正反应方向)。(2)左(或逆反应方向)。(3)左(或逆反应方向)。 **27.** 反应物的本性、浓度、压强、温度、催化剂。 **28.** 还原,还原。 **29.** 酸,碱,中。 **30.** (1)负,$Zn-2e^-\longrightarrow Zn^{2+}$。(2)阴,$Cu^{2+}+2e^-\longrightarrow Cu$。(3)原电,电解。 **31.** C_nH_{2n+2},C_nH_{2n},C_2H_4O($CH_3\overset{O}{\overset{\|}{C}}-H$),$C_6H_6$,$CO_2$和$H_2O$。

三、综合题与计算题

32. $CO_3^{2-}+2H^+ =\!=\!= CO_2\uparrow+H_2O$。 **33.** $-\!\!-\!\![CH_2-CH_2]_n\!\!-\!\!-$。

34. $c(OH^-)=1\times 10^{-2}$ mol·L^{-1},$c(H^+)=\dfrac{1\times 10^{-14}}{1\times 10^{-2}}$ mol·$L^{-1}=1\times 10^{-12}$ mol·L^{-1}。

$pH=-\lg c(H^+)=-\lg(1\times 10^{-12})=12$。

35. $c=\dfrac{1000\times 1.84\times 98\% g}{98 g\cdot mol^{-1}}/1L=18.4$ mol·L^{-1}。$c_浓\cdot V_浓=c_稀\cdot V_稀$,$V_浓=\dfrac{1.84\times 100}{18.4}$ mL$=10$ mL。

36. 略。

B卷

一、判断题

1. √。 2. ×。 3. ×。 4. √。 5. ×。 6. ×。 7. √。 8. √。 9. √。 10. √。 11. ×。 12. ×。

二、选择题

题号	13	14	15	16	17	18	19	20	21	22	23	24	25	26
答案	C	D	C	B	A	B	B	A	D	B	C	A	C	A

三、填空题

27. $Na^+[:\!\!\overset{..}{\underset{..}{Cl}}\!\!:]^-$,$H\!:\!\overset{..}{\underset{..}{Cl}}\!:$。 **28.** 递减。递减。 **29.** 乙醇,170。 **30.** 红色,加深。

31. $\dfrac{c^2(CO)}{c(CO_2)}$。 **32.** $CuSO_4$,电极(或氧化)。

33. 填表:

K_{sp}	$K_{sp}=c(A^+)\cdot c(B^-)$	平衡浓度	常数
Q_c	$Q_c=c(A^+)\cdot c(B^-)$	瞬时浓度	变数

四、综合题与计算题

34. $HAc+NH_3\cdot H_2O =\!=\!= NH_4Ac+H_2O$,由于两弱电解质发生反应后,生成了强电解质——醋酸铵,导电能力增强。

35. (1)HCl溶液的$pH=-\lg c(H^+)=-\lg 0.1=1$。

(2) $HCl + NaOH =\!=\!= NaCl + H_2O$
　　0.1V　0.2×15

盐酸溶液的体积 $=\dfrac{0.2\times 15}{0.1}\text{mL}=30\text{mL}$。

36. (1) 氯气,$FeSO_4 \cdot 7H_2O$(绿矾)。 (2) $Cl_2+H_2O \rightleftharpoons HCl+HClO$,$HClO$ 有杀菌能力。 (3) $2Fe^{2+}+Cl_2=\!=\!=2Fe^{3+}+2Cl^-$;$Fe^{3+}+3H_2O \underset{}{\overset{水解}{\rightleftharpoons}} Fe(OH)_3$(正胶体)$+3H^+$,黏土微粒($SiO_2$)带负电荷,正、负胶体聚沉而使水净化。 **37.** 略。

选 学 篇

第七章　化学与营养

第一节　水和矿物质

一、填空题

1. 营养。能够保证人体生长发育和健康。水、矿物质、糖类、蛋白质、油脂、维生素。　**2.** 65%,80%。　**3.** 80%,13%～15%。　**4.** 收支,1200,多,少量多次。　**5.** 常量元素,微量元素,0.01%。

二、选择题

题号	6	7	8
答案	A	C	D

三、判断题

9. √。　**10.** √。　**11.** ×。　**12.** √。　**13.** √。

第二节　糖类

一、填空题

1. 羟基,醛基,醛基。$C_6H_{12}O_6+6O_2 \longrightarrow 6CO_2+6H_2O+Q$。　**2.** 葡萄糖、麦芽糖。麦芽糖、蔗糖。　**3.** 葡萄糖,3.9～6.0。6.0。　**4.** $C_6H_{12}O_6$,$C_{12}H_{22}O_{11}$,$C_{12}H_{22}O_{11}$。　**5.** 还原,—CHO(醛基)。　**6.** 高效;专一。

二、选择题

题号	7	8	9	10	11	12	13	14	15	16	17	18
答案	A	B	B	C	D	A	B	C	B	C	A	C

第三节　氨基酸　蛋白质

一、填空题

1. 蛋白质。蛋白质,细胞。　**2.** 两。(1) $CH_2\text{—}COOH + NaOH \longrightarrow CH_2\text{—}COONa + H_2O$
　　　　　　　　　　　　 |　　　　　　　　　　　　　　　　 |
　　　　　　　　　　　　NH_2　　　　　　　　　　　　　　　NH_2

(2) $CH_2\text{—}COOH + HCl \longrightarrow CH_2\text{—}COOH$
　　　 |　　　　　　　　　　　　　　 |
　　　NH_2　　　　　　　　　　　　NH_3Cl
　3. 20,8,必需氨基酸,食物中。　**4.** 肉、鱼、蛋、乳,豆类、花生、坚果等。　**5.** 4。　**6.** 盐析。溶解。变性,不能　**7.** 加入碘酒,能变蓝的是淀粉溶液。加入浓 HNO_3,变黄色的是蛋白质溶液。加入碘酒或浓 HNO_3 后,既不显示蓝色也不变黄色的是葡萄糖溶液

二、选择题

题号	8	9	10	11	12	13	14	15	16	17
答案	C	B	D	C	B	C	A	D	C	C

三、判断题

18. ×。 19. √。

四、综合题

20. $C_2H_5O_2N$，CH_2—COOH（上方有NH_2），甘氨酸。 21. HOOC—CH—CH_2—COONa（CH上方有NH_2）。 22. 构造机体、修补组织(细胞)，调节生理功能，提供能量，维持机体的酸碱平衡。 23. 条件温和(30℃～50℃)，具有高度专一性，具有高效催化作用(比普通催化剂高 10^7～10^{13} 倍)。 24. 膳食中的蛋白质主要来自动物性和植物性食品，其中动物性蛋白质中所含的必需氨基酸在组成和比例方面都较合乎人体的需要，因此动物性食品要优于植物性食品。但是作为植物性蛋白质主要来源的豆类蛋白，所含的必需氨基酸也比较齐全，营养价值也很高。日常膳食中，要提倡荤素杂吃、粮菜兼食、粗粮细作，从营养角度看是非常合理的。

第四节 油脂和维生素

一、填空题

1. 高级脂肪酸，甘油(丙三醇)。单纯，混合。 2. 酸水解。碱水解。 3. Ni 催化，H_2，加成，不饱和双键。氢化，硬化。 4. 白色沉淀，$2C_{17}H_{35}COONa + H_2SO_4 \longrightarrow 2C_{17}H_{35}COOH \downarrow + Na_2SO_4$。白色沉淀，$2C_{17}H_{35}COONa + MgCl_2(CaCl_2) \longrightarrow (C_{17}H_{35}COO)_2Mg(Ca) \downarrow + 2NaCl$。降低。 5. 抗坏血酸。还原，Cu，铜。 6. 抗氧化，衰老。 7. 维生素C。

二、选择题

题号	8	9	10	11	12	13	14	15	16	17	18	19	20	21	22
答案	D	B	A	B	D	B	C	C	D	B	B	A	B	D	D

三、判断题

23. √。 24. √。 25. ×。 26. ×。

第五节 合理营养和食品安全

一、填空题

1. 30，40，30 2. 浸泡、洗净。 3. 水。维生素。纤维素，8～12，30。

二、选择题

题号	4	5	6	7
答案	D	C	C	C

三、判断题

8. ×。 9. √。 10. √。 11. √。 12. √。 13. ×。 14. ×。 15. √。 16. ×。 17. √。 18. √。 19. ×。 20. √。 21. √。

第六节 食品添加剂

一、填空题

1. 合成、天然。 2. 抗氧化剂。

二、判断题

3. ×。 4. √。 5. ×。 6. √。

本章综合练习题

一、填空题

1. 平衡膳食、有氧运动、心态平衡。 2. 有毒。 3. 葡萄糖;纤维素;果糖;淀粉。 4. 碱性,酸碱,不可缺少。 5. $C_6H_{12}O_6 + 6O_2 \xrightarrow{酶} 6CO_2 + 6H_2O + Q$。 6. 多样化,12。

二、选择题

题号	7	8	9	10	11	12	13	14	15	16	17	18	19	20	21
答案	D	A	D	B	D	C	B	C	D	D	D	B	A	D	B

三、判断题

22. √。 23. ×。 24. ×。 25. √。 26. √。 27. ×。 28. √。 29. √。 30. √。 31. √。

本章自测试卷

A 卷

一、填空题

1. $\underset{OH}{CH_2}-\underset{OH}{CH}-\underset{OH}{CH}-\underset{OH}{CH}-\underset{OH}{CH}-CHO$,—CHO 和—OH。不须消化即可直接吸收,在有氧条件下分解产生人体所需的热能。$C_6H_{12}O_6 + 6O_2 \xrightarrow{酶} 6CO_2 + 6H_2O + Q$。16.6 kJ。 2. 水解。(1) 水解,α-氨基酸,蛋白质。尿素。(2) 脂肪酸、甘油,脂肪。食用适量,不可不食,又不可多食。

二、选择题

题号	3	4	5	6	7	8	9	10	11	12	13	14	15	16	17	18	19	20	21	22
答案	C	C	C	C	A	B	B	C	B	D	A	D	B	B	C	C	A	B	B	D

三、判断题

23. ×。 24. √。 25. √。 26. √。 27. √。 28. √。 29. ×。 30. √。 31. √。
32. ×。 33. √。 34. √。

B 卷

一、判断题

1. ×。 2. ×。 3. √。 4. ×。

二、选择题

题号	5	6	7
答案	C	B	D

三、综合题

8. 单纯甘油三酯:

  三油酸甘油酯   三软脂酸甘油酯   三硬脂酸甘油酯

  $C_{17}H_{33}COOCH_2$ $C_{15}H_{31}COOCH_2$ $C_{17}H_{35}COOCH_2$

  $C_{17}H_{33}COOCH$ $C_{15}H_{31}COOCH$ $C_{17}H_{35}COOCH$

  $C_{17}H_{33}COOCH_2$ $C_{15}H_{31}COOCH_2$ $C_{17}H_{35}COOCH_2$

混合甘油三酯：如 α-油酸-β-软脂酸-α′-硬脂酸甘油酯

$$\begin{array}{l} C_{17}H_{33}COOCH_2 \\ \phantom{C_{17}H_{33}COO}| \\ C_{15}H_{31}COOCH \\ \phantom{C_{17}H_{33}COO}| \\ C_{17}H_{35}COOCH_2 \end{array}$$

因为三油酸甘油酯中双键最多(3个)，故其最容易被氧化。

9. 因为维生素 A 是脂溶性维生素，难溶于水，易溶于油脂等，而胡萝卜素的溶解性与维生素 A 相似，故食用胡萝卜，应采取油炒的吃法更有利于胡萝卜素的吸收。　**10.** 人类从外界摄取食物以满足自身生理需要的过程叫作营养。食物中能够保证人体生长发育和健康的物质称为营养素。营养素包括水、矿物质、糖类、油脂、蛋白质和维生素六大类。食物中的纤维素虽然不是营养素，但它能促进消化液分泌，增强肠道蠕动，吸附有毒物质，预防便秘及肠癌，并对糖尿病、心脏病、肥胖症等也有一定的预防和治疗效果。

第八章　化学与材料

第一节　常见的金属材料

一、填空题

1. 小于，Na、K、Ca、Mg、Al；大于，Cu、Ni、Sn、Pb。　**2.** 失去，少，小。还原。金属(或还原)、氧化、弱。　**3.** Fe、Cr、Mn。生铁，钢。　**4.** Fe、C、Si、Mn。S，0.03%～0.07%，热脆；P，0.10%～0.40%，冷脆。　**5.** 12%～14%，0.5%～1.0%，15%。　**6.** 脱氧、脱硫。12%～15%，坚硬、抗冲击、耐磨，铁路钢轨、粉碎机、拖拉机履带。　**7.** Al、Zn、Cu、Ti，Ag、Cu、Al、W、Nb、Zr、Ti、Pb。　**8.** 用铝从金属氧化物中置换出金属的方法，3000℃，$8Al+3Fe_3O_4 \xrightarrow{\text{高温}} 4Al_2O_3+9Fe$，焊接钢轨。　**9.** $Al(OH)_3$，净水。　**10.** $CuSO_4$ 与石灰[$Ca(OH)_2$]。　**11.** Au、Ag、Pt，Sc、Y 和镧系，17。

二、选择题

题号	12	13	14	15	16	17	18	19	20	21	22	23	24	25
答案	C	D	A	C	C	B	D	D	D	A	B	A	B	D

三、综合题

26. (1) Fe^{2+} 的检验方法：① 加 NaOH 溶液出现白色沉淀，后白色沉淀逐渐变成灰绿色，最终变成红褐色。② 滴加几滴 KSCN 溶液，无明显反应，再通入氯气溶液出现血红色。(2) Fe^{3+} 的检验方法：① 加 NaOH 溶液出现红褐色沉淀。② 滴加几滴 KSCN 溶液，出现血红色。③ 加入苯酚，出现紫色的配合物。　**27.** (1) Al^{3+} 鉴别：加入氨水出现白色沉淀，继续加入氨水时不溶解，但若加入 NaOH 溶液，则白色沉淀消失。(2) Zn^{2+} 鉴别：加入氨水出现白色沉淀，继续加入氨水白色沉淀消失。(3) Cu^{2+} 鉴别：浓溶液可观察颜色(蓝色)，极稀溶液可加入氨水，开始出现浅蓝色沉淀，继续加氨水则沉淀消失，溶液呈深蓝色(含$[Cu(NH_3)_4]^{2+}$)。

第二节　无机非金属材料

一、填空题

1. 导体、绝缘体，迅速增强。晶体管、集成电路。　**2.** 细度、凝结时间、标号与强度、体积安定性、水化热，MgO 和 SiO_2 的含量。　**3.** 水泥、沙子、碎石。钢筋混凝土。　**4.** 吸附能力，吸收剂，载体，保温材料。　**5.** 氢氟，$SiO_2+4HF=\!=\!=SiF_4\uparrow+2H_2O$。　**6.** Fe^{2+}，AgBr 和微量 CuO。

二、选择题

题号	7	8	9	10	11	12	13	14	15	16	17
答案	B	B	A	B	A	D	C	D	B	B	B

第三节　有机高分子材料

一、填空题

1. 分子中含原子数很多,相对分子质量很大。50万～60万,几百万。　2. 高聚物;能合成高分子化合物的低分子;结构单元;链节;聚合度。　3. 不饱和。$CH_2\!=\!CH_2$,$-\!\!\left[CH_2\!-\!CH_2\right]\!\!-_n$。　4. 缩聚反应,苯酚和甲醛,$-\!\!\left[\begin{smallmatrix}OH\\\\\end{smallmatrix}\!-\!CH_2\right]\!\!-_n$,$H_2O$。　5. 丙烯腈($CH_2\!=\!CH\!-\!CN$)、1,3-丁二烯($CH_2\!=\!CH\!-\!CH\!=\!CH_2$)、苯乙烯($CH_2\!=\!CH\!-\!C_6H_5$),加聚反应。1,4加成。　6. 天然植物性,纤维素;天然动物性,蛋白质。　7. 胶黏剂。固化剂、稀释剂、填料。　8. 甲醛、苯酚和苯胺。

二、选择题

题号	9	10	11	12	13	14	15	16	17
答案	A	D	B	A	D	D	B	C	B

第四节　复合材料　特殊材料

一、填空题

1. 玻璃增强塑料,树脂,玻璃纤维。1942,美国,一。　2. 塑料薄膜、玻璃纸、纸张、金属箔。7～14;9～12,可直接加热(水浴)。　3. 强韧,聚乙烯-牛皮纸-聚乙烯。　4. 黏胶丝、聚苯丙烯腈、沥青丝,15%。　5. 半导体,锗(Ge)、硅(Si)、硒(Se)、砷化镓、硫化银、硫化铅。单向导电。　6.(1)① 乙烯醇($CH_2\!=\!CH$,OH),② 苯丙烯酸($C_6H_5\!-\!CH\!=\!CH\!-\!COOH$)。(2)褪色,$-CH\!=\!CH-$(碳碳双键)。

二、选择题

题号	7	8	9	10	11
答案	D	C	C	C	B

本章综合练习题

一、填空题

1. 锡铅,金属表面,焊接金属;铜锌,仪器、仪表;铁碳。　2. 二氧化硅。　3. 白黏土、正长石、石英。　4. 石灰石。黏土、纯碱、石英砂、长石。　5. 天然高分子化合物;人工合成的高分子化合物,聚酯、聚酰胺、聚丙烯腈。　6. 机械强度高,物理、化学性能好。ABS、聚四氟乙烯。　7. 塑料、橡胶、纤维、胶黏剂、涂料。 **8.** 天然、合成,硫化。 **9.** 加热,Fe_2O_3。 **10.** $2Al_2O_3 \xrightarrow[\text{冰晶石}]{\text{电解}} 4Al+3O_2\uparrow$(电解法),$4Al+3MnO_2 \xlongequal{\text{高温}} 2Al_2O_3+3Mn$(高温还原法),铝热剂。 **11.** 高熔点,高硬度。 **12.** Co_2O_3,Cu_2O。 **13.** ① 取代或水解反应 ② 缩聚反应。水(H_2O)。

二、选择题

题号	14	15	16	17	18	19	20	21	22	23	24	25	26	27	28	29	30	31	32	33
答案	D	A	B	C	B	C	B	A	C	D	D	B	C	D	A	B	C	C	C	B

题号	34	35	36	37	38	39	40
答案	C	C	C	C	B	A	C

三、判断题

41. ×。 **42.** √。 **43.** √。 **44.** ×。 **45.** ×。 **46.** √。 **47.** ×。 **48.** √。 **49.** √。 **50.** √。 **51.** √。 **52.** √。 **53.** √。 **54.** ×。 **55.** √。 **56.** √。 **57.** √。

本章自测试卷

A卷

一、填空题

1. 黑色金属、有色金属,贵重。使矿石中的金属离子获得电子而被还原成金属单质。 **2.** (1) 铝、锌。(2) 铁、铜、锌。(3) Na^+。(4) Fe^{3+}、Cu^{2+}。(5) 铁、铝。 **3.** 水解显酸性。氧化性。强氧化性。氧化性,绿色。 **4.** (1) Cr^{3+},MnO_4^-,Cu^{2+}。(2) Fe^{3+}。(3) Mg^{2+},Fe^{2+}。(4) Zn^{2+},Al^{3+}。
5. $Na_2SiO_3+CO_2 = Na_2CO_3+SiO_2$。$Na_2SiO_3+2H_2O = H_2SiO_3\downarrow+2NaOH$。$H_2SiO_3$、$Co_2O_3$,蓝色,粉红色。蓝。 **6.** 纯碱、石灰石、石英。① $Na_2CO_3+SiO_2 \xlongequal{\text{高温}} Na_2SiO_3+CO_2\uparrow$,② $CaCO_3+SiO_2 \xlongequal{\text{高温}} CaSiO_3+CO_2\uparrow$。$SiO_2$,$Na_2SiO_3$、$CaSiO_3$、$SiO_2$,非晶体,无固定。 **7.** 对苯二甲酸、乙二醇,缩聚。

二、选择题

题号	8	9	10	11	12	13	14	15	16	17	18	19	20	21	22	23	24
答案	A	D	D	A	B	C	B	B	A	A	B	C	D	C	D	B	B

题号	25	26
答案	C	B

三、综合题

27. (1) ① 加成反应,③ 消去反应,④ 酯化反应。(2) $n\,CH_2{=}C(CH_3){-}COOCH_3 \xrightarrow{\text{催化剂}} {+}CH_2{-}C(CH_3)(COOCH_3){+}_n$。加聚反应,高聚物(或称高分子)。 **28.** (1) A. $CHCl_3$。B. $CHClF_2$。C. $F{-}CF{=}CF{-}F$(即 $CF_2{=}CF_2$)。D. ${+}CF_2{-}CF_2{+}_n$。(2) $n\,CF_2{=}CF_2 \xrightarrow{\text{催化剂}} {+}CF_2{-}CF_2{+}_n$。(3) 制作管道、阀门、

化工设备、耐化学腐蚀用具、日常生活用品,用于原子能、航天工业,作防火涂层等。

B卷

一、填空题

1. 晶体。金属原子、金属阳离子、自由电子。 2. (1) 导热性;(2) 导电性;(3) 耐腐蚀性(浓硝酸使铝表面钝化);(4) 延展性。 3. 铝粉、Fe_3O_4。高熔点,铁、钛、铬、钒等。 4. 第二,二氧化硅、各种硅酸盐。 5. 石灰石。黏土,纯碱,石英砂。 6. 人工合成或人工改性。聚合物,填料、增塑剂。 7. 天然纤维、化学纤维。人造纤维、合成纤维。天然高分子化合物(如纤维素);人工合成的聚酯、聚酰胺、聚丙烯腈、聚丙烯。 8. 酸,碱。两性。

二、判断题

9. ×。 10. ×。 11. ×。 12. √。

三、选择题

题号	13	14	15	16	17	18	19
答案	D	D	C	B	A	C	B

C卷

一、填空题

1. 一种金属,一种或几种金属(或金属和非金属)一起熔合,锡铅,生铁和钢。 2. 氢氧化铝,净水。 3. 零电阻效应、完全的抗磁效应。 4. 天然橡胶、合成橡胶。高弹性、可挠性、耐磨性、电绝缘性。

二、判断题

5. √。 6. ×。 7. √。 8. √。

三、选择题

题号	9	10	11	12	13
答案	B	B	(1) A (2) C	B	D

第九章　化学与能源

第一节　认识能源

一、填空题

1. 能量的源泉,某种形式能量,物质,物质的运动,热、光或动力。 2. 一次能源、二次能源。 3. 常规能源、新能源。 4. 可再生能源、不可再生能源。 5. 清洁能源、非清洁能源。

二、选择题

题号	6	7
答案	A	C

第二节　化石燃料和能源危机

一、填空题

1. 有机物、少量无机物。氢、氧、氮、硫、磷。85%~95%、70%~85%、50%~70%。50%~60%。 2. CH_4、CO。 3. 焦炭、煤焦油、焦炉气。 4. 分解。焦炭、煤焦油、焦炉气。 5. 碳,还原,水煤气,电石。 6. 分馏、裂化。含碳原子较多的烃断裂成含碳原子较少的烃。热裂化、催化裂化。硅酸铝、分子筛。 7. CO、H_2 和少量气态烃,CH_4。增大,燃料不能充分燃烧,生成有毒气体 CO。

二、选择题

题号	8	9	10	11	12	13	14	15	16	17	18	19
答案	A	B	B	C	B	B	D	A	C	B	B	D

第三节　化学电源

一、填空题

1. 二。　2. 化学,电。

二、选择题

题号	3	4	5
答案	C	D	B

第四节　其他能源

一、填空题

1. 氢气与氧气化合成水。　2. 燃料的化学能。　3. 还原性气体,氧化性气体,多孔活性炭,30%的KOH溶液。　4. 轻原子核,较重的原子核,释放出。　5. 宇宙太空放出的,巨大、无污染、安全、经济。

二、选择题

题号	6	7	8
答案	C	D	B

本章综合练习题

一、填空题

1.（1）把煤隔绝空气加强热,焦炭、焦炉气、煤焦油、粗氨水和萘等。（2）把煤中的有机物转化成可燃性气体的过程;把煤转化成液体燃料的过程。节约能源,提高燃烧效率,降低对环境的污染。
2. 烷烃、环烷烃和芳香烃。分离,石油的分馏;碳原子数较少的烃。石油的裂化;石油的裂解。
3.（1）干馏;(2) 气化;(3) 液化;(4) 裂化;(5) 裂解。

二、选择题

题号	4	5	6	7	8	9	10	11
答案	B	C	A	D	D	C	C	B

本章自测试卷

A卷

一、填空题

1. 多种有机物、少量无机物、混合物。褐煤、烟煤、无烟煤。C、H、O、N、S。　2. 棕黑,混合,特殊,轻。　3. CO_2、SO_2、NO_x、CO_2。　4. Zn,$Zn-2e^- \longrightarrow Zn^{2+}$。　5. 电解,电、化学。　6. 清洁。　7. 结构发生变化时。

二、选择题

题号	8	9	10	11	12	13	14	15	16	17	18	19	20	21
答案	B	A	B	C	D	C	D	B	C	D	C	D	D	B

三、判断题

22. ×。 23. ×。 24. √。 25. √。 26. √。 27. ×。 28. √。 29. √。 30. √。 31. √。

B 卷

一、判断题

1. √。 2. √。 3. √。 4. ×。 5. ×。 6. √。 7. √。

二、选择题

题号	8	9	10	11	12	13	14
答案	B	C	B	B	A	A	C

三、简答题

15. 通过加热和冷凝,把石油分成不同沸点范围的蒸馏产物,叫石油的分馏;而石油裂化则是在催化剂、一定温度和一定压力等条件下,使碳原子数多的烃断裂为碳原子数少的小分子烃。   16. 用人工控制的方法使核裂变的链式反应在一定程度上进行,再将核反应产生的巨大能量加热水蒸气,推动发电机,这就是核电站的基本工作原理。   17. 石油和煤都是远古的生物遗体经过复杂变化形成的燃料,而且都是由碳氢化合物组成的混合物。石油是由远古水域中的动植物遗体经过复杂变化形成的黑色黏稠液态混合物,成分以脂肪烃为主;而煤是由远古的植物残骸经过复杂变化形成的固体燃料,成分是由多种有机物(主要是芳香烃)和少量无机物组成的混合物。   18. 煤是发热量很高的固体燃料,但燃烧的热利用率不高,并且会污染大气。石油液化气与煤相比较干净、污染少,但需加压液化后储存于高压钢瓶中,价格较高。柴草一直是人类使用的燃料,而且是再生能源,但发热量不如煤,体积大,贮运困难。

第十章 化学与环境

第一节 环境与环境问题

一、填空题

1. 自然环境、社会环境,自然环境。   2. 环绕着人群的空间中,可以直接、间接影响到人类生活、生产,大气、水体、土壤、生物。   3. 物理污染、化学污染、生物污染。   4. 有机化合物、重金属或有毒单质、有害的阴离子、无机化合物、植物营养物质。

二、选择题

题号	5	6
答案	C	B

第二节 大气污染及其防治

一、填空题

1. 工业、生活、交通、农业;颗粒、气态。   2. 人体健康、植物、各种设施、全球性生态。颗粒物、硫氧化物、氮氧化物、碳氢化合物、光化学烟雾、一氧化碳。   3. 污染源直接排出的原始物质,一。   4. 尘埃,固体、液体。飘尘、降尘、总悬浮微粒。   5. SO_2、SO_3(SO_2)、NO、NO_2。   6. 碳氢化合物、氮氧化物,光化学反应。   7. $4NH_3 + 6NO \xrightarrow[400\,℃]{催化剂} 5N_2 + 6H_2O$。   8. (1) $Na_2SO_3 + SO_2 + H_2O = 2NaHSO_3$。 (2) $2NaHSO_3 \xrightarrow{\triangle} Na_2SO_3 + SO_2\uparrow + H_2O$。   9. $O_3 + O \xrightarrow{NO,NO_2} 2O_2$。催化。

二、选择题

题号	10	11	12	13	14	15	16	17	18	19	20	21	22
答案	B	C	A	C	A	D	D	C	C	C	C	D	C

第三节　水污染及其防治

一、填空题

*1. 水质、生物质、底质质量。无机污染物、有机污染物；无毒污染物、有毒污染物。　2. 酸、碱及一般的无机盐类。水体的酸、碱、盐污染。　3. 重金属。　4. 碳水化合物、蛋白质、脂肪、纤维素。无毒，溶解氧。　5. 水华,赤潮。　6. 酚类、有机农药、多氯联苯、病原微生物,难降解,具有持久性。　7. 农业废水、城市生活污水。　8.（1）Hg＋S══HgS。(2) 下。　9. 物理法、化学法、生物法。

二、选择题

题号	10	11	12	13	14	15	16	17	18	19	20	21	22	23	24
答案	A	B	D	B	D	C	C	A	D	D	D	C	A	C	C

第四节　固体废弃物的处理与利用

一、填空题

1. 城市垃圾、工业固体废弃物、农业固体废弃物、矿业固体废弃物、建筑废弃物、放射性固体废弃物。　2. 侵占土地、污染水体、污染大气。　3. 堆肥化处理、焚烧处理、热解处理。

二、选择题

题号	4	5
答案	C	C

本章综合练习题

一、填空题

1. 工业污染源、生活污染源、交通污染源、农业污染源。　2. 酸雨、温室效应、臭氧层损耗。　3. 美国、洛杉矶,洛杉矶。烟雾弥漫,大气能见度低,一般发生在夏季晴天的午后。　4. 有机氯农药、有机磷农药、有机汞农药。　5.（1）K^+、Cl^-、OH^-。(2) Fe、Ag。(3) Ag^+、Fe^{3+}、Cl^-、OH^-、K^+、NO_3^-。

二、选择题

题号	6	7	8	9	10	11	12	13	14	15	16	17	18
答案	C	D	A	A	A	A	B	B	B	C	A	C	D	A

注：上表有14列数据，对应题号6-18（共13题）。

本章自测试卷

A卷

一、填空题

1. 化学原因、物理原因、生物原因。　2. 史密斯,空中死神,5.6,大气化学、大气物理学。　3. 微量组分,CO_2、CH_4、CO_2。　4. 臭氧层空洞,臭氧,哈龙,氟利昂。　5. 无机污染物、有机污染物；无毒污染物、有毒污染物。无毒无机物质、有毒无机物质、无毒有机物质、有毒有机物质、石油类、热污染。　6. SO_2、NO_x、CO。

二、选择题

题号	7	8	9	10	11	12	13	14
答案	D	D	D	D	B	B	A	C

三、判断题

15. √。 16. √。 17. ×。 18. ×。 19. √。 20. √。 21. √。 22. ×。

四、综合题与计算题

23. 略。 24. 略。 25. CO中毒。CO与血红蛋白结合后影响血液正常运输氧气的功能。

26. 因为游泳池常用$CuSO_4$消毒,使池水呈酸性,对牙齿有腐蚀作用。

27. $2NaOH+H_2S=\!=\!=Na_2S+2H_2O$, $V_{H_2S}=150mL-38mL=112mL$, $n_{H_2S}=0.005mol$。

$2[Ag(S_2O_3)_2]^{3-} \longrightarrow Ag_2S \longrightarrow H_2S$
  2mol   1mol   1mol
   n   0.005mol

$n=0.01mol$, $c=0.1mol·L^{-1}$。

$[Ag(S_2O_3)_2]^{3-}$的物质的量浓度为$0.1mol·L^{-1}$。

B卷

一、判断题

1. ×。 2. ×。 3. ×。 4. √。 5. ×。 6. ×。 7. ×。 8. ×。

二、选择题

题号	9	10	11	12	13	14	15	16	17	18	19	20	21
答案	C	A	C	A	C	A	B	A	C	C	B	A	A

三、填空题

22. $2SO_2+O_2 \xrightarrow{\text{催化剂}} 2SO_3$, $SO_3+H_2O=\!=\!=H_2SO_4$。 23. 自然、社会。人。酸雨、温室效应、臭氧层耗损。基本国策。可持续,人与自然。

四、综合题

24. 吸烟有害健康。科学研究还证明,吸烟不仅对本人有害,而且危及周围其他的人。 25. 居室中的装饰材料,如墙纸、涂料中的溶剂甲醛、苯等都是有毒物质,有些花岗岩装饰材料还含有放射性物质。 26. 污染物排入水体,其含量超过水体的自净能力,水质变坏,影响水的用途,叫水体污染。主要的水体污染物有无毒无机物质、有毒无机物质、无毒有机物质、有毒有机物质、石油类物质、热污染等。 27. 白菜变质易产生致癌物——亚硝胺;油炸食品中易产生致癌物——苯并芘等。 28. 略。 29. 如在炼油厂的含硫废水中通入空气和水蒸气,就可将废水中的硫氧化成无毒物质。 30. 减少污染物排放;节约能源;污染源治理;植树绿化;依法管理等。 31. 物理法,如沉淀;化学法,如中和;生物法,如石油废水的处理。 32. 一种过程中的废弃物,往往可以成为另一种过程中的原料,如煤灰可制砖,所以固体废弃物又可称为"放错地点的原料"。